高等农林院校精品课程建设教材

材料成形工艺基础

申庆泰　聂信天　主编

中国农业大学出版社

主　　编　申庆泰　聂信天

副主编　杨有刚　徐　岩

编　　者　(按姓氏笔画为序)

王瑞丽(沈阳农业大学工程学院)

申庆泰(内蒙古农业大学机电工程学院)

杨有刚(西北农林科技大学机械与电子工程学院)

金　敏(内蒙古农业大学机电工程学院)

徐　岩(沈阳农业大学工程学院)

聂信天(南京农业大学工学院)

主　　审　尚士友

前　　言

“工程材料及机械制造基础”系列教材由《机械制造工程实践》(孙维连主编)、《工程材料》(孙维连、魏风兰主编)、《材料成形工艺基础》(申庆泰、聂信天主编)、《机械制造工艺基础》(刘存祥、康敏主编)等4册组成，是在参考教育部工程材料及机械制造基础课程教学指导小组关于“重点高等工科院校‘工程材料及机械制造基础’系列课程改革指南(征求意见稿)”的精神和有关院校编写的教材的基础上，结合作者多年来的教学经验编写的。

“工程材料及机械制造基础”是一门研究机器零件的常用材料和加工方法，从选择材料、制造毛坯、直到加工出零件的综合技术基础课。该课程的特点是理论教学与工程实践相结合。本系列教材根据大多数院校现行的教学课时安排，在保证传统基础教学知识的基础上，部分章节增加了新材料、新技术、新工艺等内容。各章前注明本章要点，便于学习时明确重点，各章后附有复习思考题，可供选用。为了便于了解专业词汇，在重要专业词后进行了标注。“工程材料及机械制造基础”系列教材可作为机械类和非机械类本科学生的教学参考书，也可供有关工程技术人员参考。

《材料成形工艺基础》教材的主要内容包含金属液态成形、金属塑性成形、连接成形、非金属及粉末冶金材料成形、毛坯制造结构工艺性及工艺设计、机械零件毛坯的选择、毛坯质量检验等内容，并对当今材料成形的新技术、新工艺及新发展作了适当介绍。本书以金属材料的成形工艺及结构工艺性为主，结合实例重点介绍了各种材料的成形工艺方法、工艺过程、应用范围、主要设备等内容，使学生对材料成形的基础知识有一个较为全面的了解，培养学生分析零件结构、合理选择成形工艺方法的能力。书中材料牌号、名词术语和单位都采用了国家最新标准。适合40学时左右教学使用。

参加本书编写的有内蒙古农业大学申庆泰(绪论、第1章第1,2,3节，第4章第1,2节，第5章第4节)、金敏(第7章)，南京农业大学聂信天(第1章第4,5,6节，第5章第1节，第6章)，西北农林科技大学杨有刚(第2章，第5章第2节)，沈阳农业大学徐岩(第4章第3,4节)、王瑞丽(第3章，第5章第3节)，全书由申庆泰统稿，尚士友教授主审。

限于编者水平和时间仓促，错误和不妥之处恳切读者批评指正。

编者

2004年12月

目　录

绪　论

材料成形技术是研究在机械制造过程中采用合适工艺方法，获得符合要求的机械毛坯或零件的一门专业技术。在机械制造过程中零件材料的选择、毛坯成形、切削加工以及在此过程中的热处理等工艺是相互联系的，不同材料和形状的零件可能用相同的成形加工工艺方法，但同一零件也可能选择不同的加工工艺。如何根据零件的使用性能、加工工艺性能等要求，选择工艺简单、经济合理的制造工艺，是机械制造过程中必须考虑的问题。制定合理的加工工艺，首先必须对制造工艺过程中各种加工工艺的可能性与局限性有较明确的认识，并且掌握各种工艺方法自身的规律性及其各自在机械制造中的应用范围和相互联系。

1）材料成形在机械制造中的地位。在机械的设计制造过程中，首先要根据机械的使用性能要求进行机械的总体设计和零部件设计，绘制出装配图和零部件图，再根据零件图制定加工工艺并加工出零件，然后进行装配、调试。其基本过程如下：

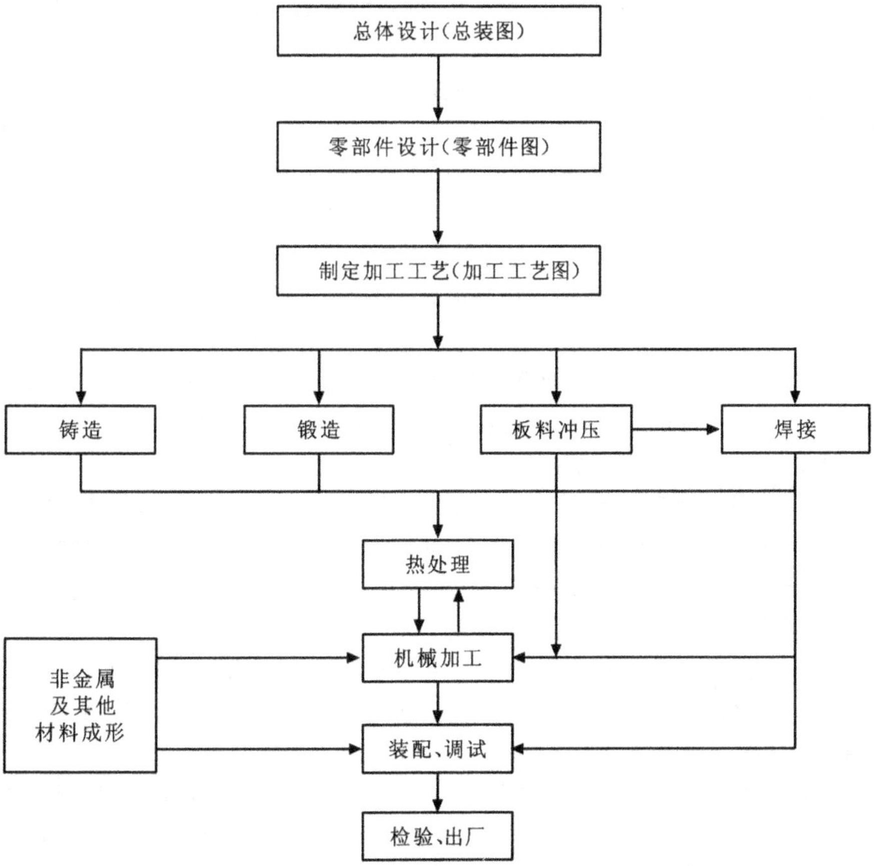

由此可见，材料的成形工艺（包括铸造、锻压、焊接、非金属及其他材料成形等）在机械制造中占有十分重要的地位。选用哪一种成形工艺不仅取决于零件的形状要求，还与所用材料对成形工艺的适应性（即加工工艺性）以及经济性等有密切的关系。不同成形工艺生产的毛坯对后续机械加工也会产生影响，如切削加工工艺及参数的选择等。

2）材料成形的特点及应用。材料的成形方法按其主要性质可分为金属液态成形（包括砂型铸造、特种铸造等）、金属塑性成形（包括锻造、板料冲压等）、连接成形（包括电弧焊、电阻焊、气焊、黏接等）以及非金属材料成形等几大类。各种成形方法在产品性能的改变、复杂形状的适应能力、材料的利用率、生产效率等方面有着不同的特点，甚至有其他成形方法不可代替的特点。

①液态成形是将材料加热熔化成液态，采取一定的成形和冷却方法获得所需形状的毛坯或零件的工艺。如铸造成形，材料的适应性广，能成形各种复杂形状，特别是复杂内腔的铸件，生产成本低，应用范围很广，但成形工艺较为复杂，影响铸件质量的因素较多。

②金属的塑性成形是利用材料的塑性使其产生变形。经塑性成形的零件消除了铸态组织，形成完整的锻造流线，使零件的机械性能得到提高。自由锻工艺灵活，适用于单件小批量或大型零件的生产；模型锻造的材料利用率高，锻件尺寸稳定，适用于中、小型零件的大批量生产。

③焊接是一种不可替代的连接成形工艺，是2种或2种以上材料（同种或异种），通过加热或加压使其达到原子之间结合的永久性连接工艺。除应用于金属材料的焊接外，还可用于塑料焊接、玻璃焊接、陶瓷焊接等。焊接工艺主要应用于框架、管道、箱体及各类容器的成形，还可与其他成形工艺结合制造形状复杂的零件，如铸-焊复合结构、锻-焊复合结构等。随着空间技术的发展，为焊接技术提供了更加广阔的发展空间。

④随着科学技术的发展，塑料等高分子材料的应用越来越广泛，其成形工艺的发展也十分迅速。塑料属可流动熔体，在低压和一定温度下可通过各种方法成形。由于成形过程中施压小，所以对产品的尺寸限制较小，适宜生产尺寸较大或中小型精度要求不高的制品。同时，对生产设备及模具的强度要求较低，设备投资小，生产成本低。

⑤陶瓷属于无机非金属材料，普通陶瓷是以黏土为主要原料的制品。在机械中应用较多的是特种陶瓷，即采用高度精选的原料，具有能精确控制的化学组成，按照便于控制的制造技术加工的，便于进行结构设计，并具有优异特性的陶瓷。陶瓷成形是将制备好的坯料，用不同的方法制成具有一定形状和尺寸的坯件，然后进行干燥、烧结等工序制成陶瓷制品。陶瓷材料由于熔点高、无可塑性，所以加工工艺性差。

⑥复合材料是由多相材料复合而成，其组分材料虽保持其相对独立性，但其性能却不是组分材料性能的简单叠加。复合材料综合发挥了各组分材料的优点，使一种材料具有多种性能，具有天然材料所没有的性能，并可根据材料性能的需要进行材料的设计制造。复合材料根据其种类不同可采用多种成形方法，具有很好的加工工艺性。

⑦粉末冶金成形是以金属粉末（也可添加少量非金属粉末）为原料，经成形、烧结等工艺获得材料或制品。能够制出其他工艺无法制造或难于制造的材料和制品，如多孔、减震、隔音等材料或制品。其不足之处是成本高，制品形状、大小受限，韧性较差。

3）材料成形的发展趋势。随着材料科学的飞速发展，材料成形技术也随之得到不断发展。为进一步降低材料和能量消耗，提高产品质量和生产率，传统的成形工艺正在不断改进和完善；在材料成形理论研究、成形过程计算机模拟、新工艺和新设备的开发应用等方面取得了显著进展。

①液态成形技术在应用和改革传统工艺的基础上，定向凝固技术、快速凝固技术、细晶铸造技术已得到推广和应用；铸造新工艺和新材料的开发，使铸件向轻量化、薄壁化和优质化发展；以铸件的优质、精化、高产为目标，造型中高压、气冲、射压、静压等工艺应用逐渐广泛，自硬砂、树脂砂应用范围扩大，多种工艺相互渗透，组合成为特种铸造的新趋势；CAD/CAM 及各种专家系统已应用于铸造生产中，应用计算机集成制造系统(CIMS)实施生产过程监控并做出决策，治理和消除铸造生产过程中污染，研究和开发绿色铸造技术，是铸造技术未来发展的方向。

②金属塑性成形技术发展的主要目标是如何进一步提高制件精度和质量，缩短生产周期及降低生产成本。塑性加工向着更加精细的方向发展，如齿轮精锻可达IT7 级，铝件变薄拉深表面粗糙度R_a可达0.05 μm，轧丝直径可达0.016～0.023 mm；生产过程向高速化、连续化、可控化发展，柔性成形技术、增量成形技术、净成形技术、近净成形技术、复合成形技术以及加工过程的计算机模拟技术和模具CAD/CAM 技术是主要研究方向；实现低噪声、小震动和无震动、能源和资源的低耗是塑性成形技术发展的方向。

③随着计算机技术的发展，焊接过程自动化、焊接机器人的应用发展迅速，目前全世界约有半数的机器人，我国所有机器人几乎都应用于焊接领域。焊接技术的主要研究方向为：高效节能焊接技术；以降低焊接材料生产和使用过程中对环境的污染为目的的环保焊接技术；精密焊接成形技术；焊接工程智能化控制系统、焊接生产系统柔化(智能焊接机器人)及综合集成等。

在材料成形技术领域，各种成形技术相互交叉，新型材料的不断涌现，促进了成形技术的飞速发展。传统的"来料加工"的生产模式正在发生变化，以产品开发、材料设计、成形工艺、设备研制一体化的开发模式正在形成。随着计算机、智能机器人及控制系统智能化的发展，材料成形技术将会发生根本性的变化。

1 金属液态成形

本章要点：

①金属液态成形过程中金属的流动性和收缩性直接影响铸件质量。流动性与合金的特性有关，同时又受铸型条件、浇注工艺和铸件结构等因素的影响；而常见的铸造缺陷与合金的收缩密切相关。

②结合金工实习了解型砂性能对铸件质量的影响，熟悉手工造型方法，了解机器造型方法。

③通过常用铸造合金的生产特点一章的学习，掌握各种铸铁、铸钢、有色合金的铸造特点、铸造工艺要求及应用范围。

④熟悉特种铸造的工艺过程及工艺要求，以及特种铸造的优越性和应用场合。

⑤了解现代铸造技术新工艺、新方法的发展。

1.1 概述

将金属材料加热到高温熔化状态，然后采取一定的成形方法，待其冷却、凝固后获得所希望的金属制品，这种制造金属零件毛坯的过程，称作金属的液态成形(liquid forming)。

金属液态成形的历史悠久，我国是世界上最早掌握金属液态成形技术的文明古国之一，如河南安阳晚商遗址出土的司毋戊鼎重达875 kg，是迄今为止发现的世界上最古老的大型青铜器。1978 年在湖北省随县侯乙墓出土的青铜器重达10 t，其中一套64 件编钟，据考证是2 400年前战国初期铸造的，铸造水平极高，是我国古代青铜器的杰出代表。但是长期的封建社会，使科学技术停滞不前。新中国成立后，金属成形技术才随着科学技术的发展得到了重大发展。已建立了雄厚的金属液态成形铸造工业基础，建成机械化造型生产线400 余条，能液态成形制造重200 多t 的大型金属制品。

铸造是一种金属液态成形的方法，即将金属加热到液态，然后浇注到与零件的形状、尺寸相似的铸型中，凝固后获得一定形状的毛坯或零件的生产方法。铸造生产与其他毛坯生产方法比较，具有以下特点：

①适应性强。几乎不受材料的限制。铸钢、铸铁、铜合金、铝合金等金属材料，只要能熔化为液体便能铸造。

②灵活性大。几乎不受零件大小、形状和生产批量的限制。零件的质量可从几克至几百吨，外形尺寸从几毫米至几十米，既适合于单件小批量生产，又适合于大批量生产。

③成本较低。铸造原材料(金属材料、造型材料)来源广泛。可以回收利用废件、废料；铸造成形方便，铸件毛坯与零件形状相近，节省金属材料和切削加工成本；造型设备较简单，投资较小。因此，铸件成本较低。

由于铸造的上述各项优点，因此在工业上得到广泛的应用。据统计，在机床、内燃机和重型机械设备中，铸件重量占70%～90%，在汽车、拖拉机和农业机械中占40%～70%。

液态成形也给铸造生产带来一些问题。由于凝固结晶的特点，使铸件晶粒粗大、组织疏松，内部易产生缩孔、缩松、气孔等缺陷。因此，同种材料下铸件的机械性能，特别是冲击韧性比锻件低；铸造生产工序多，工艺过程难以准确控制，使得铸件质量不稳定，废品率较高。因此，铸件一般不用于制造承受大的动载荷或交变载荷的零件。

1.2 液态成形理论基础

金属的液态成形实质上是利用熔融金属的流动性实现成形，金属冷却凝固后形成铸件，在其凝固过程中必然伴随着金属材料的收缩。金属的流动性和收缩性能的优劣直接影响着金属材料铸造成形的难易程度。通常把金属的流动性和收缩性统称为金属的铸造性能。

1.2.1 金属的流动性

1.2.1.1 流动性的概念

流动性(fluidity)是指熔融金属的流动能力。在实际生产中，流动性是指熔融金属充满铸型的能力。流动性好的金属，容易充满铸型，可获得轮廓清晰、尺寸精确的铸件，不易出现浇不到、冷隔等缺陷；同时也有利于气体和非金属夹杂物的上浮逸出，有利于补缩，可减少缩孔、缩松等缺陷。因此，良好的流动性是保证铸件成形质量的一个重要因素。

金属的流动性以浇注螺旋试样的长度来测定。如图1-1所示，将液态金属浇入螺旋试样中，在相同的浇注条件下，浇出的螺旋试样越长，则该金属的流动性越好。

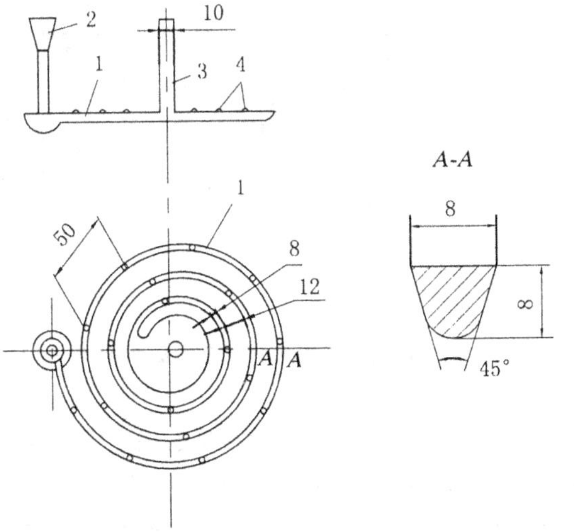

图1-1 螺旋试样

1-试样铸件 2-浇口 3-冒口 4-试样凸点

1.2.1.2 影响流动性的因素

表1-1为常用金属的流动性。由表1-1中数值可知，灰铸铁的流动性最好；硅黄铜、硅铝明次之；钢的流动性最差。且合金的化学成分不同、工艺条件不同，其流动性不同。

表1-1 常用合金的流动性

合金		造型材料	浇注温度/℃	螺旋线长度/mm
灰铸铁	C+Si=6.2%	砂型	1 300	1 800
	C+Si=5.2%	砂型	1 300	1 000
	C+Si=4.2%	砂型	1 300	600
铸钢	C=0.4%	砂型	1 600	100
		砂型	1 640	200
锡青铜		砂型	1 040	420
硅黄铜		砂型	1 100	1 000
硅铝明		金属型	680～720	700～800

1)化学成分对流动性的影响。纯金属和共晶成分的合金流动性好。纯金属和共晶成分的合金是在恒温下进行凝固,液态合金在充填过程中,从表层开始逐层向中心凝固(图1-2a),已结晶固体层的内表面比较光滑,对金属的流动阻力小,故流动性好。而远离共晶成分、凝固温度范围大的合金,是在一定温度间隔内逐步凝固的,即经过液、固并存的两相区。结晶是在铸件截面一定宽度的凝固区域内同时进行的,由于初生的树枝状晶体使凝固层的内表面粗糙不平,对内部液体的流动阻力增大,所以流动性较差(图1-2b)。

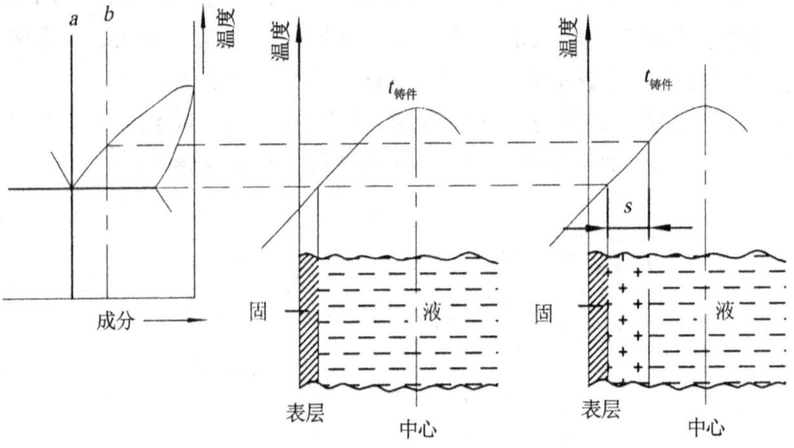

a)　　　　b)

图1-2 不同成分合金的凝固特点

图1-3为相同过热度下,铸铁的流动性与含碳量的关系。灰铸铁都是亚共晶成分,其碳、硅含量越高,越接近共晶成分,流动性越好。铁水中的硫和锰可形成高熔点的MnS,使铁水黏度增加,流动性降低;磷可形成低熔点的磷共晶,提高铁水的流动性,但同时会引起铸铁的冷脆性,所以一般不用它来提高流动性。

2)工艺条件对流动性的影响。在合金的浇注过程中,浇注温度、充型压力、铸型阻力等都会直接影响合金的流动性。

在一定的温度范围内,浇注温度越高,液态合金的过热度越大,合金保持液态的时间越长,流动性越好。但浇注温度过高,液态合金收缩率增大、吸气多、氧化严重,流动性反而降低。生产中每种合金都有一定的浇注温度范围：铸钢为1 520～1 620℃，铸铁为1 230～1 450℃，铝合金为680～780℃。薄壁复杂件取上限，厚壁件取下限。

提高金属液的充型能力，也有利于提高流动性。生产上常采用增加直浇口的高度、提高浇包位置等方法来提高金属液的压头；也可用人工加压方法，如低压铸造、压力铸造、真空吸铸及离心铸造等提高充型时的压头。

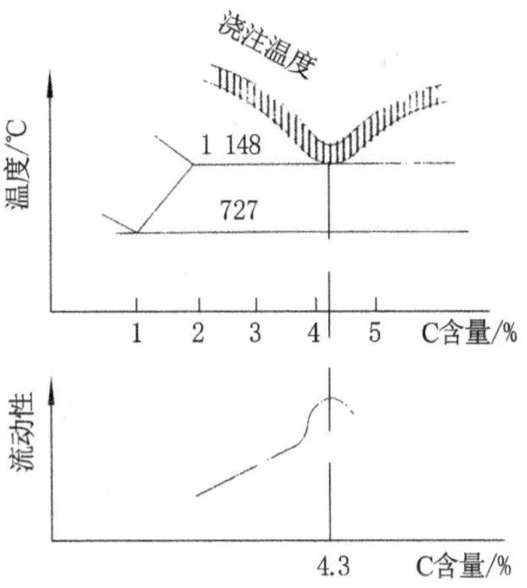

图 1-3 相同的过热度下铸铁的流动性

在结构方面，如铸件壁厚过小，结构复杂或有大的水平面，型腔表面不光滑，铸型导热快，砂型透气性不好等因素，均使合金充型能力降低。设计铸件时，为了获得形状完整、轮廓清晰的铸件，在采用合理的工艺措施的同时，铸件的壁厚必须大于最小允许壁厚值(表1-2)。

表 1-2 铸件最小允许壁厚 mm

铸型种类	铸件尺寸	铸钢	灰铸铁	球墨铸铁	可锻铸铁	铝合金	铜合金
砂型	<200×200	6～8	5～6	6	4～5	3	3～5
	200×200～500×500	10～12	6～10	12	5～8	4	6～8
	>500×500	15～20	15～25	—	—	5～7	—
金属型	<70×70	5	4	—	2.5～3.5	2～3	3
	70×70～150×150	—	5	—	3.5～4.5	4	4～5
	>150×150	10	6	—	—	5	6～8

1.2.2 金属的收缩性

铸件在冷却、凝固过程中发生体积或尺寸缩小的现象称为收缩(shrinkage)。

1.2.2.1 金属的收缩过程

金属液从浇注温度冷却到室温的收缩过程分为3个阶段。

1)液态收缩阶段。从浇注温度到开始凝固时的收缩。在这个阶段中，液态金属不发生状态和组织变化，收缩由温度下降引起，所以过热度越高液态收缩率越大。表现为型腔内金属液面的降低。

2)凝固收缩阶段。从凝固开始到凝固完毕的收缩。这个阶段为液态和固态共存的阶段，收缩量包括：由液态转变为固态的体积收缩；从液相线到固相线温度下降引起的体积收缩；组织变化引起的体积收缩。合金的结晶范围越大，凝固收缩率越大。灰铸铁结晶时析出石墨，因石墨的比容大，引起体积膨胀，抵消了部分收缩，使灰铸铁的收缩量减小。

3)固态收缩阶段。从凝固完毕到室温时的收缩。这个阶段的收缩是由温度下降引起的体积收缩。对于凝固后有相变的合金，相变时也会引起体积变化。如钢中的奥氏体转变为珠光体时产生体积膨胀，部分抵消了由温度下降引起的收缩，所以铸钢的含碳量越高，其收缩越小。铸铁中奥氏体析出石墨时也有这种现象。

合金的总体积收缩为上述3个收缩阶段之和，它和金属本身的成分、浇注温度和相变有关，表1-3所示为几种常见合金的收缩率。铸件的实际收缩率还受铸件的结构、尺寸、铸型和型芯的性质、浇注系统等因素的影响。如图1-4所示，不同结构形状的铸件，对收缩的阻碍不同，铸件的实际收缩率也不同。铸件的受阻收缩总是小于其自由收缩。

表1-3　几种常见合金的收缩率

合金种类	灰铸铁	铸钢	铝合金	铜合金
线收缩率/%	0.9～1.3	2.0～2.4	0.9～1.5	1.4～2.3
体收缩率	体收缩率约等于线收缩率的3倍			

合金的液态收缩和凝固收缩引起铸件体积的变化，用体积收缩率来表示，是铸件产生缩孔、缩松的主要因素。固态收缩主要表现为铸件外形尺寸的变化，用线收缩率来表示，是铸件产生应力、变形和裂纹的主要因素。

1.2.2.2　缩孔、缩松的形成与防止

缩孔(shrinkage cavity)和缩松(dispersed shrinkage)是因合金收缩引起的常见铸造缺陷。

1)缩孔、缩松的形成。由于合金的液态收缩和凝固收缩，使铸件内部常形成一些孔洞，通常按这些孔洞的大小和分布，将其分为缩孔和缩松2类。如图1-5所示，液态金属充满铸型型腔后，铸件的外表层由于散热较快，先凝固成一层硬壳(图1-5b)。随着温度的下降，液态收缩和固态收缩引起液面的下降，铸件内上部出现了空隙(图1-5c)。温度继续下降，铸件由外向内继续凝固而液面继续下降，待完全凝固后，在铸件内部形成一个倒锥形的孔洞，称为缩

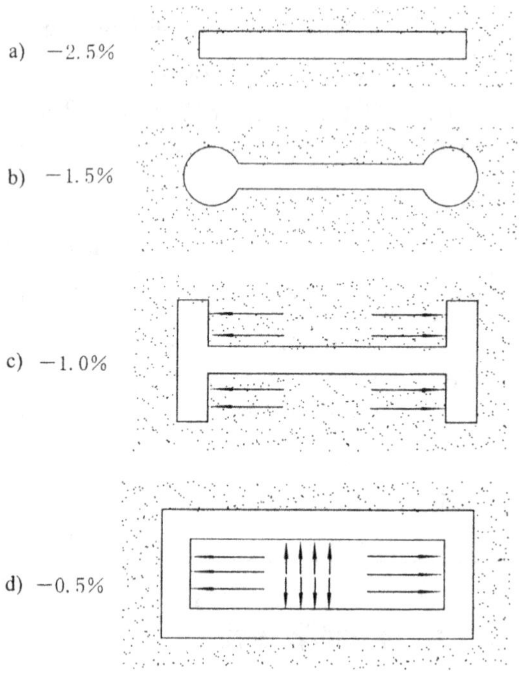

图1-4　不同形状铸件的收缩率

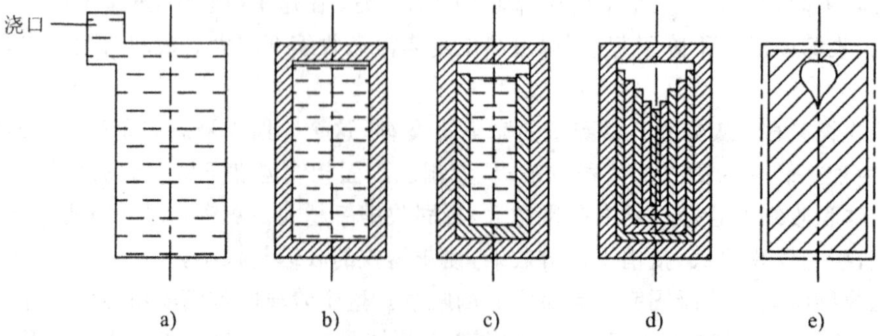

图1-5　缩孔的形成过程

孔(图1-5d)。已形成缩孔的铸件继续冷却到室温,由于固态收缩,铸件尺寸略有缩小(图1-5e),但缩孔体积与铸件体积的比值不变,缩孔被保留下来。可见,缩孔的形成是由于合金的液态收缩和凝固收缩,未能得到液态金属的补充所致。缩孔一般产生于结晶温度范围小的合金。

对于结晶温度范围大的合金,在液固两相区,初生树枝晶较发达,在凝固后期,初生树枝晶将液体金属分割成许多相互独立的小液体区,随着温度降低、液面下降,小液体区难以得到补缩,形成许多微小的孔洞,即缩松。

综上所述,合金的液态收缩和凝固收缩大的合金,易形成缩孔和缩松;合金的浇注温度越高,液态收缩率越大,缩孔的容积越大。合金的结晶温度范围越大,越易形成缩松;合金的结晶温度范围小,则易形成缩孔。缩孔较缩松易发现和防止,因此铸造生产多采用接近共晶成分或结晶温度范围较小的合金。普通灰铸铁尽管接近共晶成分,但因石墨的析出使凝固收缩减小,在一般情况下不易形成缩孔。

2)缩孔、缩松的防止。铸件产生缩孔、缩松后会降低机械性能,对气密性要求较高的铸件危害更大。因此,必须采取适当的工艺措施加以预防。铸件在凝固过程中因收缩而产生缩孔、缩松是合金的物理本性所决定的。

由缩孔、缩松的形成原理可知,缩孔、缩松形成于铸件最后凝固的厚大部位。生产中对于易产生缩孔、缩松的铸件,在其热节(如图1-6所示内接圆最大的部位)安放冒口,使远离冒口的部位先凝固,然后是靠近冒口的部位凝固,冒口最后凝固。这样,先凝固部位的收缩由后凝固部位的液体合金来补充;后凝固部位的收缩由冒口来补充;从而将缩孔形成于冒口之中。对于难以设置冒口的厚大部位也可安放冷铁使其先凝固。

在设计浇注系统时,常将内浇口设置在铸件厚大部位,从而形成一个凝固顺序,便于集中补缩。这种使铸件按一定顺序凝固的方法,称为顺序凝固(图1-7)。冒口是铸件的多余部分,在铸件清理时将其去除。

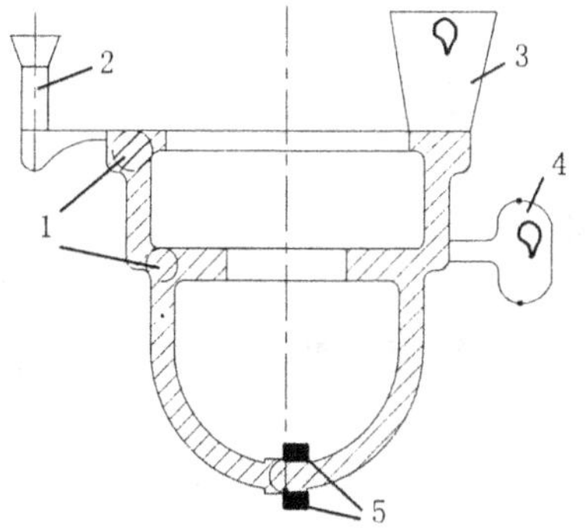

图1-6 阀体铸件的顺序凝固

1-热节 2-浇注系统 3-明冒口 4-暗冒口 5-冷铁

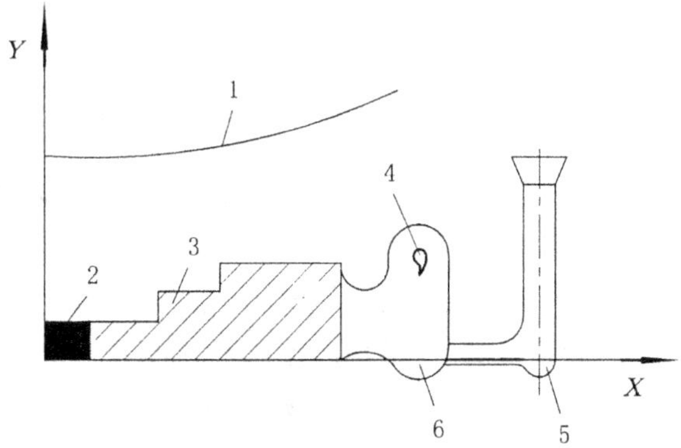

图1-7 顺序凝固原则示意图

1-温度曲线 2-冷铁 3-铸件 4-缩孔 5-浇注系统 6-冒口

顺序凝固原则(principle of ordinal solidification)适用于收缩大的合金或壁厚差大的铸件,如铸钢、可锻铸铁等易产生缩孔的合金铸件。顺序凝固原则的缺点是,铸件各部分温差大,冷却速度不一致,易产生铸造应力、变形及裂纹等缺陷。

1.2.2.3 铸造应力、变形和裂纹

1)铸造应力的产生与防止。铸件的固态收缩受到阻碍而引起的应力,称为铸造应力(casting stress)。铸造应力按其成因不同可分为3种。

收缩应力(contraction stress):收缩应力是由铸型的机械阻碍引起的,也称为机械阻碍应力,属于临时应力。铸件落砂清理后即可自行消除,但在铸件的凝固过程中它与热应力共同起作用,增大了某些部位的总应力,促使铸件产生裂纹。

相变应力(transformation stress):由铸件固态时相变产生体积变化而引起的应力。该应力较小,一般很少考虑。

热应力(thermal stress):热应力是由于铸件壁厚不均匀,各部分冷却速度不同,同一时刻铸件各部分收缩量不同,在相互制约下产生的应力,热应力在铸件落砂清理后仍会存在于铸件内部,所以危害很大。

现以薄厚不均匀的T型铸件为例,分析热应力的形成过程。如图1-8所示,杆Ⅰ较厚,冷速较慢;杆Ⅱ较薄,冷速较快。两杆的固态冷却曲线用图1-8中线Ⅰ和线Ⅱ表示,t_K为临界温度,在此温度以上,合金为塑性状态,以下处于弹性状态。塑性变形受阻不产生内应力,而弹性变形受阻会引起内应力。由于杆Ⅰ厚,杆Ⅱ薄,在冷却的前期,杆Ⅱ的冷速大于杆Ⅰ,导致杆Ⅱ的温度低于杆Ⅰ;但两杆最终的温度相同,所以冷却后期必然导致杆Ⅰ的冷却比杆Ⅱ快。热应力形成过程可用3个阶段描述:

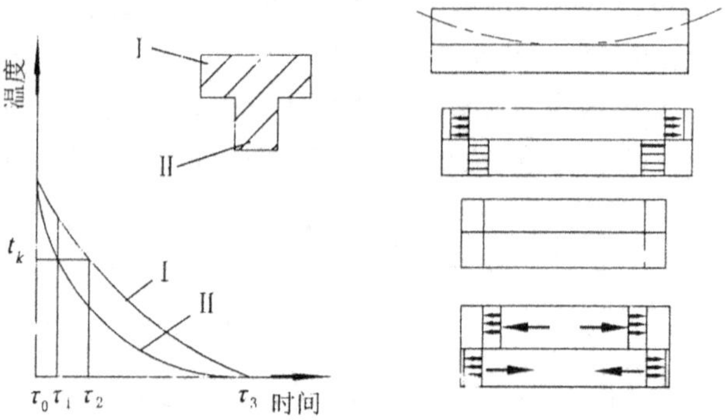

图1-8 热应力形成过程示意图

第一阶段($\tau_0 \sim \tau_1$):杆Ⅰ和杆Ⅱ的温度均高于t_K,处于塑性状态,虽然两杆冷速不同,收缩不一,但所产生的应力均因塑性变形而消失。故此阶段无残余应力。

第二阶段($\tau_1 \sim \tau_2$):杆Ⅱ的温度已低于t_K,从塑性状态转变为弹性状态,杆Ⅰ仍处于塑性状态。由收缩不一产生的应力,因杆Ⅰ的塑性压缩变形而消失。此阶段仍无残余应力。

第三阶段($\tau_2 \sim \tau_3$):杆Ⅱ的温度已接近室温,收缩量减小。已被塑性压短的杆Ⅰ也进入了弹性状态,其温度比杆Ⅱ高,收缩量比杆Ⅱ大。因此杆Ⅰ的收缩必然要受到杆Ⅱ的阻碍,使杆Ⅰ弹性拉长,杆Ⅱ弹性压缩,形成内应力。由此产生的应力相互平衡,残留在铸件内部,引起铸件的弹性变形。

由上述分析可见,铸件的残余应力是由于铸件各部分的冷却速度不同,进入弹性状态的先后次序不同,造成铸件厚大部位比薄小部位缩短而引起的。

铸造热应力使铸件厚壁部位或心部受拉应力,薄壁部位受压应力。铸件的壁厚差越大,热

应力越大;合金的线收缩率越高、弹性模量越大,热应力也越大。在铸造生产中,采取适当的工艺方法可减少或防止铸造应力的产生。

①尽量减小铸件各部分的温差。如将内浇口开在铸件的薄壁处,在厚壁处安放冷铁(图1-9),铸件在整个凝固过程中各部分温差较小,不易产生铸造应力。这种方法称为同时凝固原则(principle of simultaneity solidification)。但同时凝固又容易使铸件中心部位出现缩松,影响铸件的致密性。因此,同时凝固原则主要用于收缩较小的普通灰铁。

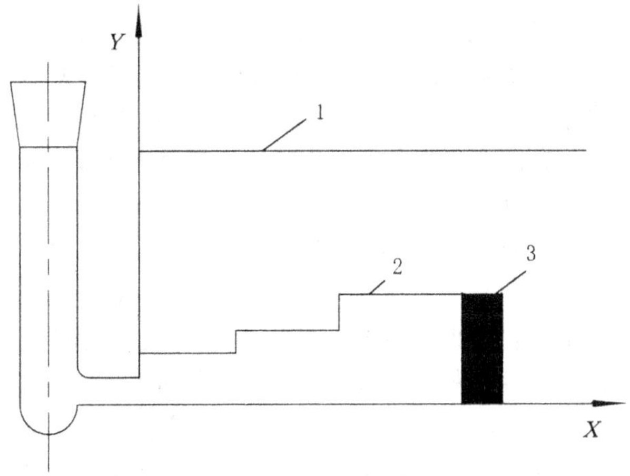

图1-9 同时凝固原则

1-温度曲线 2-铸件 3-冷铁

②改善砂型和砂芯的退让性。如在型(芯)砂中加入木屑、焦炭末等附加物,控制舂砂紧实度,合理设置浇冒口等。

③尽量避免出现牵制收缩的结构。铸件结构设计时应使铸件各部分能自由收缩。如使铸件壁厚均匀,壁和壁之间均匀过渡,热节小而分散。

④去应力退火。铸件应力残留下来后,可通过热处理加以消除。将铸件加热到塑性状态温度,中、小型灰铸铁件为550～600℃,保温3～6 h后缓慢冷却,可消除残留铸造应力,这一处理工艺也称作人工时效。生产中也常将铸件置于露天场地半年以上,使其缓慢地发生变形,从而使内应力消除或减少,这一处理工艺称作自然时效。消除应力热处理一般在粗加工后进行,这样可将原有的铸造应力和粗加工时新产生的应力一并消除。

2)铸件的变形与防止。若铸件的刚性差,则残余应力将引起铸件变形,同时残余应力通过铸件的变形得到部分缓解。判别铸件变形的方向时,我们先假设铸件的应力不存在,那么受拉应力的部位应缩短,受压应力的部位应伸长。以上述T型杆件为例,将发生厚的部分向内凹,薄的部分向外凸的弯曲变形。

铸件产生弯曲变形后,会因加工余量不足而报废,若加大加工余量,则金属消耗量增加。有些铸件虽无明显的变形,但由于残余应力的存在,切削加工后破坏了铸件应力的平衡,应力重新分布后又会产生新的变形。由于铸件变形是由铸造应力引起的,所以,上述防止铸造应力的措施完全适用于防止铸造变形。此外,在工艺上还可以采取反变形法,即在模样上做出与挠曲量相等但方向相反的预变形量来消除铸件的变形。对于重要的易变形铸件,可采取提早落砂,落砂后立即将铸件放入炉内退火的方法及时消除铸型对收缩的阻碍。

3)铸件的裂纹与防止。当铸造应力大于铸件金属的强度极限时,铸件便产生裂纹。裂纹是严重的铸造缺陷,它直接导致铸件报废。按裂纹形成的温度范围可分为热裂和冷裂2种。

①热裂。热裂(hot crack)是指在凝固末期的高温下产生的裂纹。裂纹沿晶粒边界产生和发展,外形曲折,裂纹表面因与空气接触而被氧化,呈氧化色。热裂是铸钢件、可锻铸铁件和某些铝合金铸件的常见缺陷。

热裂是在铸件凝固末期近于固相线的高温下形成的。此时,已结晶的固态金属形成完整的骨架,开始了线收缩,但晶粒间还有少量液态金属存在,故强度和塑性很低,当铸件收缩受到机械阻碍,产生很小的铸造应力就会引起裂纹。热裂一般形成于应力集中或热节部位。

合金的热裂倾向与合金的收缩率、高温强度、铸件结构、铸型阻力等有关。灰铸铁和球墨铸铁的热裂倾向小,而铝合金和铸钢较大。为了防止热裂的产生除尽量选用热裂倾向小的合金外,应使铸件的结构合理,改善砂型的退让性,内浇口的设置应符合同时凝固原则。此外,严格控制合金中硫、磷的含量,可提高合金的高温强度。

②冷裂。冷裂(cold crack)是在低温下形成的裂纹,常出现在铸件受拉伸的部位。冷裂纹穿过晶粒而发生,外形规则,呈圆滑曲线或连续直线状,有时裂纹表面有轻微氧化色。

灰铸铁、白口铸铁等塑性差的合金易产生冷裂纹,钢中的含磷量高,冷裂倾向大。壁厚差大,形状复杂的铸件,尤其是大而薄的铸件容易发生冷裂。防止冷裂的方法首先应尽量减小铸造应力,采用同时凝固原则。并根据不同铸件的实际情况,在结构设计和工艺上采取相应措施。

1.3 砂型铸造工艺

1.3.1 砂型与型砂

1.3.1.1 砂型

砂型(sand mold)铸造是指铸型用型砂为材料制造,铸型由外型和型芯两部分组成。外型也称为砂型,用来形成铸件的外部轮廓;型芯一般用来形成铸件的内部形状。把液态金属浇入铸型后即形成具有一定形状的铸件。砂型铸件的基本工艺过程如图1-10所示。

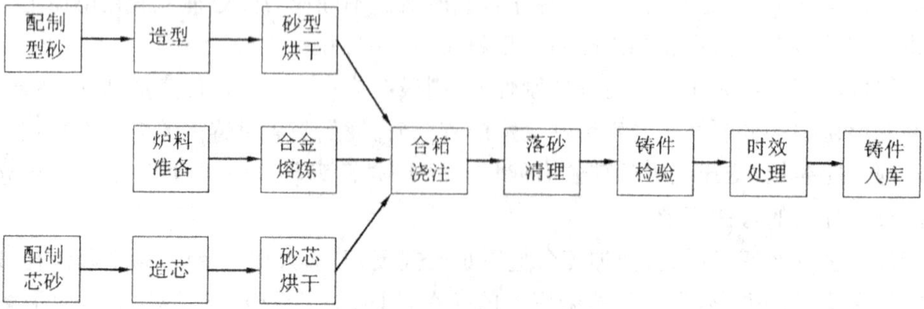

图1-10 砂型铸造工艺过程

常用砂型可分为湿型、干型、表面干型和各种化学自硬砂型等。

砂型在浇注前不烘干则称为湿型,湿型生产铸件的生产周期短,生产率高成本低,主要用于生产中、小型件,适合于自动化生产。但对于质量要求高的中、大型件,由于湿型含水分高、强度低等原因不宜采用。

砂型在浇注前经过烘干则称为干型。砂型烘干后强度和透气性提高,发气性降低,可避免铸件的气孔、砂眼、夹砂等缺陷,使铸件质量明显提高。其缺点是生产周期较长,成本增加,难于实现机械化和自动化。干型一般用于质量要求高,结构较复杂的中、大型铸件。

1.3.1.2 型砂

型砂(molding sand)按其所用黏结剂的不同,可分为黏土砂、水玻璃砂、油砂、合成树脂砂等。其中黏土砂最为常用,它是由石英砂、黏土、煤粉、木屑、水等按一定比例混制而成的。

型砂的质量与铸件质量密切相关,通常生产1 t铸件需用3～6 t型砂,因此型砂对铸件成本也有一定影响。

直接影响铸件质量的型砂性能有强度、透气性、耐火性和退让性等。

1)强度(strength)。型砂必须具备一定的强度,以承受各种外力的作用。型砂的强度不足,在造型、合箱、搬运过程中易产生塌箱,浇注时使铸件表面破坏,导致冲砂、砂眼等缺陷。

2)透气性(permeability)。型砂能让气体透过并逸出的能力为透气性。透气性不足,特别是当型砂含较多的水、煤粉等发气性物质时,铸件容易产生气孔。

3)耐火性(heat resistance)。耐火性是指型砂抵抗高温热作用的性能。耐火性主要取决于砂的矿物成分,也与砂粒大小形状有关。耐火性不足时,铸件表面容易粘砂,给清理和切削加工带来困难。

4)退让性(conceding)。砂型的退让性不足时,铸件的收缩将受到铸型、砂芯的阻碍,使机械应力加大,增加了产生裂纹的可能性。

在铸造生产中,与型砂有关的铸造缺陷形成原因是多方面的,必须依据具体情况进行综合分析,采取相应的预防措施。

1.3.2 造型方法

砂型铸造生产中,造型和造芯是最基本的工序。它们直接影响铸件生产的质量、生产率和成本。按照完成紧砂、起模、合箱的方式不同,造型方法分为手工造型和机器造型。

1.3.2.1 手工造型

用手工的方式来完成紧砂、起模、合箱等铸造的全过程称为手工造型(hand molding)。手工造型操作灵活,工艺装备简单,生产准备时间短,适应性强,可用于各种大小、形状、批量的铸件。特别是不适合机器造型的单件、小批量生产的铸件或形状复杂铸件,都适合于手工造型。因此,手工造型目前仍然是许多工厂铸造生产的基本方法。

但是,手工造型对工人的技术水平要求较高,生产率低,劳动强度大,铸件质量不稳定,故多用于单件小批量生产。

手工造型的关键是取模,根据模型的结构形状特征,手工造型又可分为各种不同的造型方法(表1-4)。在实际生产中应当根据铸件的形状、尺寸、批量、生产条件等的不同,选择合理的造型方法。

表1-4 常用手工造型方法的特点和应用范围

造型方法名称		主要特点	应用范围
按砂箱特征分	两箱造型	铸型由成对的上、下箱组成，操作方便	为造型的最基本方法，适用于各种批量、各种大小铸件
	三箱造型	铸型由上、中、下3箱组成，中箱的高度应与铸件2个分型面的间距相适应，操作较费工	适用于手工造型时具有2个分型面的铸件，单件、小批量生产
	脱箱造型	采用活动砂箱，铸型合箱后将砂箱脱出，重新用于造型，一个砂箱可造许多铸型，造型方法与两箱造型相同。浇注时为防止错箱，需用型砂将铸型同围填紧	多用于制造形状简单的小型铸件
	地坑造型	利用车间地面作为铸型的下箱，仅用上箱便可造型，减少了砂箱的费用，但造型操作较复杂，要求工人的技术水平较高	常用于砂箱不足时制造批量不大的大、中型铸件
按模型特征分	整模造型	整体模，分型面为平面，型腔位于同一砂箱，操作简单，不会产生错箱	最大截面在端部，并为平面的铸件。以该平面作为分型面
	分模造型	模型沿分模面分开，型腔位于上、下砂箱内，分型面为平面，造型方便	最大截面在铸件中部的铸件
	挖砂造型	模型为整体，但铸件的分型面为曲面，为了能够起模，造型时手工挖去妨碍起模的型砂，造型费工，生产率低	用于单件小批量生产分型面不是平面的铸件
	假箱造型	为了避免挖砂造型的缺点，在造型前预先作个假箱然后在假箱上制造下箱，假箱不参加浇注。假箱造型比挖砂造型操作简单，且分型面简单	用批量生产需要挖砂的铸件
按模型特征分	活块造型	铸件上有妨碍起模的凸起部分、筋条等，制模时将这些部分做成活动部分。起模时先起主体模，然后从侧面取出活块。活块厚度不得大于主体模厚度。造型费工，要求工人技术水平高	用于单件小批量生产带有凸出部分、难以起模的铸件
	刮板造型	用刮板代替木模造型。可节省木料，降低模型成本，缩短生产同期，但要求工人技术水平高	适用于等截面的或回转体大、中型铸件的单件小批量生产

1.3.2.2 机器造型

机器造型(machine molding)是用机器来完成造型(造芯)过程中的紧砂、起模等工艺过程。

机器造型是现代化铸造车间的基本造型方法，其主要特点是降低了劳动强度，改善了劳动条件，显著地提高了生产率；提高了铸件质量并保证了质量的稳定性，减小了加工余量，降低了废品率。机器造型对工人的操作技术要求不像手工造型那么高。机器造型工艺装备费用高，生产准备时间长，只适合中、小型铸件的成批或大量生产。

机器造型只适用于具有一个分型面，采用两箱造型的中、小型铸件，对于结构上影响起模的部分尽量采用砂芯，而不用活块或三箱造型。

机器造型的关键是造出具有合适的紧实度的砂型，造型机是按紧砂方法的不同来分类的，常见的机器造型方法有：

1)震压式造型。震压式造型机是综合了原压实式和震击式2种造型机优点的基础上发展起来的。如图1-11所示，当砂箱中放满型砂后，开动震击气阀，压缩空气进入震击气缸，使工作台带动砂箱进行反复震击，型砂在惯性力的作用下被初步震实。此时砂箱中下部型砂的紧实度较大，而上部紧实度不足，还需进行辅助压实。将造型机压头移到砂箱上方，开启压实气阀，压实活塞上升，砂箱被抬起，在压头的作用下型砂被进一步紧实。

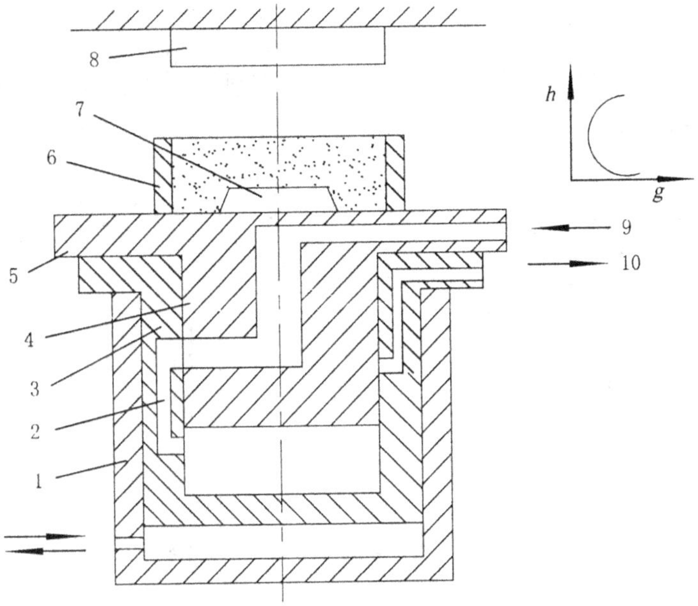

图1-11 震压式造型机

1-压实气缸 2-震实气路 3-压实活塞 4-震实活塞 5-工作台
6-砂箱 7-模板 8-压头 9-震实进气口 10-震实排气口

震压式造型机结构简单，价格低廉，紧实度分布较好，应用较为普遍。但其工作噪声大，工人劳动条件较差，在现代化的铸造车间里，逐渐被自动化程度更高的造型机所取代。

2)微震压式造型。微震压式造型机的工作原理是，型砂在被压实的同时，模板、砂箱作高频率(每分钟800次左右)、小振幅(几毫米到十几毫米)的震动。在充填和压实型砂时，微震的摩擦阻力小，有利于型砂的流动。因此，微震压式造型机比震压式造型机紧实性能好，紧实度更加均匀，振动噪声较小，生产率较高等优点，目前广泛地用于中、小型铸件的生产。

3)高压造型。压实时型砂单位面积上所受的压实力称为压实比压，压实比压大于0.7 MPa的机器造型为高压造型。

高压造型的铸件一般较复杂，为了提高砂型紧实的均匀性，高压造型机的压头为多触头式。图1-12为多触头高压微震造型机工作原理图。压实时，压实活塞带动砂箱上升，触头将余砂框中的型砂紧实。触头上部与活塞相连，各个活塞大小相等，油腔相互连通，在压实时施加给型砂的压实比压相同，所以，砂型各部分都能均匀地被压实到很高的紧实度。在压实的同时还可进行微震。

高压微震造型机的特点是：砂型紧实均匀，紧实度高，有利于提高铸件尺寸精度和表面质量；噪声小，灰尘少，生产率高。但是设备结构复杂，造价昂贵，仅用于大批量生产，产品比较单一的铸件，如汽车铸件等。

4)射砂式造型。射砂式造型是利用压缩空气将型(芯)砂以很高的速度射入砂箱(芯盒)而紧实的方法。射砂机的工作原理如图1-13所示。开启进气阀，储气罐中的压缩空气进入射腔并突然膨胀，然后通过缝隙进入射砂筒内。当射砂筒内的气压达到一定值时，型(芯)砂即由射嘴

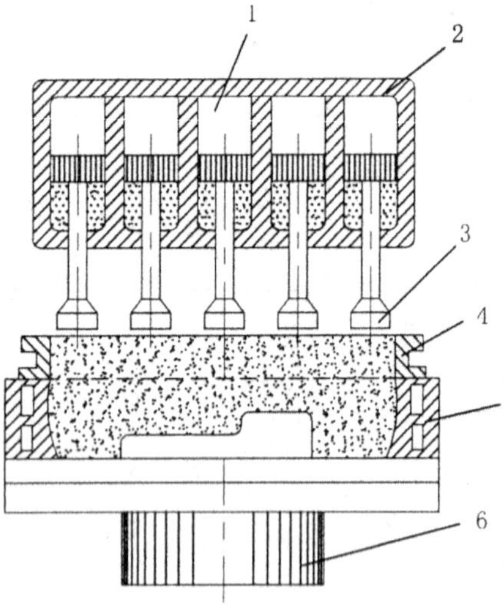

a) 原始位置

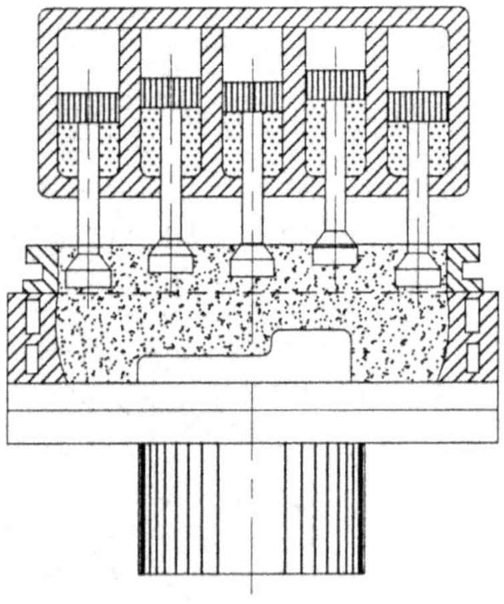

b) 压实位置（微震）

图 1-12 高压微震造型机工件原理图

1-压力油 2-箱体 3-浮动触头 4-余砂框 5-砂箱 6-压实活塞

射入砂箱(芯盒)的空腔中,而压缩空气经射砂板上的排气孔排出。射砂过程中同时完成填砂和紧实,故生产率很高。射砂机多用于制造各种复杂形状的砂芯。

5)抛砂式造型。抛砂紧实是利用机械的力量,将砂团高速抛入砂箱。其工作原理如图1-14所示。型砂由输送皮带送入抛砂机头,被高速旋转的叶片卷取,并初步紧实,待送到抛砂头的出口处时,呈团状的型砂被高速抛入砂箱而被进一步紧实。抛砂紧实同时完成填砂和紧实2个工

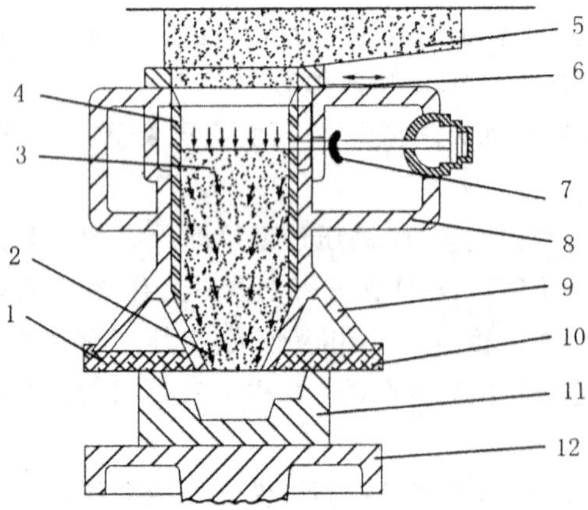

图 1-13 射砂机工作原理

1-排气孔 2-射嘴 3-射腔 4-射砂筒 5-砂斗 6-砂闸板 7-进气阀 8-储气罐 9-射砂头 10-射砂板 11-芯盒 12-工作台

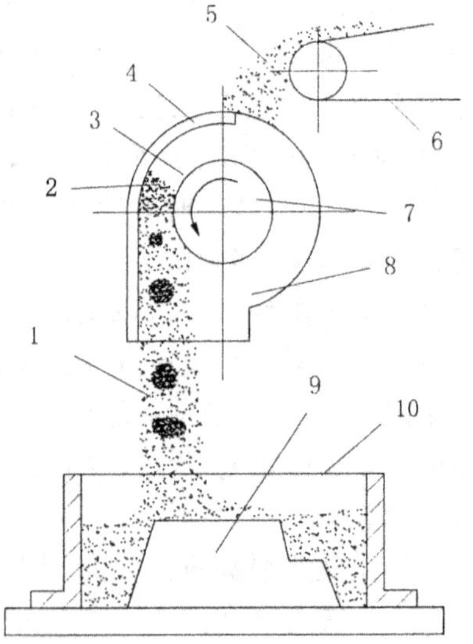

图 1-14 抛砂机工作原理

1,2-砂团 3-叶片 4-弧形板 5-型砂 6-皮带 7-转子 8-外壳 9-模样 10-砂箱

序，生产率高，紧实度均匀。抛砂机头可在水平方向和垂直方向移动，故更适合于紧实大尺寸铸件。抛砂机造型对工艺装备要求不高，常用于中、小批量生产的大型铸件。

6)空气冲击式造型。空气冲击造型是利用压缩空气来紧实砂型。空气冲击造型机的工作原理为，砂箱填砂后安放储气罐，然后打开冲击阀，储存在储气罐内的压缩空气突然释放出来，产生很大的冲击波，作用在砂箱内松散的型砂上，使其紧实成型。冲击造型的紧实度高且分布均匀，噪声小，生产率高，是目前较为先进的造型方法之一。

1.3.2.3 造型生产线

造型机在紧实型砂和起模方面实现了机械化，而其他辅助工序如翻箱、下芯、合箱、浇注、落砂和砂箱运输等全部机械化后，造型机的效率才能充分发挥出来。在大批量生产的铸造车间，采用造型生产流水线来组织生产。将造型机和铸造工艺过程中其他各种辅助设备，按照铸造工艺流程，组成一套机械化、自动化的铸造生产流水线，如图1-15所示。

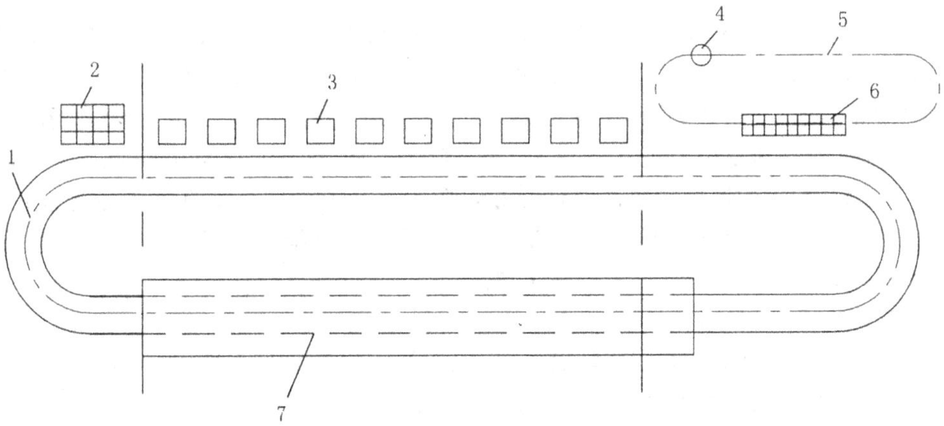

图1-15 铸造生产线示意图

1-输送带 2-落砂机 3-造型机 4-浇包 5-浇注用单轨 6-浇注平台 7-冷却室

1.4 常用合金铸件的生产特点

广义上说，常温下处于固态的金属均可采用铸造方法成形。但根据铸造过程的特点，在工业生产中常采用的铸造合金主要包括铸铁、铸钢、有色合金等。

1.4.1 铸铁

铸铁(cast iron)是极其重要的铸造合金，它大量用于制造机器设备。铸铁件通常占机器设备总重量的50%以上。

铸铁是指含碳量大于2.11%(通常为2.8%～3.5%)并含有Si，Mn，P，S的铁碳合金。当铸铁中含Si量大于4%，含Mn量大于2%，或含有一定量其他有意加入的合金元素(Al，Ti，Mo，V，Cu等)时，称为合金铸铁。

铸铁中碳是主要合金元素，在铸铁中或以化合物(Fe_3C)形态存在，或以结晶型碳(石墨)形态存在，使铸铁的各种性能发生很大变化。根据碳在铸铁中存在形式的不同，可分为白口铸铁、灰口铸铁、球墨铸铁、可锻铸铁和蠕墨铸铁。图1-16为各种铸铁的石墨形态。

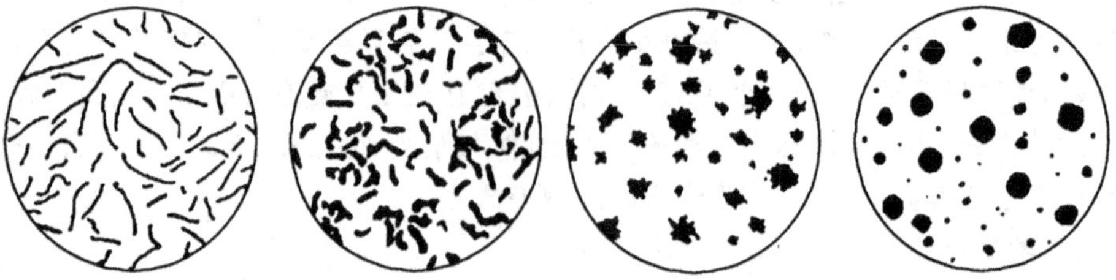

a) 片状石墨　b) 蠕虫状石墨　c) 团絮状石墨　d) 球状石墨

图1-16　各种铸铁的石墨形态

1.4.1.1　白口铸铁

在白口铸铁中，除微量的碳溶于铁素体外，大部分碳以化合物形态存在，因其断口呈银白色，故称白口铸铁(white cast iron)。其基本组织是莱氏体，硬度高又无塑性，难于进行机械加工。其铸造性能很差，充型能力弱，收缩大，铸造成形中易产生浇不足、冷隔、裂纹、缩孔等缺陷，因此很少直接用于制造零件毛坯。由于白口铸铁的硬度高，耐磨性较好，所以在生产冷硬铸件(轧辊、火车车轮等)或生产可锻铸铁件时应用该种铸铁。此时液体金属的碳、硅含量应低，在铸造过程中应保证冷却速度快(如放冷铁)和采取安放冒口等措施来进行补缩，铸件的壁厚除均匀外还应尽量薄，以保证碳不以石墨形态出现。

1.4.1.2　灰口铸铁

灰口铸铁(grey cast iron)是指其大部分碳以石墨片状态存在于基体中，因其断口呈暗灰色而得名。它在机械制造业中占有重要地位，其产量占铸铁总产量80%以上。

铸铁的性能取决于其组织、组织的不同实质上是碳在铁中存在的不同形式。灰铸铁中的碳是由化合碳(Fe_3C)和石墨碳组成，其中的碳绝大部分形成石墨，有少量碳以化合碳(Fe_3C)形式存在于基体中。若基体中的化合碳的含量等于0.8%，为珠光体灰铸铁；化合碳的含量小于0.8%，为铁素体-珠光体灰铸铁；若碳全部以石墨状态存在，则为铁素体灰铸铁。因此，要想控制铸铁的组织和性能，必须控制铸铁的石墨化程度。影响铸铁石墨化的主要因素是化学成分和冷却速度。

普通灰铸铁(常用的牌号有HT100，HT150)一般是共晶型合金，具有良好的流动性。由于灰铸铁结晶时伴有石墨化，石墨析出时体积发生膨胀而抵消了部分基体收缩，因此灰铸铁的线收缩较小，一般为0.3%～0.9%。碳含量愈接近共晶点，灰铸铁的铸造性能愈好。因此，普通灰口铸件的铸造性能好，充型能力强，收缩小，产生裂纹的倾向性也较弱，生产普通灰口铸铁件无需采取特殊的工艺措施。

普通灰铸铁通常在冲天炉中熔炼，一般不需要炉前处理可直接浇注，无需冒口和冷铁，铸造工艺较为简单，但也要注意防止白口组织出现。普通灰口铸铁件适合采用砂型铸造方法成形。普通灰口铸铁件成形后一般不需要进行热处理，仅复杂结构件铸后应进行时效处理，以消除内应力和防止变形。

普通灰口铸铁适合制作机床床身、箱体、支座、导轨及衬套、活塞环等铸件。

为提高普通灰口铸铁件的力学性能，生产中常使用孕育处理手段，孕育处理的目的在于促进石墨化，降低白口倾向，适当提高共晶团数量，使石墨片的尺寸细化以及分布状况得到改善。灰口铸铁的孕育处理是提高灰口铸铁机械性能的有效方法。

孕育处理(gestation period treatment)就是向铁水中冲入孕育剂，进行孕育处理，然后浇注。用这种方法制成的铸铁又称为孕育铸铁(常用的牌号有HT200,HT250,HT300,HT350)。孕育铸铁的石墨形态仍为片状，塑性、韧性仍然很低，其本质仍属灰口铸铁。

孕育铸铁的另一优点是冷却速度对其组织和性能的影响较小，因此铸件上厚大截面的性能较为均匀，如图1-17所示。

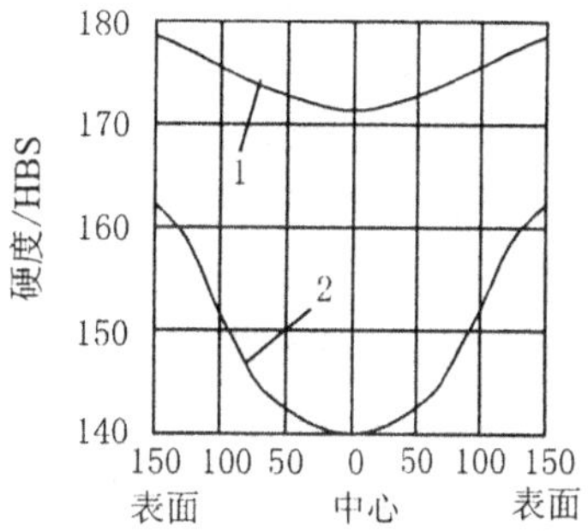

图1-17 对大铸件截面硬度的影响
(300 mm×300 mm)
1-孕育铸铁 2-普通灰铸铁

孕育铸铁适用于静载荷下要求较高强度、高耐磨性或高气密性铸件，特别是厚大铸件。

在孕育处理过程中引起碳、硅含量降低，铸造性能比普通灰铸铁差，铸造工艺较复杂，浇注温度高，线收缩率较大，有时需设置冒口补缩。孕育铸铁的制造工艺较普通灰口铸铁严格。为了取得应有的孕育效果，必须熔炼出碳、硅含量均低的原始铁水(C含量为2.7%～3.3%,Si含量为1%～2%)。这种铁水若不经孕育直接进行浇注，将形成白口或麻口组织。如若原始铁水中碳、硅含量高，则孕育处理后强度不仅未提高，反而有所降低。

常用的孕育剂为含硅量为75%的硅铁，加入量为铁水重量的0.25%～0.60%。

孕育处理最常用的方法是在出铁槽内加入孕育剂，铁液应在此后15～20 min内浇完。此方法简单易行，孕育剂消耗量大，且很容易发生孕育衰退现象。为此，近年来发展了许多瞬时孕育(后孕育)的技术。方法是尽量缩短从孕育到凝固的时间，可极大程度地防止孕育作用衰退，最大程度地发挥孕育的作用。由于孕育处理过程铁水温度要降低，故出炉的铁水温度必须高达1 400～1 450℃。

选择铸铁牌号时必须考虑铸件的壁厚。例如，某铸件壁厚30～50 mm，要求抗拉强度200 MPa，此时应选HT250而不是选HT200。此外，若铸件过厚或过薄，超出手册中所列数值时，则应适当提高或降低牌号。

灰口铸铁件一般不需要进行热处理。因为热处理只能够改善基体的性能，不能够改善石墨的形态和分布。故通过热处理来提高灰铸铁件的力学性能的效果很小。

1.4.1.3 球墨铸铁

球墨铸铁(spheroidal graphite cast iron)是20世纪40年代末发展起来的一种铸造合金，它是向出炉的铁水中加入球化剂和孕育剂而得到的球状石墨铸铁。它是各类铸铁中综合性能最好的材料。球墨铸铁的铸态组织相当于在钢的基体上分布着球状石墨。随着化学成分、冷却速度和热处理方法的不同，球墨铸铁可得到铁素体、铁素体+珠光体、珠光体、贝氏体或回火马氏体等不同的组织。最常用的是铁素体基体和珠光体基体的球墨铸铁。

由于石墨呈球状，它对基体的缩减和割裂作用减至最低限度，基体强度的利用率可达70%～90%，通常σ_b为400～900 N/mm^2，δ为2%～18%。同时，仍保持灰铸铁的优良性能，如良好的耐磨性和减震性，缺口敏感性小，铸造性能和切削加工性能良好等。此外，球墨铸铁的焊接性能和热处理性能都优于灰铸铁。

球墨铸铁不仅强度远远高于灰铸铁，优于可锻铸铁，甚至可与钢媲美。例如铁素体球墨铸铁（基体中含铁素体80%以上，其余为珠光体）QT400-18 和 QT450-10 等，其抗拉强度比珠光体球墨铸铁低，但塑性及冲击韧性高。由于铁素体球墨铸铁的机械性能优于可锻铸铁，我国主要用于代替可锻铸铁制造汽车、拖拉机底盘的许多零件，如后桥外壳等；其次为农机具零件和中、低压阀门等。珠光体球墨铸铁（基体组织中珠光体量占80%以上，其余为铁素体）QT600-3，QT700-2 和QT800-2 等，其抗拉强度很高，尤其屈强比明显高于碳钢。这在机械设计中是最重要的机械性能指标之一。表 1-5 列出了珠光体球墨铸铁和45 号锻钢的机械性能比较值。球墨铸铁还具有优良的热处理性能，它可通过退火、正火、调质、高频淬火、等温淬火等热处理，使其强度、硬度或韧性大大提高。因而，珠光体球墨铸铁可以代替碳钢制造某些受较大交变负荷和受摩擦的重要零件，如曲轴、连杆、凸轮、蜗轮、蜗杆等。

表 1-5 珠光体球墨铸铁与45 号锻钢的机械性能比较

性能	45 号锻钢	珠光体球墨铸铁（正火）
抗拉强度 σ_b	690	815
屈服强度 $\sigma_{0.2}$	410	640
屈强比 $\sigma_{0.2}/\sigma_b$	0.59	0.785
延伸率 δ/%	26	3
疲劳强度（带缺口试样）σ_{-1}	150	155
硬度/HBS	<229	229～321

球墨铸铁的生产工艺特点：球墨铸铁一般为过共晶型合金，球墨铸铁的凝固过程、铸造性能和灰铸铁有明显不同：

1）流动性比灰铸铁差。因为球化和孕育处理，使铁水温度大大下降。因此球墨铸铁要较高的浇注温度及较大的浇口尺寸。

2）收缩较灰铸铁大。球墨铸铁结晶凝固范围比灰铸铁宽，呈糊状凝固特征。凝固时，铸件形成硬外壳时间较晚。当砂型刚度小时，石墨的膨胀引起铸件外形胀大，结果原有浇、冒口失去补缩作用，易产生缩孔缩松（图 1-18）。因此，球墨铸铁一般需要用冒口和冷铁，采用顺序凝固原则。

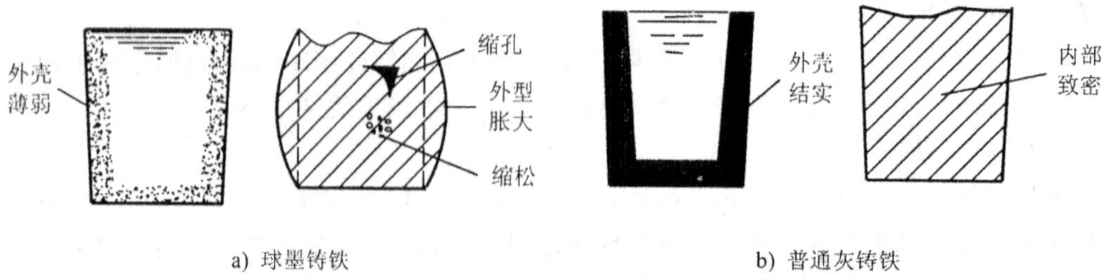

图 1-18 2 种铸铁件外壳强度和缩孔的关系

3）球墨铸铁容易出现夹渣（MgS，MgO）和皮下气孔缺陷。浇注系统一般采用半封闭式，以保证铁液迅速平稳地流入型腔，并多采用滤渣网、集渣包等结构加强挡渣措施。

球墨铸铁在一般的铸造车间均可生产，但在熔炼技术、处理工艺上比灰铸铁要求更高。

①严格控制成分。制造球墨铁所用的铁水与灰口铸铁原则相同，但要有足够高的含碳量，

低的硫、磷含量，有时还要求低的含锰量。高碳(由于球化元素的作用使球墨铸铁的共晶点已移至4.6%～4.7%)可改善铸造性能和球化效果，低的锰、磷可提高塑性与韧性。硫易与球化剂化合成硫化物，使球化剂的消耗量增大，引起球化衰退。并使铸件易于产生皮下气孔等缺陷。其大致成分为：C 3.6%～3.9%，Si 2.0%～2.8%，Mn 0.6%～0.8%，S<0.07%，P<0.1%。

②较高的出铁水温度。铁液处理过程中要下降50～100℃，为保证浇注温度，出铁水温度至少在1 400℃以上。

③球化处理和孕育处理。球化处理的目的是使石墨结晶时呈球状析出。常用球化剂主要是稀土镁合金。其加入量为铁液量的1.3%～1.8%。球化处理的工艺方法有多种，其中以冲入法最为普遍，如图1-19 a 所示，它是将球化剂放在铁水包的堤坝内，上面铺以硅铁粉和稻草灰，以防球化剂上浮，并使其作用缓和。开始时，先将铁水包容量2/3左右的铁水冲入包内，使球化剂与铁水充分反应。尔后，将孕育剂放在冲天炉出铁槽内，用剩余的1/3包铁水将其冲入包内，进行孕育。扒渣后即可浇注。此外，还有型内球化法，如图1-19 b 所示，把球化剂放置浇注系统

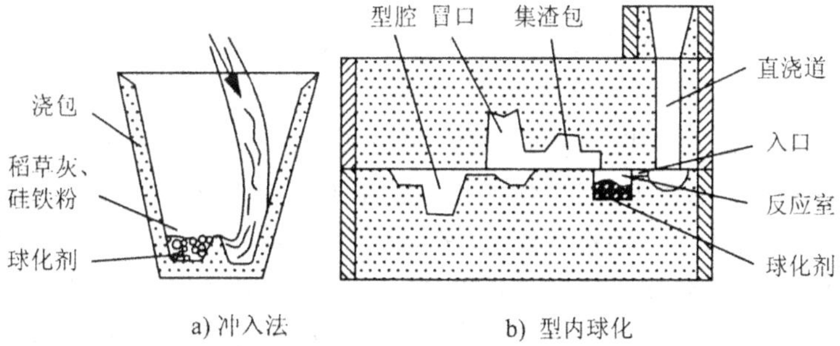

图1-19 球化处理方法

内的反应室中，流经此室的铁液和球化剂作用后进入型腔。此法优点是石墨球细小，球化率很高，球化剂消耗较少，球墨铸铁的力学性能高。关键问题是反应室的结构设计及浇注系统的挡渣措施要合理。

孕育剂的主要作用是促进铸铁石墨化，防止球化元素所造成的白口倾向。同时，通过孕育还可使石墨球圆整、细化，改善球铁的机械性能。常用的孕育剂为含硅量75%的硅铁，加入量为铁水重量的0.4%～1.0%。

1.4.1.4 可锻铸铁

可锻铸铁(malleable cast iron)又称玛钢或玛铁，它是将白口铸铁经石墨化退火而成的一种铸铁。由于其石墨呈团絮状，大大减轻了对基体的割裂作用，故抗拉强度得到显著提高，如σ_b一般达300～400 MPa，最高达700 MPa。尤为可贵的是这种铸铁有着相当高的塑性与韧性($\delta \leqslant$ 12%，$\alpha_k \leqslant 30\ J/cm^2$)，可锻铸铁就是因此而得名，但它并不能真正用于锻造。

按退火方法的不同，可锻铸铁分为黑心可锻铸铁(铁素体基体)、珠光体可锻铸铁(珠光体基体)、白心可锻铸铁(表层为铁素体，心部为铁素体＋珠光体＋少量团絮状石墨)。

制造可锻铸铁件的首要步骤是先铸出白口铸铁坯料，若坯料在退火前已存有片状石墨，则无法退火出现团絮状石墨。为此，必须采用碳、硅含量均低的铁水(亚共晶型)，通常含碳为2.4%～2.8%，含硅0.4%～1.4%。铁水流动性差，收缩大，容易产生缩孔、缩松和裂纹等缺陷。铸造时铁液的温度应较高(>1 360℃)，铸型及型芯应有较好的退让性，并应设置冒口。

可锻铸铁通常用于制造形状复杂、承受冲击载荷的薄壁(≤25 mm)小件。

石墨化退火是制造可锻铸铁最主要过程，此时，将清理后的白口坯料放于退火箱中，将箱盖用泥封好后送入退火炉中。缓缓地加热到920～980℃的高温，保温10～20 h，并按规范冷却到室温(对于黑心可锻铸铁还要在700℃以上进行第二段保温)。石墨化退火的总周期一般为40～70 h。

1.4.1.5 蠕墨铸铁

蠕墨铸铁(vermicular graphite cast iron)是近些年发展起来的一种新型铸铁，其石墨呈短片状，片端钝而圆，类似蠕虫(图1-16 b)，这种石墨形态是介于片状和球状石墨之间的一种过渡形态。

蠕墨铸铁的组织为金属基体上均匀分布着蠕虫状石墨。蠕墨铸铁的制造过程及炉前处理与球墨铸铁相同，不同的是以蠕化剂代替球化剂。蠕化剂一般采用稀土镁钛、稀土镁钙和稀土硅钙等合金。加入量为铁水质量的1%～2%，加入方法也和冲入法和球墨铸铁一样，也要进行孕育处理。

蠕墨铸铁的化学成分与球墨铸铁的要求基本相似，大致成分范围为3.5%～3.9% C，2.2%～2.8% Si，4%～0.8% Mn，P和S<0.06%。

蠕墨铸铁的铸造性能接近灰口铸铁，缩孔、缩松倾向比球铁小，故铸造工艺较简单。蠕墨铸铁的应用由于蠕墨铸铁机械性能高，导热性和耐热性优良，因而适于制造工作温度较高或具有较高温度梯度的零件，如大型柴油机气缸盖、制动盘、钢锭模、金属型等。由于其断面敏感性小、铸造性能好，故可用于制造形状复杂的大铸件，如重型机床和大型柴油机机体等。用蠕墨铸铁代替孕育铸铁既可提高强度，又可节省许多废钢。总之，蠕墨铸铁综合性能优良，具有广阔的发展前途。

1.4.2 铸钢

铸钢(cast steel)是指采用铸造成形的各类钢。铸钢的应用仅次于铸铁，铸钢件的产量约占铸件总产量的15%。其主要优点是机械性能高，强度比铸铁高，特别是塑性和韧性比铸铁高很多。如$\sigma_b = 400 \sim 650\ N/mm^2$，$\delta = 10\% \sim 12\%$，$\alpha_{ku} = 20 \sim 60\ J/cm^2$。焊接性能优良，可以采用铸-焊联合工艺制造大型铸件。

铸钢包括碳素结构钢、合金结构钢和某些特殊性能钢(如耐热钢、高锰钢等)。主要用于制造承受重载荷、抗摩擦和冲击载荷的结构件。

铸钢的铸造性能较差，表现在充型能力很弱、收缩大，产生裂纹和偏析倾向性明显，并容易形成不理想的组织结构(如魏氏组织、过热组织)，降低其使用性能，故在铸造工艺上要特别注意。

1.4.2.1 铸钢的铸造工艺特点

①铸钢的熔点高，浇注温度也高，要求铸型的耐火性好。为此应采用人工砂制作铸型。同时还应注意钢种，当钢液中含能形成碱性氧化物的元素较多时(如铸造高锰钢件)，则必须选用碱性的镁砂或中性的铬砂，否则极易产生黏砂缺陷。对于较大的铸钢件，所选用的型砂的粒度不可太细。

②浇注铸钢时均按漏包进行，进入型腔中的液体金属较纯净，加之钢液的充型能力弱，因此浇注系统结构较简单，无需挡渣设施，对于较高的铸件，内浇口应多层设置，数量也应稍多，

以保证快速、平稳浇满，防止浇不足的缺陷。

③铸钢的收缩较大，易产生缩孔、缩松和裂纹。因此设置冒口、安放冷铁是必不可少的措施(图1-20)。中心处冒口可确保铸件轮毂处不产生缩孔。轮缘热节部位由于该件直径很大，实行分段顺序凝固，每段末端放冷铁实现先凝固，而始端处的冒口保证轮缘热节处无缩孔。

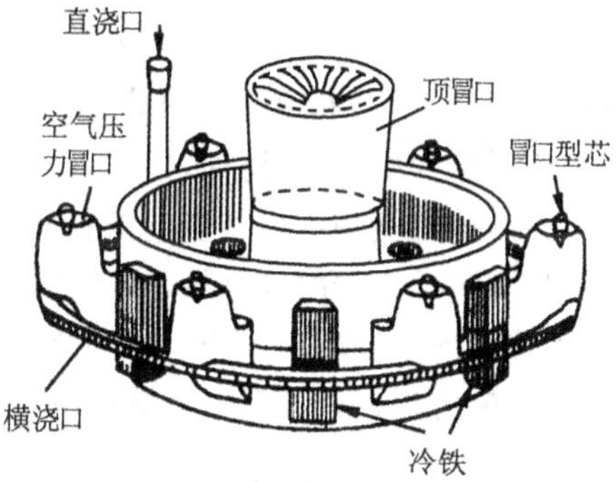

图1-20 铸钢齿轮铸造工艺

对薄壁或易产生裂纹的铸钢件，一般采用同时凝固原则。如图1-21所示，铸件应多开设内浇道，使钢液迅速、均匀地充满铸型。

一般情况生产铸钢件消耗于冒口中的金属量占铸件总质量的40%以上。

为防止铸钢件产生裂纹，首先应保证钢液中的硫、磷含量符合优质钢或高级优质钢的要求。其次是在工艺上采取防裂筋等措施。即在铸型和型芯上割制出许多三角形或长条形沟槽，如图1-22所示。液体金属充满这些沟槽迅速冷却，形成具有较高强度的薄片结构，铸件整体收缩受到阻碍产生的拉应力，由这些薄片(防裂筋)承担，而铸件可完好无损。另外，在制作型芯时，所需的芯骨应由细铝丝制成，这种型芯在铸型中受到金属液的热作用，铝丝熔化后芯骨的刚度大为减弱，使铸件在收缩中不会受到型芯的阻碍，获得合格的产品。

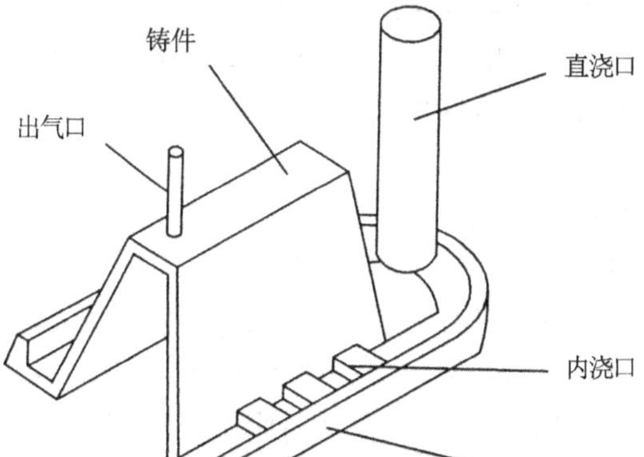

图1-21 薄壁铸钢件的浇注系统

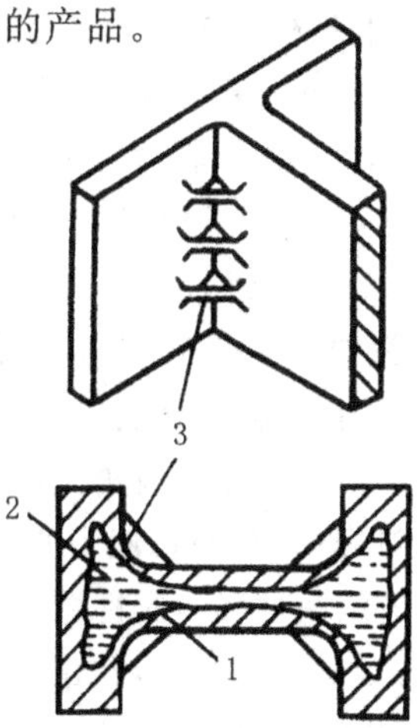

图1-22 铸造小肋

1-凝固层 2-熔液 3-小肋

1.4.2.2 铸钢的热处理

铸钢件成形后必须进行热处理。铸钢件的铸态组织中存在晶粒粗大、晶内偏析、魏氏组织(铁素体片横向贯穿珠光体晶粒的结构)和内应力，影响铸件机械性能的发挥。为了细化晶粒、消除魏氏组织及铸造应力、提高机械性能，铸钢件铸后必须进行退火或正火。最常采用的方法是进行正火处理，但对于结构复杂、容易产生裂纹的铸件，则应进行退火处理。为消除晶内偏析缺陷，应进行高温扩散退火，再辅之以正火来获得理想组织和性能。铸钢件不宜采用淬火，淬火时极易发生开裂。但对于某些特殊性能的铸件(如高锰钢铸件)，则应进行淬火处理(亦称水韧处理)，以获得单相奥氏体组织。

1.4.2.3 铸钢的熔炼

熔炼是铸钢生产中的一个重要环节，钢液的质量直接关系到铸钢件的质量。冶炼铸钢的设备有电弧炉、平炉和感应电炉等，其中，电弧炉用得最多，平炉仅用于重型铸钢件，感应电炉主要用于合金钢中、小型铸件。

电弧炉是利用电极与金属炉料间电弧产生的热量来熔炼金属的一种设备，电弧炉通常采用三相电源，炉子容量（每次熔炼的钢水量）为1～15 t。电弧炉炼出的钢液质量较高，熔炼速度快（熔炼一炉一般需2～3 h），温度容易控制，适合于浇注各种类型（优质钢、高级合金钢和特殊性能钢）的铸钢件。炼钢的金属材料主要是废钢，还有生铁、铁合金等。但是电弧炉耗电量大、成本高。

感应电炉炼钢是利用感应线圈中通过交变（高频、中频、工频）电流产生磁场，在金属炉料内产生感应电流（涡流），是金属熔化。感应电炉的优点是加热速度较快，热量散失少，因此炉子热效率较高，氧化烧损较轻，吸收气体较少，劳动条件好，能耗少。其缺点是炉渣温度较低，因而化学性质不活泼，不能充分发挥炉渣在冶炼过程中的作用，因此基本上是炉料的重熔过程。

近年来真空感应电炉和等离子感应炉等新的炼钢法正在被广泛采用。等离子感应炉的生产率比感应电炉高25%～30%，耗电量比感应电炉低很多。

1.4.3 有色合金

常用的铸造有色金属有铜合金（copper alloys）、铝合金（aluminum alloys）、镁合金（magnesium alloys）、铅合金（lead alloys）、锡合金（tin alloys）及轴承合金（bearing alloys）等。与钢、铁相比，其力学性能比较低。但由于其特殊的物理、化学性能，如耐腐蚀性、耐磨性和耐热性、导电性好等，目前，机械制造业中铸造铝合金和铸造铜合金已得到广泛应用。

1.4.3.1 铸造铝合金

1）铸造铝合金的熔炼。铝合金在熔炼时常具有以下特点：

①铝是活泼金属元素，液态状态的铝极易于氧化和吸气。铝氧化生成的Al_2O_3熔点高（2 050℃），密度比铝液稍大，呈固态夹杂物，悬浮在的铝液中很难清除，容易在铸件中形成夹渣。在冷却过程中，液态铝液中的气体常被表面致密的Al_2O_3薄膜阻碍，在铸件中形成许多针孔，影响铸件的致密性和力学性能。为避免氧化和吸气，常用熔点低的熔剂（NaCl，KCl等）将铝液与空气隔绝，尽量减小搅拌，并在熔炼后期对铝液进行去气精炼。精炼是向铝液中通入氯气，或加六氯乙烷、氯化锌等，以形成Cl_2，$AlCl_3$（沸点183℃），HCl等气泡，使溶解于铝液中的氢气扩散到气泡内。在气泡上浮的过程中，将铝液中的气体和Al_2O_3夹杂物带出液面，使铝液得到净化。

②铝硅合金的变质处理。变质处理大致可分3类：第一类主要用来细化固熔体合金的a（Al）晶粒，如Al-Cu类、Al-Mg类合金应用较为普遍；第二类是共晶体变质，用来改变共晶体组织，广泛应用于Al-Si共晶合金；第三类是改善杂质的组织或消除易熔杂质相，如加铍、锰等改善粗大的富铁相等。变质处理一般在精炼后进行，变质剂一般是由钠的卤盐组成2/3NaF＋1/3NaCl，其用量一般为合金熔液质量的1.5%～2%。处理时，用压瓢把变质剂压入液面下100～150 mm处5～10 min后，取样检验变质处理效果，效果良好即可浇注。

2）铝合金的铸造工艺特点。铝合金的铸造性能和化学成分密切相关，其中Al-Si合金处于共晶成分附近，铸造性能最好，和灰铸铁相似。Al-Cu合金远离共晶成分，结晶温度范围大，铸造性能最差。在实际生产中，铝铸件都有冒口补缩，Al-Si类合金的结晶温度范围小，冒口补缩效率高，易获得组织致密的铸件。其他类铸铝合金的结晶温度范围大，冒口补缩效率低，铸件致密性差。

铝合金极易吸气和氧化，为防止铝液在浇注过程中的氧化和吸气，通常采用开放式浇注系统，并多开内浇道。直浇道常用蛇形或鹅颈形(图1-23)，使合金迅速平稳地充满型腔，不产生飞溅、涡流和冲击。

各种铸造方法都适用于铝合金铸件，当生产数量较少时，可用砂型铸造；大量生产重要铸件时，则采用特种铸造。金属型铸造效率高，铸件质量好。低压铸造适用于要求致密性高的耐水压铸件。压力铸造可用于薄壁复杂小件。

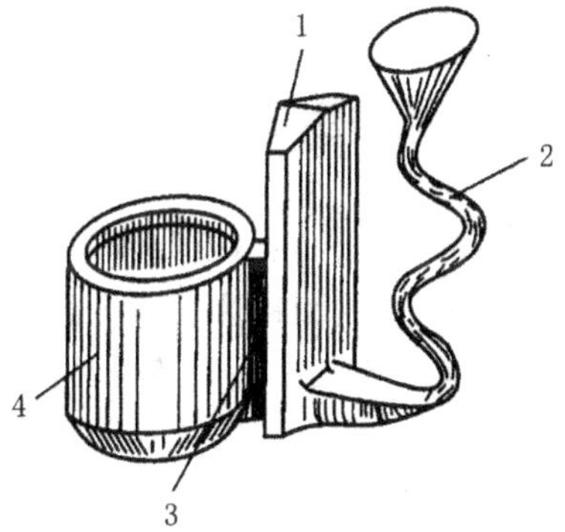

图1-23 铝合金铸件的浇注系统

1-集渣冒口 2-蛇形直浇道
3-缝隙内浇道 4-铸件

1.4.3.2 铸造铜合金

采用铸造成形的铜合金主要有黄铜和青铜。各种成分的铜合金，其结晶特征、铸造性能、铸造工艺特点各不相同。

1)铸造铜合金的熔炼。铜合金在熔炼时突出的问题是容易氧化和吸气，因此常采用下列措施来保证铜合金液的纯净度。

①熔剂覆盖铜合金液面。常用熔剂有木炭、碎玻璃、苏打和硼砂等。

②脱氧。铜氧化后易生成氧化亚铜(Cu_2O)，使塑性变差。一般铜合金熔炼时均需加入0.3%～0.6%的磷铜(含磷8%～14%)脱氧，使Cu_2O还原。普通黄铜和铝青铜由于Zn和Al本身就是优良脱氧剂，所以无需加磷脱氧。

③除气。主要是除氢。锡青铜常用吹氮除气法，吹入铜液中的大量氮气泡上浮时，带走原来溶于液体中的氢。铝青铜可用吹氮法除气，还可以加氯盐($ZnCl_2$)、氯化物(CCl_4)除气，原理同铝合金。对于黄铜可采用沸腾法除气，当熔炼温度超过Zn的沸点(907℃)后，Zn的蒸气压急剧增至超过大气压，Zn蒸气泡大量逸出，引起铜合金液的激烈沸腾，使得溶于铜液中的气体被排出。

④精炼除渣。铝青铜铜液中含有不溶性氧化物夹杂Al_2O_3，因其熔点高，化学稳定性好，不能用脱氧法还原。必须加入碱性熔剂，如苏打、萤石、冰晶石精炼，造出熔点低，体积质量小的熔渣而被去除。对于其他铜合金往往不加熔剂精炼。铜合金的熔炼设备为坩埚炉。

2)铜合金的铸造工艺特点。各种成分的铜合金其结晶特征不同，铸造性能不同，铸造工艺特点也不同。

锡青铜(tin bronze)的结晶温度范围宽(150～200℃)，流动性差，但凝固收缩及线收缩率均小，不易产生缩孔，却易产生晶内偏析与缩松，降低了铸件致密性。然而这种缩松便于存储润滑油，故适于制造滑动轴承。为此，壁厚不大且致密性要求不高的锡青铜铸件，常用同时凝固的方法。锡青铜宜采用金属型铸造，因冷速大而易于补缩，使铸件结晶细密。锡青铜在液态下易氧化，在开设浇注系统时，应使金属液流动平稳，防止飞溅，故常用底注式浇注系统。

铝青铜(aluminum bronze)的结晶温度范围窄，流动性好，易获得致密铸件。但其收缩大，易产生集中缩孔，为此需安置冒口、冷铁，使之按顺序凝固。又因铝青铜易氧化和吸气，所以浇注系统宜采用底注式，并在浇注系统中安放过滤网以除去浮渣。

铅青铜(lead bronze)浇注时因铅密度大会下沉，故需控制浇注温度，浇注前要充分搅拌，并加快铸件冷却，以减少偏析。

1.5 特种铸造

特种铸造(special casting processes)是指与普通砂型铸造有显著区别的一些铸造方法，如熔模铸造、金属型铸造、压力铸造、低压铸造、离心铸造、壳型铸造、陶瓷型铸造、磁型铸造等。每种特种铸造方法在提高铸件精度和表面质量、改善合金性能、提高劳动生产率、改善劳动条件和降低铸造成本等方面，各有其优越之处。近些年来，特种铸造在我国发展相当迅速，其地位和作用日益增高。

1.5.1 熔模铸造

用易熔材料如蜡料制成模样，在模样上包覆若干层耐火材料，制成型壳，熔出模样后经高温焙烧即可浇注的铸造方法称熔模铸造(wax mould casting)。

熔模铸造不一定用蜡基模料，也可用松香基模料、塑料和盐基模料等，如塑料聚苯乙烯模、尿素模。熔模铸造是一种精密铸造方法。

1.5.1.1 熔模铸造的工艺过程

熔模铸造的工艺过程(图1-24)包括制造压型，制造蜡模，制造铸型和浇注等。

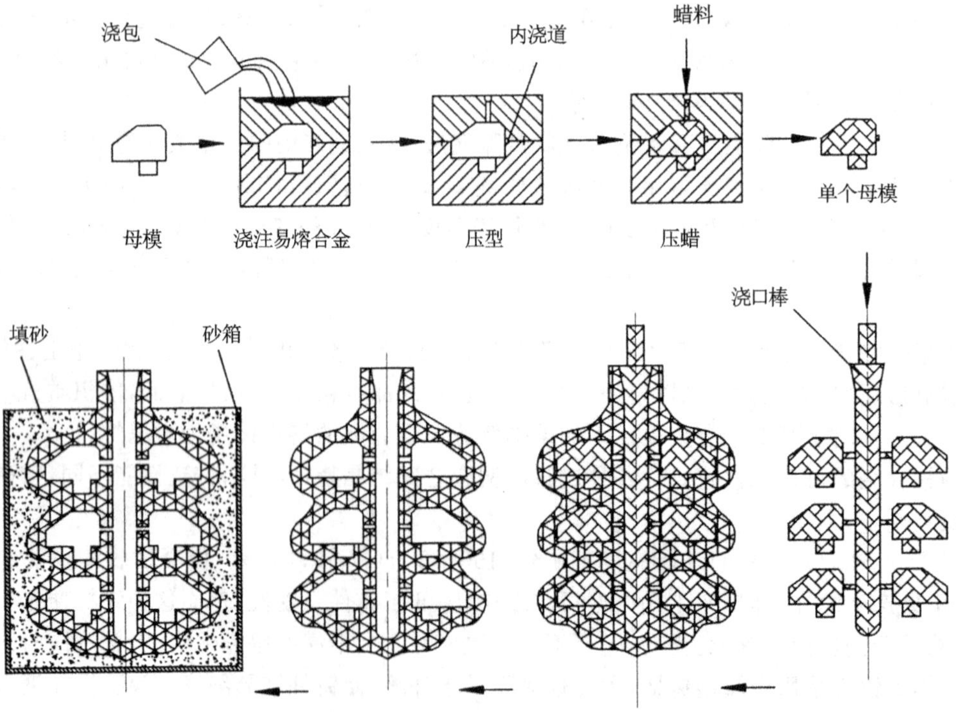

图1-24 熔模铸造工艺过程

1)制造压型。压型是用来制造模样(即熔模)的模具，为了保证蜡模质量，压型必须有较高的尺寸精度和低的表面粗糙度，而且型腔尺寸必须包括蜡料和铸造合金的双重收缩率。当大批量生产时，压型常用钢、锡青铜或合金材料，经机械加工制成。在生产批量不大时，常用低熔点合金（锡、铅、铋合金，熔点不超过300℃）铸造。在单件小批量生产时，可用石膏制成压型。

2)制造蜡模。蜡模材料常用50%石蜡和50%硬脂酸配制而成，熔点为54～57℃。将液态的蜡料挤入压型中，待其冷却后从压型中取出，修整便获得单个熔模组，为能一次铸造多个铸件，还需将单个蜡模黏合到蜡质浇注系统上，制成蜡模组。

3)铸型的制造。包括挂壳、脱模、焙烧、造型等。

①挂壳。在蜡模上涂上耐火涂料层，先用黏结剂（多用水玻璃）和石英粉配制成涂料，将蜡模组浸挂涂料后，再向其表面撒一层石英砂，然后将黏附石英砂的蜡模组放入硬化剂（一般为氯化铵溶液）中，利用反应生成硅酸胶将砂粘牢而硬化，如此重复涂挂3～7次，直到硬壳厚为5～10 mm为止。

②脱蜡。一般是将壳型浸泡在85～90℃热水中，蜡模熔化而脱出，则得到铸型空腔。

③焙烧。在800～1 000℃下将型壳加热，排除型壳中的残余挥发物和水分，进一步提高型壳的质量。

④造型。将型壳置于铁箱中，周围用干砂填上，目的是提高型壳的强度，防止浇注时变形或破裂。

4)浇注。为了提高液态合金的充型能力，防止浇不足，常在焙烧后趁热（600～700℃）进行浇注。

1.5.1.2 熔模铸造的特点及应用

①熔模铸造没有分型面，型壳内表面光洁，耐火度高，可以生产尺寸精度高和表面质量高的铸件，可实现少切削或无切削加工，尺寸精度IT4～IT7，表面粗糙精度R_a1.6～12.5 μm。

②能铸出各种合金铸件，尤其适合铸造高熔点、难切削加工和用别的加工方法难以成形的合金，如耐热合金、磁钢、不锈钢等。

③可生产形状复杂的薄壁铸件，最小壁厚可达0.3 mm，最小铸孔直径达0.5 mm。

但熔模铸造工艺过程复杂，工序多，生产周期长（4～15 d），生产成本高。而且由于熔模易变形、型壳强度不高等原因，熔模铸件的质量一般在25 kg以内。

熔模铸造用来生产那些形状复杂、熔点高、难于切削加工的小型零件，如汽轮机叶片，成形刀具和汽车、拖拉机、机床上的小型零件。

1.5.2 金属型铸造

用重力浇注将液态金属浇入金属铸型而获得铸件的方法称为金属型铸造（gravity die casting）。与砂型不同的是，金属型可以反复使用，故金属型铸造又称“永久型铸造”。

1.5.2.1 金属型的结构

金属型的结构有整体式、水平分型式、垂直分型式和复合分型式几种（图1-25）。其中的垂直分型式由于便于开设内浇道，取出铸件和易实现机械化而应用较多。金属型一般用铸铁或铸钢制造，型腔采用机械加工的方法制成，不妨碍抽芯的铸件内腔可用金属芯获得，复杂的内腔多采用砂芯。

1.5.2.2 金属型的铸造工艺特点

由于金属型没有退让性，且导热性较好，其生产工艺与砂型铸造有许多不同。

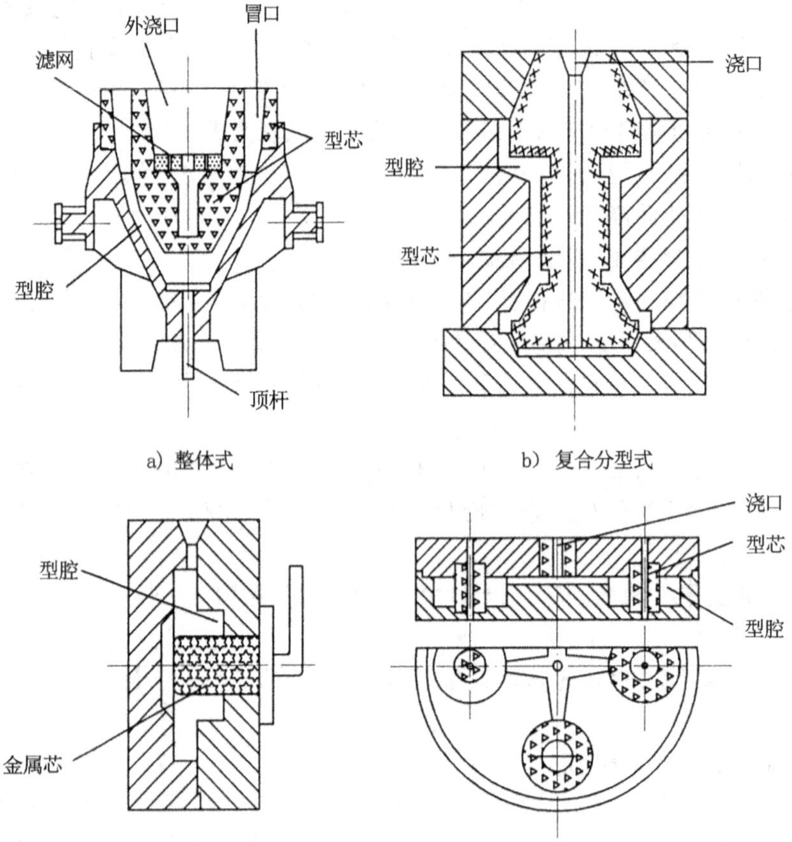

a) 整体式　b) 复合分型式　c) 垂直分型式　d) 水平分型式

图 1-25　常用金属型结构示意图

1)金属型应保持合理的工作温度。铸铁件250～300℃,有色金属件100～250℃。浇注前要对金属型进行预热,而在使用过程中,为防止铸型吸热升温,还必须用散热装置来散热。

2)喷刷涂料。其作用是:①减缓铸件的冷却速度;②防止高温金属液流对型壁的直接冲刷;③利用涂料有一定的蓄气、排气能力,防止出现气孔。

涂料可分衬料和表面涂料。前者以耐火材料为主,厚度为0.2～1.0 mm;后者为可燃物质(如灯烟、油类),每次浇注喷涂1次,以产生隔热气膜。

3)掌握好开型时间。为防产生裂纹和白口组织,通常铸铁件出型温度为780～950℃,开型时间为10～20 s。

1.5.2.3　金属型铸造的特点和应用

①金属型复用性好,实现了"一型多铸",可节省大量造型材料和工时,提高了劳动生产率。

②铸件力学性能高,由于金属导热性能好、散热快,使铸件结晶致密,提高了力学性能。

③铸件尺寸精确,表面粗糙度可达到 R_a 6.3～12.5 μm,切削加工余量小,节约原材料和加工费用。但金属型生产成本高,周期长,铸造工艺要求严格,不适于单件及小批量生产。由于金属型的冷却速度快,不宜铸造形状复杂和大型薄壁件。

金属型铸造主要用于大批量生产的、形状简单的有色金属件,如飞机、汽车、拖拉机、内燃机的铝活塞、气缸体、缸盖、油泵壳体以及铜合金轴瓦、轴套等。

1.5.3 压力铸造

液态金属在高压下高速充型，并在压力下凝固的铸造方法称为压力铸造(press casting)，简称压铸。压铸时所用的压力高达数十兆帕(甚至超过200 MPa)，其速度为5～40 m/s，液态金属充满铸型的时间为0.01～0.2 s，高压和高速是压铸区别于一般金属型铸造的重要特征。

1.5.3.1 压铸机和压铸工艺过程

压力铸造是在专用的压铸机上进行的。压铸机的类型很多，下面以常用的卧式冷压室压铸机为例，说明其工艺过程(图1-26)。

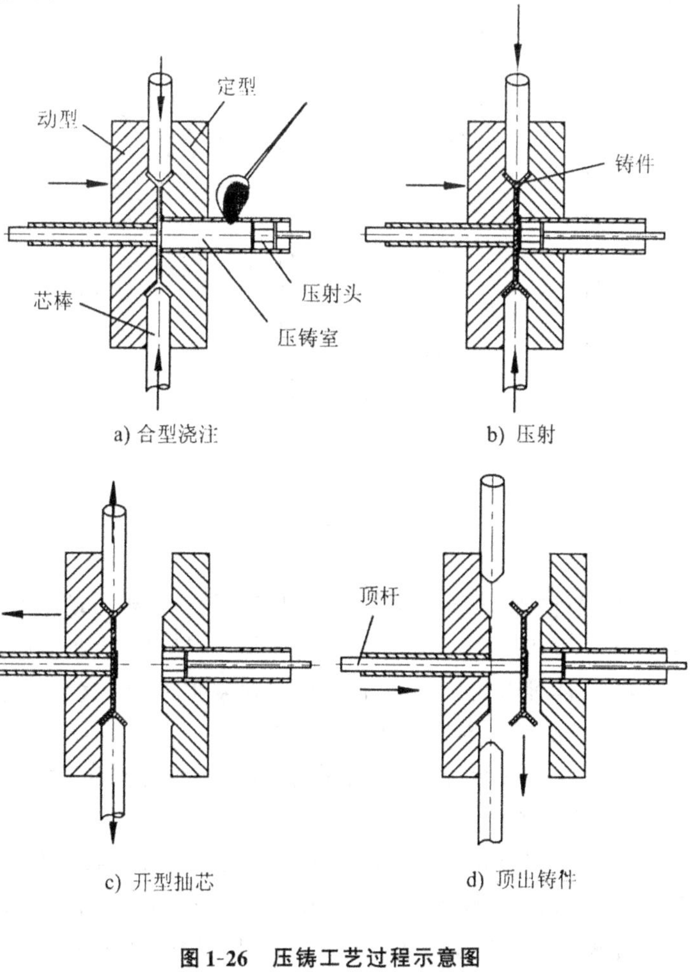

图1-26 压铸工艺过程示意图

所谓冷压室是指压室与保温炉(图中未表示处)分开，压铸时从保温炉中取出液体金属注入压室中压射，故压室与液体金属只是短时间的接触。卧式则是指压室的中心线是水平的。压铸所用的金属型称为压型。它是由定型和动型两部分组成的，定型固定在压铸机上，动型在压铸机上可以水平移动，并设有顶出机构。

卧式冷压室压铸机的工艺过程为：首先移动动型，使压型闭合，并把金属注入压室中；然后使压射冲头向前推进，将金属液压入压型的型腔中，继续施加压力，直至金属凝固；最后打开压型，用顶杆机构顶出铸件。这种压铸机广泛用于压铸熔点较低的有色金属，如铜、铝、镁等合金。此外，卧式压铸机还可以用做黑色金属和半固态金属的压铸。

1.5.3.2 压力铸造的特点及其应用

①可以获得尺寸精度很高、表面粗糙度很小的铸件；可以压铸出极复杂的、薄壁的甚至很小的孔和螺纹等。

②由于压型的冷却速度快，故可得到极细密的内部组织，因而压铸件的强度要比普通砂型铸件提高25%～40%。

③由于压铸件精度高，故互换性好，并且能将压铸件互接(嵌入)装配成部件。图1-27为深腔件的改进的示意图，简化了铸造生产工艺。

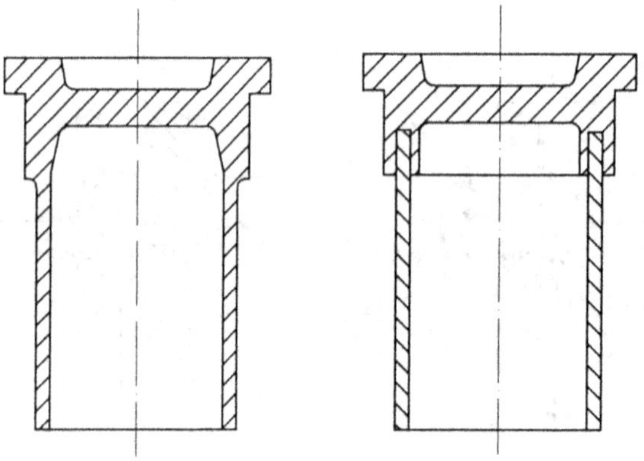

a) 整体式　　b) 嵌入式

图1-27　深腔件的改进

④压铸生产率比其他铸造方法高。操作简单，易实现自动、半自动生产。

但是压铸设备和压铸型费用高，压铸型制造周期长，一般适于大批量生产。而且因液态金属充型速度高、压力大，气体难以完全排出，在铸件内常存在皮下小气孔。另外，压铸件不能进行热处理，否则气孔中气体膨胀而导致铸件表面起泡。

压力铸造目前多用于生产有色金属的精密铸件，如发动机的气缸体、箱体、化油器以及仪表、电器、无线电、日用五金的中小零件等。

近几年来，为了进一步提高压铸件质量，在压铸工艺和设备方面又有了新的进展，如真空压铸。真空压铸是在压铸前先将压腔内的空气抽除，使液态金属在具有一定真空度的型腔内凝固成铸件。真空压铸对减小铸件内部的微小气孔，提高质量具有良好的效果。如锌合金经真空压铸后 σ_b 能从 245 MPa 提高到 294 MPa，压铸的最小壁厚能从 1～1.5 mm 减小到 0.5～0.8 mm，废品率明显下降。

1.5.4 低压铸造

低压铸造(low-pressure casting)是介于金属型铸造和压力铸造之间的一种铸造方法(图1-28)，在一个盛有液态金属的密封坩埚中，由进气管通入干燥的压缩空气或惰性气体，由于金属液面受到气体压力的作用，金属液则自上而下地沿升液导管和浇口充满铸型的型胶，保持压力直至铸件完全凝固。去除金属液面上的压力后，这时升液导管及浇口中尚未凝固的金属因重力作用而回流入坩埚中。冷却后打开铸型取出铸件。

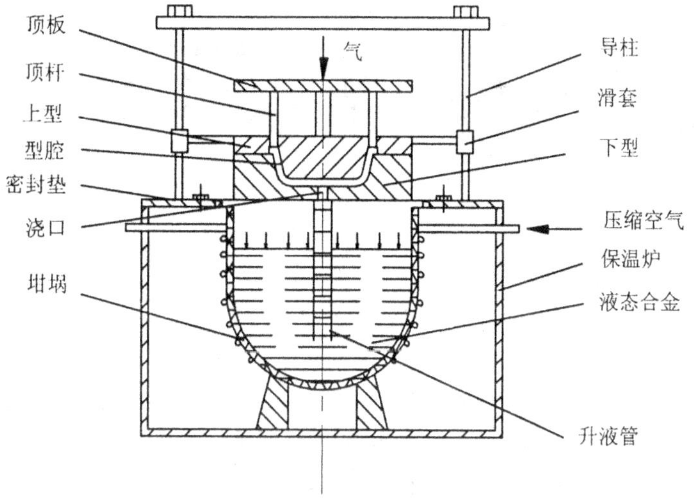

图 1-28 低压铸造示意图

低压铸造所用压力较低(一般低于 0.1 MPa)，设备简单，充型平稳，对铸型的冲刷力小，铸型可用金属型也可用砂型。铸件在压力下结晶，组织致密，质量较高。广泛应用于铝合金、铜合金及镁合金铸件，如发动机的气缸盖、曲轴、叶轮、活塞等。

1.5.5 离心铸造

将液态合金浇入高速旋转(250～1 500 r/min)的铸型中，使金属液在离心力作用下充填铸型并结晶，这种铸造方法称为离心铸造(centrifugal casting)。

1.5.5.1 离心铸造的基本方式

离心铸造主要用于生产圆筒形铸件。为使铸型旋转，离心铸造必须在离心铸造机上进行。根据铸型旋转轴空间位置的不同，离心铸造机可分为立式和卧式两大类。

在立式离心铸造机上铸型是绕垂直轴旋转的，如图1-29a 所示。当其浇注圆筒形铸件时金属液并不填满型腔，便于自动形成内腔，而铸件的壁厚则取决于浇入的金属量。此种方式的优点是便于铸型的固定和金属的浇注，但其自由表面(即内表面)呈抛物线状，使铸件上薄下厚。显然，在其他条件不便的前提下铸件的高度愈大，壁厚的差别也愈大。因此，主要用于高度小于直径的圆环类铸件。

在卧式离心铸造机上的铸型是绕水平轴旋转的，如图1-29b 所示。由于铸件各部分的冷却条件相近，故铸出的圆筒形铸件无论在轴向和径向的壁原都是均匀的，因此适于生产长度较大的套筒、管类铸件。卧式离心铸造是最常用的离心铸造方法。

1.5.5.2 离心铸造的特点和适用范围

①不需要型芯就可直接生产筒、套类铸件，使铸造工艺大大简化，生产率高、成本低。

②在离心力作用下，金属从外向内顺序凝固，铸件组织致密，无缩孔、缩松、气孔、夹杂等缺陷，力学性能好。

③不需要浇口、冒口，金属利用率高。

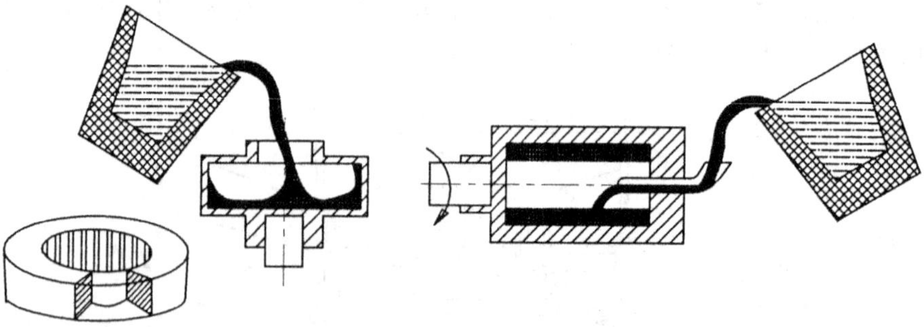

a) 立式离心铸造　　b) 卧式离心铸造

图 1-29　离心铸造示意图

④便于生产双金属铸件，如钢套镶铜轴承等，其结合面牢固，又节省材料，降低成本。

离心铸造的铸件易产生偏析，不宜铸造密度偏析倾向大的合金；而且内孔尺寸不精确，内表面粗糙，加工余量大；不适于单件、小批量生产等。

目前，离心铸造已广泛用于制造铸铁管汽缸套，如铜套、双金属轴承、特殊钢的无缝管坯、造纸机滚筒等。

1.5.6　其他铸造方法

1.5.6.1　连续铸造

往水冷金属型(结晶型)中连续浇注金属，连续凝固成形的方法称连续铸造(continuous casting)。水冷的金属型结构决定金属断面形状。一般可以分为连续铸管和连续铸锭，适宜浇注的合金有钢、铸铁、铜、铝及其他合金。从理论上讲，连续铸造可以铸出任意长度的铸件，但在实际生产中，由于设备、场地的限制和产品的要求，往往只间断地生产某一长度的铸件，属半连续铸造。

连续铸铁管的工艺原理如图 1-30 所示，将符合要求的液态铁水从浇包中浇入浇注系统，铁水均匀、连续不断地进入外结晶器与内结晶器间的间隙(管壁厚度)中，并凝固成有一定强度的外壳，管壁心部尚呈半凝固状态。结晶器开始振动，同时引管装置和升降盘向下运动，引导铸铁管以一定速度从结晶器底部连续不断地拉出，当拉到所需长度时，停止浇注，放倒铸铁管，然后开始第二次循环。当前生产的连续铸管内径为300～1 200 mm，长达6 000 mm，主要用于自来水管道和煤气管道的制造。

图 1-31 为卧式连续铸造示意图，图 1-32 为连续铸造铸件样品截面形状图。

连续铸造铸件冷却迅速，晶粒细化，易实现机械化，生产率高。连续铸造无浇口、冒口，金属利用率高。而且合金是顺序凝固，不含非金属夹杂物，没有缩孔、缩松等缺陷。连续铸造还可以连铸连轧，减少工序，节约原材料，提高工效。

1.5.6.2　陶瓷型铸造

采用陶瓷型铸造铸件的方法称陶瓷型铸造(ceramic mould casting)。它是在砂型铸造和熔模铸造的基础上发展起来的一种精密铸造方法。与砂型铸造的不同仅在于型腔表面有一层陶瓷层。陶瓷型制造是指用水解硅酸乙酯、耐火材料、催化剂等混合制成的陶瓷浆料，灌注到模板

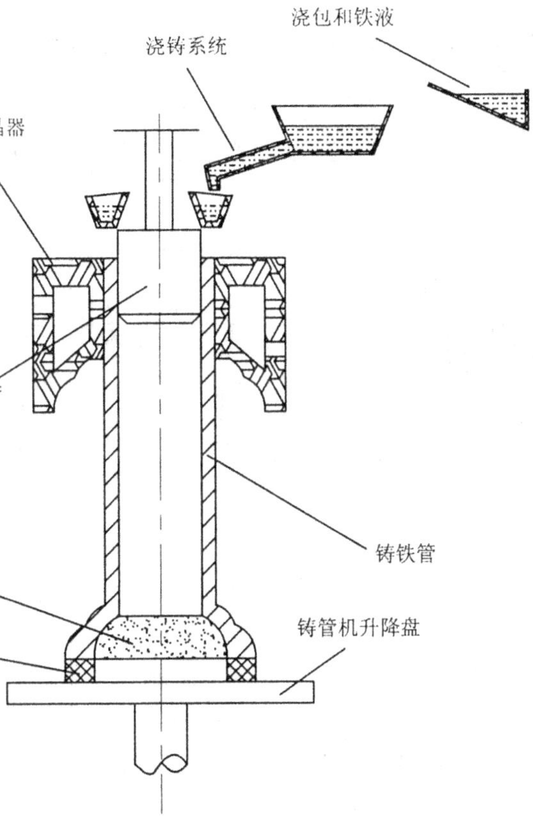

图 1-30 立式连续铸造

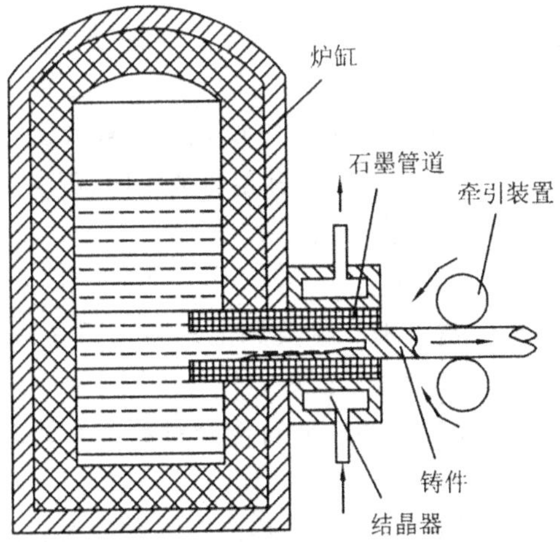

图 1-31 卧室连续铸造示意图

图 1-32 连续铸造铸件截面

上或芯盒中的造型(芯)方法。

1)陶瓷型铸造的基本工艺过程。陶瓷型制造有不同的工艺方法。图 1-33 为广泛采用的薄壳陶瓷型的制作过程。

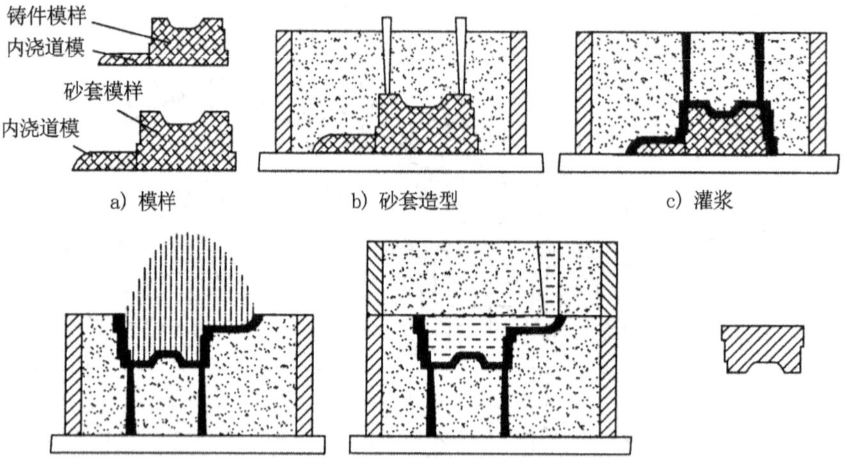

a) 模样　b) 砂套造型　c) 灌浆　d) 喷烧　e) 合型　f) 铸件

图 1-33　陶瓷型铸造工艺过程

①砂套造型。在制造陶瓷型之前,先用水玻璃砂制出砂套。制造砂套模样比铸件模样应增大一个陶瓷浆料厚(图 1-33a),其大小视铸件大小选用 8～20 mm。砂套的制造方法与砂型制造方法相同。在制作砂套时,上部应留有浇注陶瓷浆料的灌浆孔和排气孔(图 1-33b)。

②灌浆与胶结。将铸件模样固定在平板上,刷上分型剂,扣上砂套,将配制好的陶瓷浆由浇口浇入。灌满后经数分钟,陶瓷浆便开始胶结(图 1-33c)。

③起模与喷烧。灌浆后经 5～10 min 的"固化过程",陶瓷浆料的硅胶骨架已初步形成,趁浆料尚有一定弹性时立即起模。起模后的陶瓷型须用明火均匀地喷烧整个型腔,加速铸型固化,提高陶瓷型的强度与刚度(图 1-33d)。

④焙烧与合型。陶瓷型在浇注前须加热到 350～550℃,焙烧 2～5 h,以烧去残存的水分、酒精及其他有机物质,进一步提高铸型强度,然后合型。合型操作与砂型铸造相同(图 1-33e)。

⑤浇注。浇注温度可略高,以便获得轮廓清晰的铸件(图 1-33f)。

2)陶瓷型铸造的特点及应用。

①陶瓷型铸件的尺寸精度与表面质量高,与熔模铸造相似。主要原因是陶瓷型在弹性状态下起模,型腔尺寸不易变化,同时陶瓷型高温变形小。

②陶瓷型铸件的质量几乎不受限制,小到几千克,大到数吨。而且陶瓷材料耐高温,用陶瓷型可以浇注合金钢、模具钢、不锈钢等高熔点合金。

③在单件、小批量生产条件下需要的投资少、生产周期短,在一般铸造车间就可以实现。

但是陶瓷铸造不适于批量大、重量轻或形状比较复杂的铸件,且生产过程难以实现机械化和自动化。

陶瓷型铸造目前主要用来生产各种大、中型精密铸件,如铸造冲模、热拉模、热锻模、金属型、热芯盒、压铸模、模板、玻璃器皿模等;也可以浇注碳素钢、合金钢、模具钢、不锈钢、铸铁及有色金属铸件。

1.5.6.3 消失模铸造

用泡沫塑料模制造铸型后不取出模样，浇注时模样气化消失而获得铸件的方法称为消失模铸造，也称实型铸造(full-mould casting)。

1)消失模铸造的工艺过程。消失模铸造工艺如图1-34所示。

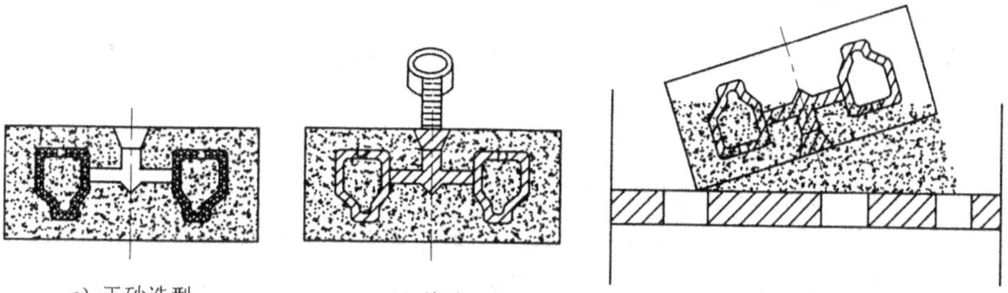

图1-34 消失模铸造过程示意图

①制造泡沫塑料模。这是消失模铸造的关键工序，在消失模铸件缺陷中，因模样质量引起的缺陷约占50%。消失模是用泡沫塑料——具有蜂窝状微孔结构的合成树脂制成的。消失模的主要材料有：可发性聚苯乙烯(EPS)，适用于灰铸铁、球墨铸铁和有色合金铸件等；可发性聚甲基丙烯甲酯(EPMMA)，适用于球墨铸铁和铸钢件等。这类泡沫塑料的特点是：密度小($0.015\sim0.025\ g/cm^3$)，比同类塑料轻几到几十倍；发气量小；导热系数小，浇注时气化迅速、产生气体及残留物少；资源丰富，价格适宜。

泡沫塑料模的制造过程如下：

a. 制备消失模原材料——可发性聚苯乙烯(EPS)预发泡珠粒。未发泡聚苯乙烯原料珠粒密度大($1.05\ g/cm^3$)，需经预发泡后才能使用。预发泡的目的是获得符合要求的低密度珠粒、残留发泡剂含量及适当粒度的珠粒。预发泡的方法是将原料珠粒和发泡剂戊烷加到预发泡机内，通水蒸气加热至80℃以上，抽真空使珠粒膨胀到一定尺寸，并残留4%的发泡剂。然后进行干燥，通25～35℃的热风，使珠粒达到本身密度要求及最终堆积密度要求($15\sim30\ kg/m^3$)。干燥后珠粒具有弹性及再膨胀能力。

b. 制造EPS泡沫塑料模。将EPS预发泡珠粒充填到制模机的模具模膛内，闭合模具，通蒸汽加热至120℃，珠粒再次发泡膨胀，填充模膛并填补珠粒间空隙，珠粒融合而形成平滑表面，保持几十秒至几分钟。通水冷却模具，取出模样。模样需放入60～70℃炉内保温2～18 h(熟化)以稳定尺寸。

c. 对于单件生产的中、大型铸件，泡沫塑料模的制造方法是先将EPS预发泡珠粒在成型发泡机上制成泡沫塑料板材，然后可用手工或电热丝进行切割或用木工机床加工出模样的各个部分，再使其黏合为整体。对于小件则组装成模样束，黏合单个铸件模样和浇、冒口模样，组成模样束。

②上涂料。泡沫塑料模样束表面应上2层涂料，第一层是表面光洁涂料，以填补泡沫塑料的表面粗糙及孔洞缺陷，一般采用硝化纤维素快干涂料。第二层是耐火涂料，以防泡沫塑料模表面黏砂，提高模样刚度与强度，一般采用醇基快干涂料。大量生产时上涂料方法采用浸涂或

喷涂，单件生产时多用水溶性涂料进行手工刷涂。上涂料后进行干燥。

③填砂、紧实、浇注。单件生产的中、大型铸件采用各种自硬砂、树脂砂等，按常规方法造型。小件则将模样束放在砂箱内，分层填入不加黏结剂及其他附加物的干石英砂，同时进行振动紧砂。砂型紧实后放上浇口杯进行浇注，泡沫塑料模受热不断气化，燃烧而消失。熔融金属则逐渐占据模样的位置。

④落砂、清理。铸件凝固、冷却后倒出干砂，取出铸件进行切割、打磨等清理工作。

2)消失模铸造的特点和应用范围。

①消失模铸造的优点。

a. 铸件尺寸精度高(可达IT5～IT7)，表面粗糙度低(R_a6.3～12.5 μm)。无影响尺寸精度的起模、下芯、合型等工序，模样表面刷有高质量涂料等因素均使铸件质量提高。

b. 工序简单，缩短了生产周期，生产率高。

c. 节省投资，经济效果好。

d. 适应性广。对合金种类、铸件尺寸及生产数量几乎没有限制，铸件结构设计的自由度大。

②消失模铸造的缺点。泡沫塑料模是一次性的，报废一个铸件浪费较大，特别是在大件生产时该问题更突出；铸件易出现与泡沫塑料高温热解产物有关的缺陷，如铸铁件的黑渣、铝合金铸件的针孔、夹渣及铸钢件的增碳、气孔等；模样气化形成的烟雾、气体对环境有污染。

与其他特种铸造方法相比消失模铸造的应用范围很广泛，可用于生产铸铁、碳钢、工具钢、不锈钢、铝、镁及铜合金等铸件。一般情况下，铸件最小壁厚为4.06 mm，最小铸出孔直径可达1.52 mm，质量为0.001～50 t。该制造方法适用于各种铸件，如压缩机缸体、水轮机转轮体、机床床身、汽车覆盖件模具、阀门、铝合金汽缸盖及缸体、曲轴、差速器、进气管等。

1.5.6.4 磁型铸造

磁型铸造(magnetic mould casting)也是一种实型铸造。用泡沫塑料制造模样。用铁丸代替型砂在磁型机上造型，通电后产生一定方向的电磁场，将铁丸吸固后即可浇注。铸件凝固后断电，磁场消失。磁型铸造是用铁丸或钢丸代替石英砂，用磁场代替黏结剂。充填在泡沫塑料模周围的铁磁材料(铁丸和钢丸)在外磁场作用下施以微振紧紧地靠拢在模样周围并相互吸引，形成一定强度的铸型。铁丸或钢丸直径一般为ϕ 0.3～1.5 mm，使铸型具有良好透气性。铁丸一般用于浇注铝合金，钢丸用于浇注铸铁与铸钢。由于铁丸或钢丸的耐热性低于石英砂，在泡沫塑料模的表面应涂抹一层耐火涂料，涂层厚度一般为0.5～2 mm。

磁型铸造优点：

①造型材料可以反复使用，不用型砂，设备简单，占地面积小。

②铁丸流动性、透气性好，不用黏结剂，造型、清理方便。

③模样无分型面，不用起模，铸件精度高(IT8左右)，表面质量好(R_a3.2～12.5 μm)，铸件加工余量小，而且通常不用另外制作型芯。

④铁丸冷却速度快，铸件晶粒细小，力学性能高于砂型铸造。

⑤成本低，每吨铸件的成本比砂型铸造成本低30%～50%。劳动条件好，便于实现机械化和自动化。

但是磁型铸造不宜铸造厚度大、形状复杂的铸件；气化模燃烧时产生大量烟气污染环境；而且铸钢件表层易增碳等，使磁型铸造的应用受到一定限制。

1.5.7 各种铸造方法的比较

各种铸造方法都有其优缺点，各适应于一定条件和范围。选择铸造方法应从技术、经济和工厂生产的具体情况等方面进行综合分析，比较出一种在现有或可能的条件下，质量满足使用要求，成本最低的生产方法。表1-6 给出了几种铸造方法的工艺特点及适用范围。一般说来，砂型铸造虽有不少缺点，但其适应性最强。它仍然是目前最基本的铸造方法，砂型铸造铸件约占全部铸件总量的90%以上。特种铸造往往是在某种特定条件下，才能充分发挥其优越性。当铸件批量小时，砂型铸造的成本是最低的，几乎是熔模铸造的1/10。金属型铸造和压力铸造，随铸件批量加大而迅速下降。当批量超过10 000 件以上时，压力铸造的成本反而最低。

表1-6 常用铸造方法的比较

铸造方法的比较项目	砂型铸造	金属型铸造	压力铸造	低压铸造	离心铸造	熔模铸造	陶瓷铸造	实型铸造
适用合金种类	无限制	无限制，但以有色金属为主	以有色金属为主	以有色金属为主，也可用于黑色金属	以铸钢、铸铁、铜合金为主	无限制，以铸钢为主	无限制，以铸钢为主	无限制
适用铸件大小	无限制	以中、小铸件为主	一般为10 kg 以下，也可用于中型铸件	以中、小铸件为主	适用于中、小型铸件	以小铸件为主，一般小于25 kg	无限制	一般无限制
铸件形状	无限制	不宜复杂	不宜厚壁或厚薄悬殊的铸件	不宜过大或厚薄悬殊的铸件	适宜于回转体的中空铸件	无限制	形状不宜复杂	无限制
生产批量	无限制	大量	大量	成批、大量	成批、大量	无限制，以成批为主	单件、小批量	无限制
铸件内部组织	晶粒粗大	晶粒细小	晶粒特细	取决于铸型种类	晶粒细小	晶粒粗大	晶粒粗大	晶粒粗大
铸件最小壁厚 δ/mm	铝合金>3 灰铸铁>3 铸钢>5	铝合金>2 灰铸铁>4 铸钢>5	铝合金≥0.5 铜合金≥2 锌合金孔≥ϕ0.8	2.0	最小内孔为ϕ7	一般≥2 最小0.2～0.7 孔≥ϕ0.5～2.0	一般>5	铸铁>2
铸件尺寸公差/mm	100±1.0	100±0.4	100±0.3	100±0.4	取决于铸型材料	100±0.3	100±0.3	100±0.5
表面粗糙度值 R_a/μm	粗糙	6.3～25	1.6～6.3	3.2～25	6.3～25	3.2～12.5	1.6～6.3	6.3～25
铸件加工余量	大	小	小或不加工	取决于铸型种类	内孔大	小或不加工	小或不加工	中、小

续表 1-6

铸造方法的比较项目	砂型铸造	金属型铸造	压力铸造	低压铸造	离心铸造	熔模铸造	陶瓷铸造	实型铸造
毛坯利用率/%	60～70	75	95	80	70～90	90	95	70～90
生产率(一般机械化程度)	低、中	中、高	最高	中、高	中、高	低、中	低	中
应用举例	机床床身、机架、箱体、带轮、汽缸体、曲轴、水轮机转子、轴承盖等	铝活塞、水暖器材、水轮机叶片、民用器皿、缸体、缸盖、油泵壳体、轴瓦、轴套等	汽车化油器、喇叭、缸体、仪表和照相机的壳体及支架等	气缸体、缸盖、船用螺旋桨、纺织机零件等	铸铁管、套筒、环、叶轮、滑动轴承等	刀具、刀杆、风动工具、汽轮机叶片,汽车、拖拉机、自行车、机床、飞机、农机、电器仪表和武器上的小型零件	铸造冲模、热拉模、热锻模、金属型、热芯盒、压铸模、模板、玻璃器皿模等	各类铸件

1.6 现代铸造技术的发展

随着科学技术在各个领域的突破,尤其是计算机的广泛应用,促进了铸造技术的飞速发展。各种工艺技术与铸造技术的相互渗透和结合,也促进了铸造新工艺、新方法的发展。

1.6.1 快速成形及快速铸造技术

快速成形(rapid prototyping,RP)技术的出现极大地提高了生产效率和制造柔性,解决了一些形状复杂的薄壁零件的生产问题,该技术与传统铸造技术相结合,实现了真正的快速生产,出现了快速铸造技术。

传统的铸造生产一般要先做出模样,再做出铸型,最后浇注出铸件。快速成形技术的出现使得铸型生产可以由CAD模样直接获得,加快了模样制造速度,甚至铸型也可以通过快速成形技术得到,为快速获得铸件提供了可能性。

采用立体光固造型(stero lightgraphy apparatus,SLA)、熔融沉积制造(fused deposition manufacturing,FDM)和选择性激光烧结(selective laser sintering,SLS)技术制作蜡模或树脂模,可以直接用于熔模铸造、石膏型铸造或陶瓷型铸造工艺。使用分层实体制造(laminated object manufacturing,LOM)快速成形机制造的纸制模可取代传统木模用于铸造生产。

SLA的原理是由CAD系统对准备制造的零件进行三维实体造型设计,再由专门的计算机切片软件对CAD系统的三维造型切割成若干薄层平面数据模型,但对表面形状变化大和精度要求高的部分应切得薄些,其他一般部位切得厚些。随后CAM软件再根据各薄层平面的X-Y运动指令,在结合提升机构沿Z坐标方向的间歇下降运动,形成整个零件的数控加工指令。

指令输入SLA系统中,首先是工作台下降至液体容器的液面之下,对应于CAD模型最下一层切片的厚度处,根据该切片的X-Y平面几何数据,紫外光照射可固化的液态树脂(如环氧树脂、乙烯酸树脂或丙烯酸树脂),在紫外光的作用下,因光聚合作用,第一层被固化在工作台上。然后，升降工作台下降至第二层切片厚度，激光器按照该层切片的平面几何数据扫描液面，使新一层液态树脂固化并紧紧黏在前一层已固化的树脂上。如此反复“生长”，直至形成整个三维实体零件。

立体光固造型已被广泛用于产品和模型开发，美国克莱斯勒公司(Chrysler)就用SLA 工艺制成了车体模型，将其放在高速风洞中进行空气动力学试验分析；此外美国Dayton 大学还利用SLA 工艺研制了一种桌面成型系统专门用于人体软组织器官模型的建造。

国内对SLA 技术的研究始于20 世纪90 年代初，一些高校在其成形理论、控制技术、成形材料等多方面都进行了大量的研究工作，取得了显著成果。目前西安交通大学开发的LPS-600A 型快速成型系统，已有商品化产品。

美国Helisys 公司采用LOM 法制造的三维纸制模，抗压强度和硬度与木模相当，甚至更高，已应用于实际铸造生产。美国3D Systems 公司用SLA 法制造零件的半中空原型，以原型代替蜡模，经表面挂浆后，得到一定厚度和粒度的陶瓷外壳，然后放入高温炉烧掉半中空原型，得到中空陶瓷壳后即可用于精密铸造。此工艺被称为 Quick Cast 工艺。

使用直接壳型制造(directed shell production casting，DSPC)技术可直接制造三维陶瓷型壳，省去制造熔模的中间工序，大大缩短熔模铸件的生产周期，同时消除了熔模变形等因素对型壳尺寸的影响，可以快速制得高精度的铸件。

无木模铸型制造技术(patternless casting molding，PCM)工艺是一种新型的铸型制造技术，该工艺造型的强度与传统树脂砂造型的强度相当，可直接用于浇注。PCM 工艺在表面和型腔较复杂的大中型铸件的单件生产中，具有传统木模造型工艺和 DSPC 工艺无法比拟的优越性。

RP 技术与铸造技术的集成，形成快速铸造技术，将产品制造过程中的收缩、变形通过有限元模拟和误差数据统计，可以实现早期的、多回路的、闭环控制的误差反馈系统，从而形成的一种全新的模具/零件制造工艺。它缩短了模具/零件的制造周期，降低了成本，提高了模具/零件的制造柔性。该技术在加速新产品的开发、降低新产品投产时工装模具的费用等方面有着积极的意义。通过对传统铸造工业的高技术改造，可增强铸造行业的竞争能力，日益受到工业界的重视。

1.6.2 近净成形技术——半固态加工

零件近净成形技术的基本特征是优质、高效、低成本，以及清洁和敏捷性。其表现形式是学科交叉和融合。

半固态加工利用金属从液态向固态或固态向液态转变时固液共存的特性，在成形中降低了加工温度，例如铝合金，与铸造相比，加工温度可降低120℃；变形抗力小，可一次加工形状复杂、精度要求高的零件。这些特性，为实现零件近净成形提供了一条新的途径。

在国外半固态加工技术目前已获得初步应用，并显示了巨大的生命力和诱惑力。例如，美国 Alumax 公司生产的半固态模锻铝合金汽车制动总泵体，由于毛坯尺寸接近零件尺寸，机加工量只占铸件质量的13%，同样的金属型铸件的加工量则占铸件质量的40%，除此之外，机加工后的半固态成形的汽车制动总泵体最终的零件比机加工后金属型铸造的零件还轻13%左右；半固态金属触变压铸是当今金属半固态成形中主要的工艺方法之一，成形设备主要是压铸机和压力机。对半固态铝合金触变成形的专用设备，通过对压铸过程实时控制研究，使整个压铸过程处于动态监控之中,改善压铸件性能,降低压铸件废品,且可使普通压铸机用于半固态金属成形,扩大了普通压铸机的使用范围。

另外,随着国防科技的发展,对产品材质和成形技术的要求越来越严格。轻型坦克铝合金化便是一例。轻型坦克的轮毂、履带板等的成形,无论从品质,还是从经济效益,半固态加工都可能是首选。半固态加工技术在国防上应用,国外一直不予公布。但该工艺研究确实从国防部门获得了资助。

对于半固态技术的研究,我国不少高等院校和科研机构也进行了相关理论和应用研究,在机械工程学会锻压分会设立了半固态加工学术委员会,集合了一批从事这方面研究和应用的学者和专家。并相继获得"863"、"973"项目的支持,加大了开发的力度。

1.6.3　铸造工程专家系统技术的研究

近年来,专家系统技术的研究和应用以前所未有的速度在故障诊断、模拟仿真、自动控制、工艺编程、生产规划、产品设计等许多机械工程领域不断发展,相应地专家系统技术在铸造工程中也得以飞速发展。随着研究工作的深入与信息技术、人工智能技术及多媒体技术的发展与应用,铸造工程专家系统技术的应用领域将不断拓宽。

铸造过程是一个极为复杂的物理化学过程,铸件品质是多工艺流程配合的最终体现,其影响因素很多,在实际生产中即使较为成熟的工艺也可能出现问题。对于铸造过程中的许多问题,如铸件缺陷分析,用传统的分析技术往往难以解决,很大程度上依赖铸造行业专家的专业知识、经验和技能。随着日益加剧的市场竞争,铸造行业要发展,必须寻求新的方法与技术来解决前进中的问题,而铸造工程中的大多数问题都非常适合于专家系统的开发。

在国外,铸造专家系统的研究工作已在各个领域得到广泛开展,同时一些铸造专家系统先后推向国际市场,在实际生产中已取得了较好的应用效果。

美国Missouri大学研制了冲天炉控制专家系统,程序通过使用专家系统外壳NEXPERT进行构造,知识库中包含下列数据:铁焦比、风量、熔化速度和出炉温度。用户给定熔化速度和出炉温度时,系统给出一个合适的铁焦比和风量;当用户输入铁焦比和风量时,系统也可预测熔化速度和出炉温度。这个系统已被用于直径分别为54.6 cm和304.8 cm的冲天炉上。该大学还研制了倾斜浇注金属型浇注系统设计的专家系统。该系统运行在Auto CAD的Lisp环境下,采用Auto CAD进行铸件的实体造型,以NEXPERT OBJECT作为专家系统外壳。通过Lisp程序获取拓扑信息和几何信息,允许用户以交互或自动方式确定分型方向和分型线。由专家系统给出浇注系统的最佳结构设计,通过Lisp加以实现。最后还可将设计结果传给Pro-CAST软件,进行凝固模拟,以分析浇冒系统设计的合理性。这2个系统的知识库都可以脱离系统进行编辑,输入不同的规则,系统可以用于不同的场合。

英国沃克大学采用模块化设计方法、反向推理策略进行了铸造方法选择的研究。知识库由4个相互独立又关联的子库组成,分别为合金种类、形状复杂程度、铸造精度和产量。根据用户提供的以上信息,系统能够自动推理出最恰当的铸造方法。

在我国,这一领域的研究开发工作起步较晚,始于20世纪80年代。但对专家系统的研究与应用不断深入,在一些方面也取得了长足发展。进入20世纪90年代,已有不少专家系统在生产实际中得以应用。

清华大学首先开发了"砂型品质分析和管理的专家系统",在该系统中可对砂型品质进行评估、分析数据库等功能，并根据数据库所提供数据，显示、打印出型砂性能每日或每月的变化趋势图，供型砂品质管理人员进行综合分析。

甘肃工业大学研制的“铸件缺陷分析系统”（简称CDA 系统），根据铸造生产中各种缺陷的特征，分析该缺陷的类型，并由此提出该缺陷产生的原因和防止其产生的措施。在该系统中，有关缺陷的知识来源于铸造缺陷图谱，知识库中几乎包括了铸造生产中所有的有关缺陷的知识。

华南理工大学研制了“压铸工艺参数设计及缺陷断的专家系统”，提出了压铸工艺参数和缺陷判断参数设计多途径设计方法，也就是按人工设计思路，计算机自动搜索差别的辅助设计方法。在基础工艺参数设计部分，以速度、温度、压力和时间为主导，确定冲填时间、内浇口速度及尺寸、慢压射速度和快压射位置及速度。

随着计算机技术和信息技术的迅猛发展，各种先进制造技术应运而生，它们对于提高产品品质和生产效率正在发挥越来越大的作用，是提升整个制造业水平的关键技术。专家系统与各种先进制造技术单元的集成可以充分发挥各自的功能和特点，增强系统的灵活性和适应性。例如，CAD 专家系统与CAPP 专家系统的集成，同时也可以经由自身的“子系统”的集成以组建“航母级专家系统”；通过 Internet 联网，有利于知识库的扩展和更新，并能够实现资源共享，同时有利于更多专家系统协同工作。

1.6.4 造型技术的新发展

1.6.4.1 气体冲压造型

这是近年来广为发展的低噪声造型方法，其主要特点是在紧实前先将型砂填入砂箱和辅助框内，然后在短时间内开启快速阀门给气，对松散的型砂进行脉冲冲击紧实成形，气体压力达3×10^5Pa，且压力增长率$\Delta P/\Delta t>40$ MPa/s，可一次紧实成形，无需辅助紧实。气体冲压造型具有砂型紧实度高、均匀，能生产复杂铸件，噪声小，节能，设备简单等优点。主要用于生产汽车、拖拉机、缝纫机、纺织机械所用的铸件。

1.6.4.2 静压造型

静压造型的特点是消除了震、压造型机噪声污染，改善了铸造厂的环境。其工艺过程是：首先将砂箱置于装有通气塞的模板上，通入压缩空气，使之穿过通气塞排出，型砂被压向模板，越靠近模板，型砂密度越高，最后用压实板在型砂上进一步压实，使其上下硬度均匀，起模即成铸型。由于型砂紧实效果好，所以铸件尺寸精度高。目前主要用于汽车和拖拉机的气缸等复杂结构铸件。

1.6.5 铸件的轻量化和优质化

铸造要和发展中的其他新工艺竞争，要扩大自己的应用范围，就应注重提高铸造合金的力学性能和使用可靠性，减小铸件的壁厚，使铸件的外形尺寸和重量接近加工后的零件，努力实现铸件的轻量化、薄壁化和优质化。

从本质上说，获得优质的合格铸件，就是把微观组织缺陷和铸造缺陷降低到最低限度，充分挖掘合金强度潜力。这主要包括提高合金的纯度，降低合金的污染和含气量；细化晶粒，控制第二相形态，强韧化热处理；探求最优的金属充填规律和热分布等。这就要求把铸造工艺提高到一个新的水平。

降低铸件壁厚，是铸件轻量化的有效措施。据统计，当铸件壁厚增加0.5 mm 时，平均铸件重量约增4%。在改善合金性能的基础上，进一步完善铸件成形过程的各种技术，设计更合理的铸件结构，从而减轻其重量，是铸造业发展的一种趋势。

近年来，轻合金铸件所占比重不断增加。以前航空航天要求的铸件比强度高，现在动力机械方面也提出了这一问题，美国福特公司生产的汽车发动机由过去的灰铸件改为高强度的铸造铝合金便是一例。国外轻合金铸件已开始向镁合金、钛合金方面发展。

思 考 题

1-1 金属的流动性与充型能力有何关系？提高液态金属充型能力的方法有哪些？

1-2 什么是合金的收缩？其影响因素有哪些？收缩率大的铸件易产生什么缺陷？

1-3 题图1-1铸件冷却后分别从中间或一侧锯断，将发生什么现象？

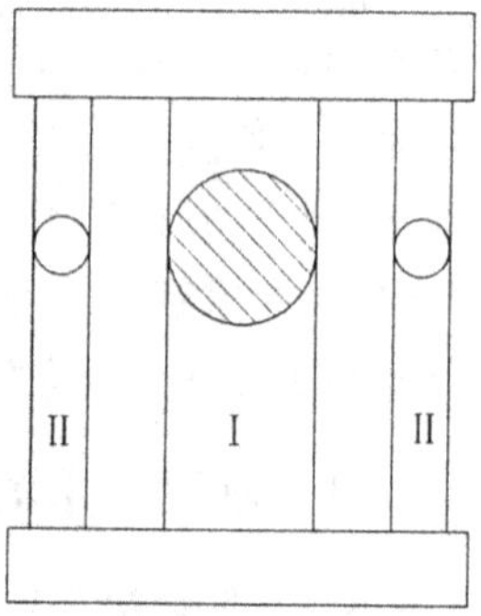

题图1-1

1-4 铸造应力、变形和裂纹是如何产生的？如何防止？

1-5 题图1-2为一轨道铸件，试分析热应力产生的原因，其应力是如何分布的？变形方向如何？

1-6 缩孔和缩松是如何产生的？对铸件质量有何影响？如何防止缩孔和缩松？

1-7 热裂纹和冷裂纹的产生原因和外观形态有何不同？

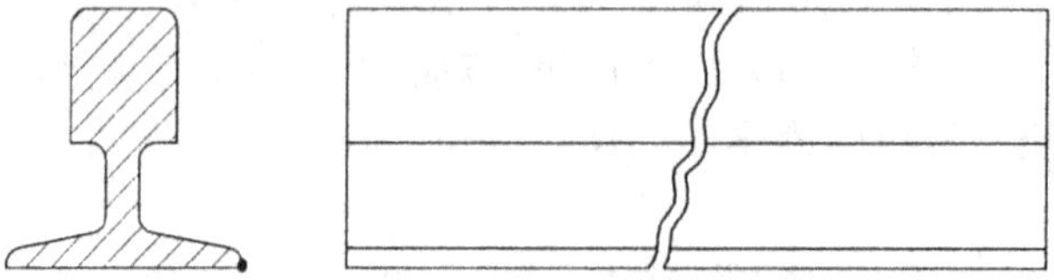

题图1-2

1-8 什么是顺序凝固原则？什么是同时凝固原则？各采用什么措施来实现？各应用于什么场合？

1-9 型砂应具备什么基本性能？它们与铸件质量有何关系？

1-10 常用的手工造型方法有哪些？各适用于哪些场合？

1-11 常见的机器造型方法有哪些？各自有何特点？

1-12 孕育铸铁是如何生产的？其组织和性能与普通灰口铸铁有何区别？

1-13 简述可锻铸铁的生产过程、铸造工艺特点及应用范围。

1-14 蠕墨铸铁的显微组织和性能有何特点？是如何制造出来的？适用于何种铸件？

1-15 下列铸件宜采用何种铸铁？试选择铸铁牌号并说明理由。

缝纫机架　自来水三通　汽车发动机曲轴　汽缸套　手轮　普通车床床身　球磨机磨球

1-16 铸钢的铸造性能如何？铸造工艺上的主要特点是什么？钢件铸造后需进行何种热处理，为什么？

1-17 什么是熔模铸造？简述熔模铸造的工艺过程、生产特点和适用范围。

1-18 金属型铸造和砂型铸造相比有何特点？适用于何种铸件？

1-19 压力铸造的工艺过程和特点如何？金属液充型时的压射压力是多大？压铸适用于何种铸件？

1-20 什么是离心铸造？其生产特点及应用范围如何？

1-21 什么是消失模铸造？消失模是用什么材料、采取何种方法制成的？消失模铸造的工艺过程、特点及应用范围如何？

2 金属塑性成形

本章要点：

①金属塑性成形的理论基础对金属塑性成形工艺在生产实际中的应用和发展具有重要意义，必须深刻理解。

②锻造成形和板料冲压成形是本章的重点，特别需要分清各种成形方法不同的适应性，学生必须通过一定量思考题的训练，加深对内容的理解。

③熟悉其他塑性成形工艺和现代塑性成形技术的原理以及主要的工艺特点。

2.1 概述

金属在外力作用下发生塑性变形，获得具有一定形状、尺寸和力学性能的毛坯或零件的方法，称为金属的塑性成形(plastic working of metals)或称压力加工(pressure process)。这种成形方法不仅可以获得所需要的金属制件的形状，还可以通过改变材料的内部组织结构来提高制件的性能。因此，金属的塑性成形方法在机械制造、汽车、拖拉机、冶金工程、造船、国防、电子及仪表工业中有广泛的应用。以汽车为例，汽车上70%的零件都是由塑性成形方法生产的，特别是那些受力情况复杂、重载的零件，需要用塑性成形方法提高其使用性能。

各类钢和大多数有色金属及其合金都有一定的塑性，它们都可以在热态或冷态下进行塑性成形。

常用的塑性成形方法有自由锻造、模锻、板料冲压、轧制、挤压和拉拔等。

塑性成形方法有以下特点：

①可使金属材料获得较细密的晶粒，并能压合铸造组织内部的气孔、缩松甚至微裂纹等缺陷，还可以控制金属组织纤维方向，使其与应力方向相一致，以提高零件的性能。

②塑性成形后，坯料的形状和尺寸虽然发生了变化，但体积基本不变，与切削加工相比可节约材料。

③除自由锻造外，其他塑性成形方法都有较高的生产率。

④由于金属是在固态下成形的，所需的变形功较大，因此，塑性成形制件结构相对较简单，尺寸大小和重量也由于受设备吨位的限制而较小。

2.2 金属塑性成形的理论基础

2.2.1 金属塑性成形的实质

金属在外力作用下首先发生弹性变形(elastic deformation)，当外力增大到使材料内应力超过材料的屈服点时，就会产生塑性变形(plastic deformation)。当外力去除后，金属内部发生的弹性变形立刻消失，但塑性变形却不可恢复。塑性变形是金属塑性成形方法（压力加工）的基础。

金属塑性变形的实质，经典理论认为是金属晶体每个晶粒内部的变形和晶粒间的相对滑动、晶粒转动的综合结果。

2.2.1.1 单晶体塑性变形

单晶体（single crystal）的塑性变形主要通过滑移（sliding ）的形式来实现（图2-1），晶体在切应力作用下，晶体的一部分相对另一部分沿着一定的晶面（滑移面）产生滑动，从而引起单晶体的塑性变形。滑移是金属晶体内塑性变形的最主要方式。现代物理学塑性理论认为：单晶体的滑移是通过晶体内的位错（dislocation）运动来实现的，而不是沿滑移面的所有原子同时作刚性移动的结果，所以滑移所需要的切应力比理论值低得多。位错运动的滑移机制如图 2-2 所示。

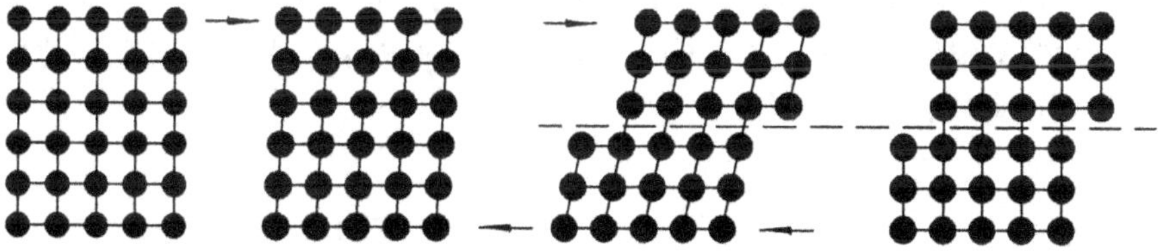

a）未变形　b）弹性变形　c）弹塑性变形　d）塑性变形

图 2-1　单晶体滑移示意图

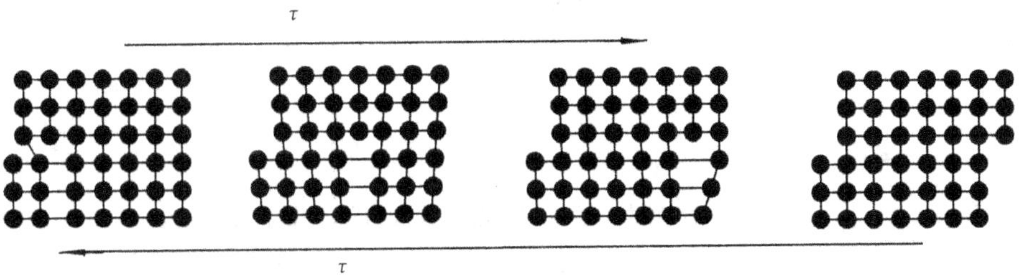

a）未变形　b）位错变形　c）弹塑性变形　d）塑性变形

图 2-2　位错运动引起塑性变形示意图

图 2-3　孪生变形

单晶体塑性变形的另一种方式是孪生（twinning）。在切应力作用下，晶体一部分相对于其余部分沿一定晶面及晶向产生一定角度切变引起的变形。以孪生面为对称面，已变形部分与未变形部分形成对称（图 2-3）。孪生变形量虽然很小，但孪生改变变形部分的位向，使原来不利于滑移的取向可以变为有利于滑移的取向，促进滑移继续进行。孪生比滑移困难，其变形产生的难易程度取决于晶体结构。密排立方晶格常发生孪生变形，体心立方晶格在低温或受冲击时易发生孪生。

2.2.1.2 多晶体金属塑性变形

常用金属材料是由许多晶粒所组成的多晶体。多晶体金属塑性变形是许多单个晶粒变形的综合结果。晶粒内部的塑性变形仍是以滑移或孪生的方式进行。但由于晶界的存在和每个晶粒晶格位向不同，多晶体金属塑性变形过程要复杂得多。

由于多晶体金属各晶粒有不同的取向，因此，变形首先在取向最有利的晶粒中进行，而取向不利的晶粒后变形，有些晶粒甚至不变形。各晶粒变形量也不一致，有些晶粒变形较大，有些却较小，甚至在同一晶粒内变形也不一致，其结果是大部分晶粒变形量还不大时，个别晶粒的塑性变形量可能已达极限值，进而可能出现裂纹，导致早期断裂。因此，金属晶粒越细小，组织越均匀，其塑性越好。

当晶粒内的位错移动到晶界或晶界附近时，会因晶界原子排列的不规则以及杂质的影响而停止滑移，并在晶界附近堆积起来，若要位错继续运动，则需要更大的外力。可见，晶界的存在增加了塑性变形的阻力，即提高了金属的强度。晶粒越细小，则晶界比面积越大，金属强度就越高，塑性变形时抗力越大。而且，任一晶粒位错的移动都必然会受到它周围不同晶格位向晶粒的约束，因此还会出现滑移面的转动，趋向与作用力方向相平行，以便协调相邻晶粒之间的变形，使滑移得以继续进行，如图2-4 所示。由于滑移面的转动，晶粒逐渐顺着拉应力的方向伸长，从宏观上看，金属材料被拉长了。

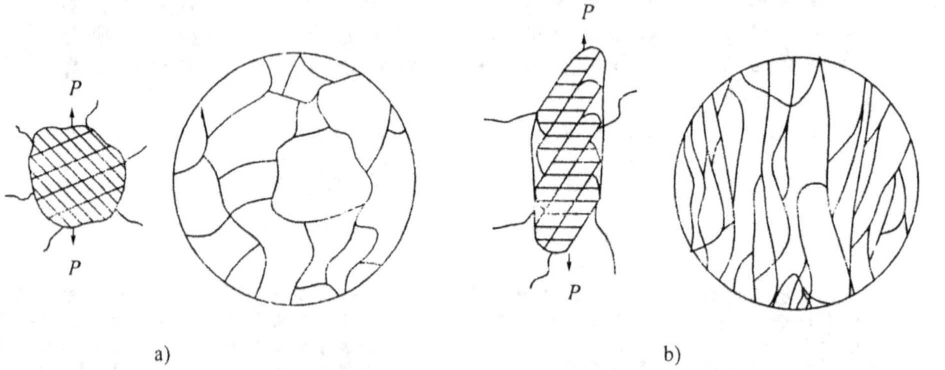

图 2-4 晶粒的塑性变形过程和金属材料显微组织的变化

总之，多晶体金属塑性变形具有复杂性、不均匀性和变形抗力大的特点。

2.2.2 多晶体金属塑性变形引起的组织和性能变化

多晶体金属的塑性变形可以显著地改变金属材料的组织结构，从而改变其性能。

2.2.2.1 加工硬化

冷变形使金属晶体内点缺陷增多，位错密度增大并发生复杂的交互作用，大量位错在晶粒中的某些区域堆积，把晶粒分割成许多位向稍有不同的小晶块，称为形变亚结构（或亚晶粒）（图2-5）。晶格严重畸变导致位错滑移阻力增大。塑性变形抗力提高，即硬度和强度显著升高，塑性和韧性下降，产生所谓的“加工硬化”（work hardening），即冷变形强化（cold deformation strengthening）现象。

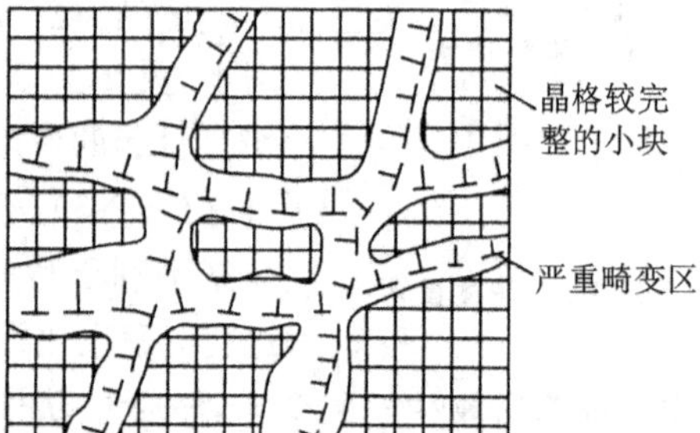

图 2-5 形变亚结构示意图

2.2.2.2 纤维组织的形成和材料的各向异性

在冷塑性变形过程中，各等轴晶粒沿主变形方向逐渐伸长，金属变形程度越大，晶粒伸长程度越显著，方向性越强。当塑性变形量很大时，晶粒破碎增多，晶界遭到破坏，变得模糊不清，各晶粒变成细条形，呈纤维状(图2-6)，这种组织通常称为“纤维组织”(fibrous structure)。金属中的塑性杂质沿变形方向成细条状分布，脆性杂质被击碎，沿变形方向呈链状分布。此时，金属的性能具有明显的方向性，如轴向的强度和塑性远高于横向的。

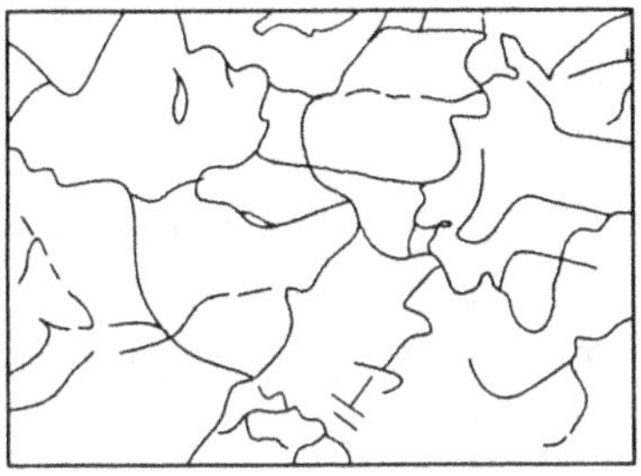

a) 冷变形前晶粒形状

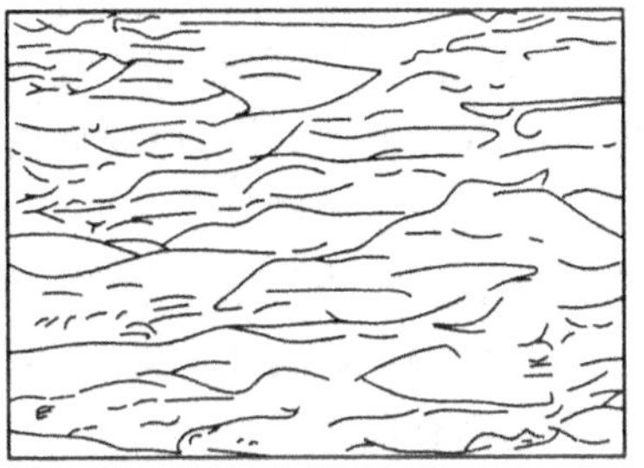

b) 冷变形后晶粒形状

图2-6 冷变形前后的晶粒形状

2.2.2.3 形变织构

当冷塑性变形量足够大(通常大于70%)时，大多数晶粒的某一位向与外力方向一致，这一现象称为择优取向，由变形引起晶粒的择优取向称为“纤维组织”。形变织构引起金属力学性能的各向异性，退火难以消除。当零件需要较大变形量时，为避免织构，往往分几次变形来完成，并在每次变形后进行中间退火。但织构现象在某些场合也是很有用的，如制作变压器的硅钢片等磁性材料具有织构可提高导磁率，减少铁损。

2.2.2.4 残余内应力

金属受外力作用以后，残留且平衡于金属内部的应力，称为残余内应力(residual internal stress)。它主要是由于金属内部各部分变形不均匀造成的。通常把金属各部位(如表层与心部)变形不均匀造成的宏观内应力，称为第一类内应力；把晶粒之间或晶内不同区域变形不均匀引起的微观内应力称为第二类内应力；晶格缺陷引起的晶格畸变内应力称为第三类内应力，这是金属强化的主要原因，是变形金属中的主要内应力。而第一类和第二类内应力常使金属受力时内外应力叠加而强度下降，并且会在温度、压力等外界条件变化时，由于应力松弛或应力重新分布而引起金属变形。残余内应力还会使金属的耐腐蚀性降低。因此，生产中常要增加消除残余内应力工序。

2.2.3 加热对冷变形金属的影响

综上所述，冷塑性变形使金属晶体中晶粒破碎拉长，晶格缺陷大量增加，导致加工硬化和产生残余内应力，这些不仅会给金属的进一步加工带来困难，而且还会引起一系列的性能变化。因此，金属在冷塑性变形过程中或变形之后，常常需要退火。退火的目的有时是为了消除加工硬化，以便进一步加工；而有时则是为了保留金属的加工硬化性能，只减小残余内应力，或改善某些理化性能。

2.2.3.1 回复

在较低温度加热时，原子扩散能力较低，点缺陷数目和位错密度减小，晶格畸变有所降低，使残余应力降低或消失，但其强度、硬度和塑性等性能无明显变化，这一过程称为回复(reversing)。回复发生在(0.25～0.3)T_m(T_m 为熔点)以上的温度范围。

2.2.3.2 再结晶

当加热温度较高时，金属原子由于获得足够高的能量而开始以某些碎晶或质点为晶核形成新的等轴晶粒。在金属原子进行重新排列时，金属中的内能降低，位错密度减少，金属软化，加工硬化全部消除，原力学性能全面恢复，这一过程称为再结晶(recrystallization)。再结晶晶粒是无畸变的细小等轴晶粒，并与原变形晶粒具有相同的晶格结构。

再结晶是在一定温度范围发生的。经大变形度(70%～80%)的金属，在规定的时间内，能完成再结晶的最低温度称为再结晶温度。再结晶温度主要决定于它的熔点，熔点越高，再结晶温度越高。金属中的杂质或合金元素，特别是某些高熔点元素，常常会因阻碍原子的扩散和晶界的迁移而显著提高金属的再结晶温度。纯金属的再结晶温度可由以下经验公式估计。

$$T_{再} = (0.4 \sim 0.5)T_m \tag{2-1}$$

式中 T_m 为熔点(K)。

由于影响再结晶温度的因素比较多，同时，为了缩短退火周期，实际生产中的再结晶退火温度通常定在 $T_{再}$ 以上 100～200℃。

变形金属组织处于热力学不稳定状态，它所储存的畸变能是再结晶的驱动力。冷变形程度越大，储存的能量就越高，再结晶驱动力也就越大。当加热温度和保温时间一定时，发生再结晶需要一个最小变形量(2%～10%)，称为临界变形量(图 2-7)。因临界变形量较小，只有部分晶粒发生了变形，变形极不均匀，再结晶晶核数目少，晶粒粗大。小于临界变形量变形时，晶格畸变能低，不足以推动再结晶过程的进行。大于临界变形量变形时，变形均匀，晶粒破碎严重，再结晶晶核多，晶粒细化。变形量越大，晶粒越细。合理变形度为30%～60%，但有些金属在变形度≥90%时，还会出现晶粒异常长大的现象。

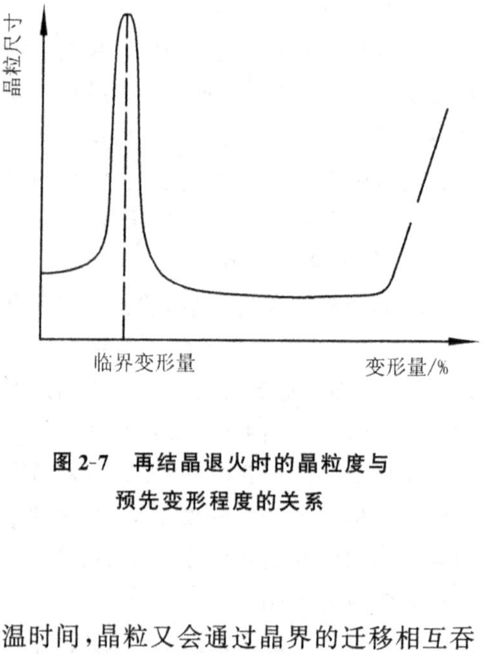

图 2-7 再结晶退火时的晶粒度与预先变形程度的关系

2.2.3.3 晶粒长大

冷变形金属完成再结晶以后，继续升温或延长保温时间，晶粒又会通过晶界的迁移相互吞并而长大，导致力学性能降低。

2.2.4 金属的热变形

金属的冷塑性变形适于截面尺寸较小、加工尺寸和表面粗糙度要求较严的金属制品，对于那些截面尺寸较大、变形量较大的制件以及那些硬脆性较大的材料的变形，就需要进行热塑性加工。

2.2.4.1 动态回复与动态再结晶

冷变形后的强化金属重新加热时，会发生回复和再结晶的软化过程。在再结晶温度以上进行的塑性变形过程称为热变形，即热塑性加工。金属在热变形过程中，加工硬化过程与回复和再结晶的软化过程同时进行。因此，金属的热变形不产生宏观的加工硬化现象。这种在变形过程中发生而不是在变形后发生的回复或再结晶，称为动态回复和动态再结晶。

2.2.4.2 热塑性加工对金属组织和性能的影响

①通过热变形，可使铸态金属中的气孔和缩孔等焊合，提高致密度。

②通过热变形，可使铸态金属中的粗大枝晶和柱状晶粒破碎，从而使晶粒细化，机械性能得以提高。

③ 通过热变形，可使铸态金属中的枝晶偏析和非金属夹杂的分布发生改变，使它们沿着金属自由流动的方向细碎拉长，形成热塑性加工的"纤维组织"，即所谓锻造流线。从而使金属的机械性能具有明显的各向异性，纵向的强度、塑性和韧性显著大于横向。因此，要力求使锻件的流线分布合理。当流线的分布与零件轮廓相符且不被切断，流线方向与最大正应力方向尽可能一致，且垂直于最大切应力方向时，沿锻造流线方向的高性能才能被充分利用。如图2-8a 所示的曲轴锻坯，其流线沿曲轴的轮廓分布，它在工作时的最大拉应力与流线平行。而冲击应力与其流线垂直，于是曲轴就不易发生断裂。反之，如图 2-8b 所示，流线被切断，曲轴在工作中极易断裂。需要说明的是，冷塑性变形不仅提高了制件的强度，而且它所形成的纤维组织具有更明显的各向异性，纤维组织的合理分布对提高制件的使用性能更为有利。如图2-9a 所示，棒料采用局部冷镦加工的螺柱头部与杆部的纤维连续并沿着其轮廓分布，质量更好。

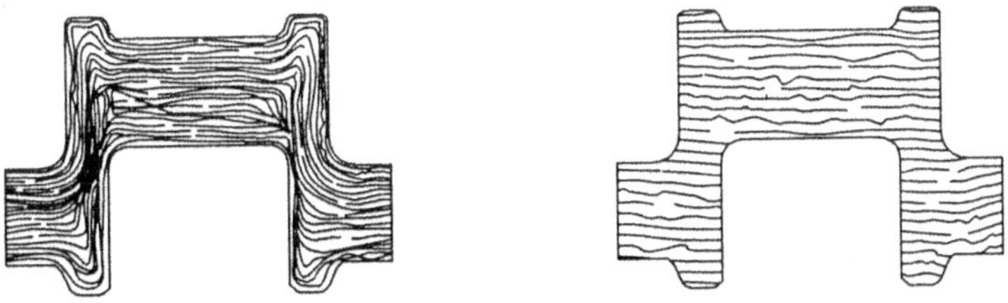

a） 流线分布合理　　b） 流线分布不合理

图 2-8 锻钢曲轴中的流线分布

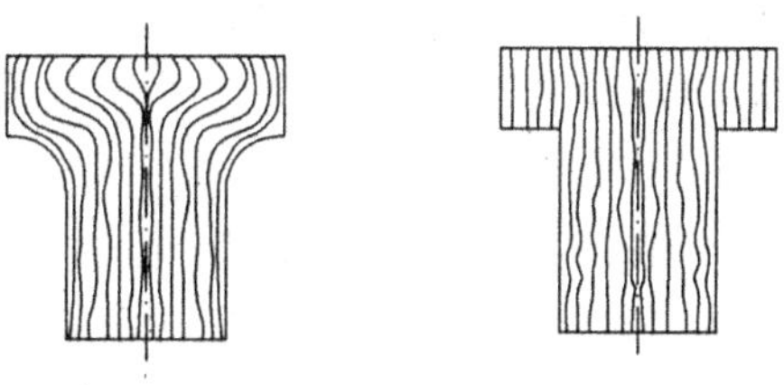

a） 流线分布合理　　b） 流线分布不合理

图 2-9 螺栓锻造流线示意图

2.2.4.3 锻造比

锻造可以改善铸态金属组织的结构和性能，改善的程度取决于塑性变形度。塑性变形度常用锻造前后金属坯料的横截面积比值或长度（或高度）比值来表示，这个比值称为锻造比(forging ratio)。锻造比分为拔长锻造比和镦粗锻造比。

1）拔长锻造比(forging ratio of stretching)（$Y_{拔}$）。用金属坯料拔长前的横截面积（F_0）与拔长后的横截面积（F）之比，或拔长后的长度（L）与拔长前的长度（L_0）之比来表示，即

$$Y_{拔}=F_0/F \tag{2-2}$$

$$Y_{拔}=L/L_0 \tag{2-3}$$

2)镦粗锻造比(forging ratio of upsetting)($Y_{镦}$)。用金属坯料镦粗后的横截面积(F)与镦粗前的横截面积(F_0)之比，或镦粗前的高度(H_0)与镦粗后的高度(H)之比来表示，即

$$Y_{镦}=F/F_0 \tag{2-4}$$

$$Y_{镦}=H_0/H \tag{2-5}$$

锻造比的选择关系到锻件的质量和生产率，锻造比愈大，热变形程度愈大，金属的组织、性能改善以及锻造流线越明显，但生产周期较长。实际生产中应根据金属材料的种类和锻件的尺寸和所需性能及锻造工序等多方面因素进行选择。

用轧材或锻坯作为锻造坯料时，由于坯料已经过热变形，内部组织和力学性能已得到改善，应选择较小的锻造比(一般≥1.5)。

用铸锭作为锻造坯料时，因其内部缺陷多，故需选择较大的锻造比。如碳素结构钢铸锭，拔长锻造比一般应≥3，镦粗锻造比≥2.5；而低合金钢锻造时，锻造比应为3～4。对铸造缺陷严重、碳化物粗大的高合金钢铸锭，应选择更大的锻造比。如不锈钢一般取4～6，高速钢的锻造比选5～12。

另外，塑性成形时不仅要正确选择锻造比，还需仔细分析成形工艺，使锻件具有合理的流线分布。

2.2.5 塑性成形基本定律

2.2.5.1 体积不变定律

体积不变定律(constancy of volume,incompressibility)是指金属塑性变形前后的体积相等，也称为体积不可压缩定律。实际上，塑性变形能使材料内部气孔、疏松和裂纹等缺陷得以焊合消除，密度增加，体积略有减小。但这点微小的体积变化与变形坯料体积相比是可以忽略的。因此，在金属变形加工中，坯料和锻模模膛尺寸等均可以按体积不变来计算。

2.2.5.2 临界切应力定律

晶格中一个滑移面和此面上的一个滑移方向合称为一个滑移系(slip system)。晶体滑移的驱动力是外力在滑移系上的分切应力。只有当滑移系上的分切应力达到一定值时，该滑移系才能开动。使滑移系开动的最小切应力称为临界切应力(critical shear stress)。在一定的温度和变形速度条件下，金属开始产生滑移变形所需的切应力为恒值。变形温度越高，滑移越易进行，临界切应力越低。温度不变时，变形速度越快，所需临界切应力越高。

2.2.5.3 最小阻力定律

在塑性变形过程中，如果没有外界约束，金属每一质点将沿着阻力最小的方向移动，这一变形规律称为最小阻力定律(the law of minimum resistance)。通常，质点流动阻力最小方向是通过该质点指向金属变形部分周边的法线方向。例如，各向同性的矩形截面金属坯料在无摩擦的平板间镦粗时，内部各质点将分别沿着由横截面中心向四周的放射线方向流动，发生均匀变形，如图2-10a 所示。但是实际镦粗时，由于铁砧和锤头对坯料端面的冷却和摩擦阻力作用，导致金属晶体内各晶粒的相对滑动、转动和晶体内滑移更加困难。在坯料的横截面上，某一质点在可能的流动方向上晶粒数越多，或者说，该质点距自由表面越远，受到的流动阻力就越大。因此，质点总是沿着距自由表面最近的方向流动。当矩形截面坯料镦粗时，就形成了以4个角的等分线和长度方向的中线为界的4个流动区，如图2-10b 所示。在横截面上，向长边一侧流出

的金属比向短边一侧流出的金属多，这样坯料在镦粗过程中，横截面由矩形趋向于椭圆形，最后变成圆形。而且，坯料内流动质点距其上下两端面越远，由摩擦力导致的质点流动阻力就越小；金属塑变抗力越小，流动越容易，坯料非端面质点的流动阻力就越小，从而导致坯料镦粗时变成鼓形。

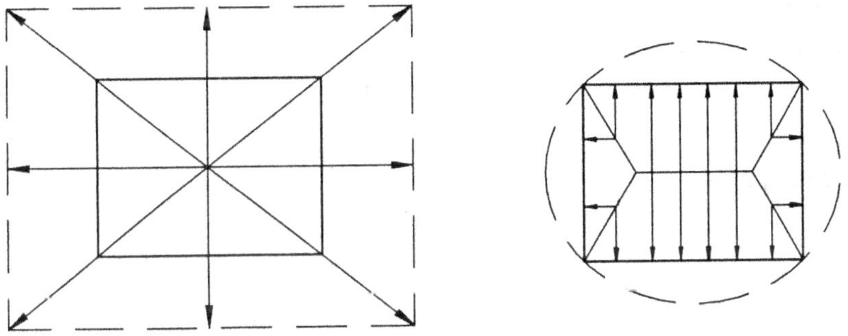

a） 无摩擦镦粗　　b） 实际镦粗

图 2-10　矩形截面金属坯料镦粗流动模型

实际生产中，根据最小阻力定律和变形金属所受到的外界约束，分析并根据需要控制金属变形时质点的流动方向，从而可以降低能耗，提高锻件质量和劳动生产率。例如，设计模锻模具时，既要考虑减小模具某部分的阻力，又要考虑增大某部分的阻力，以利于金属能充满整个模膛，不产生缺陷；确定矩形截面坯料拔长工艺时，通常拔长送进量应小于坯料宽度，使坯料沿轴向优先流动，提高拔长效率。

2.2.5.4　塑性变形时伴随有弹性变形的定律

金属一旦受到外力的作用，弹性变形就会发生，而无论是否已经发生了塑性变形。单晶体金属拉伸时首先发生弹性变形，直到某滑移系上的分切应力达到临界值时，开始发生塑性变形，当晶格滑移达到一定程度时，导致加工硬化，晶体强度提高，变形抗力增大，塑性变形停止。如果载荷加大，又开始发生弹性变形，再发生塑性变形。如此继续下去，弹性变形和塑性变形交替发生，使金属总变形量增大。

上述现象照样发生在多晶体金属的各个晶粒中。但是，由于多晶体金属内各个晶粒的滑移有先后之分，因此，当金属宏观弹性变形完成以后，在以后的变形过程中，塑性变形和弹性变形将同时发生，即金属塑性变形时总伴随着弹性变形。

2.2.6　金属的锻造性能

金属的锻造性能是指金属在压力加工时获得合格零件的难易程度，通常用塑性和变形抗力来综合评价。金属的塑性越高，变形抗力越低，则其锻造性能越好，越有利于加工成形。金属的锻造性能取决于它的内在因素和变形条件。

2.2.6.1　内在因素的影响

1)化学成分的影响。不同化学成分的金属锻造性能不同。一般情况下，纯金属的锻造性能比合金好。碳钢中所含的合金元素如碳、硅、锰、磷、硫等对钢的锻造性能有重要的影响，而碳的影响最显著。含碳量越高，钢的塑性越低，锻造性能越差。通常，碳钢的锻造性能优于合金钢，低合金钢的锻造性能优于高合金钢。金属中的合金元素，尤其是难熔合金元素，使金属强度升高，塑性降低，锻造性能变差。

2)金属组织的影响。成分相同但组织不同的金属具有不同的锻造性能。如果金属中含有多种性能不同的组织，则锻压时由于各组织的变形不均就容易开裂。纯金属及固溶体(如奥氏体)的锻造性能好；单相固溶体合金比多相合金具有更好的塑性，而且，第二相的性能、数量、形状、分布等的差异也会使金属的锻造性能有很大差异；晶粒度对钢的锻造性能也有影响，细晶粒组织比粗大晶粒具有更好的塑性；高温时，晶间低熔点共晶夹杂处于熔融或半熔融状态，易使晶界脆化，降低锻造性能。

2.2.6.2 变形条件的影响

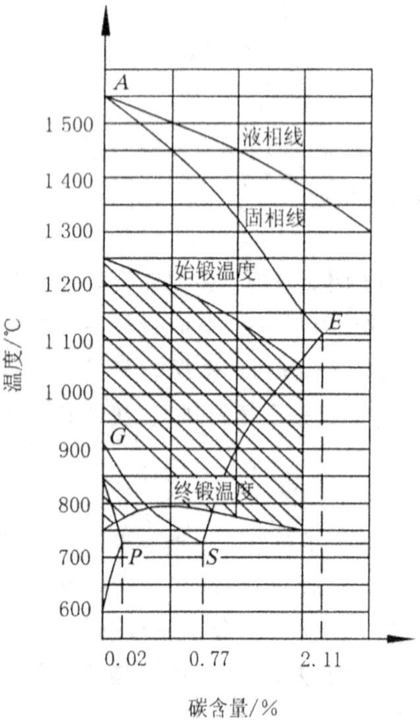

图 2-11 碳钢的锻造温度范围

1)加热温度的影响。在允许的条件下，提高金属变形温度，是改善金属锻造性能的有效措施，并对产品质量、生产率和金属的有效利用等均有很大的影响。

在高温下，金属原子活动能力加强，原子间仍能保持良好的结合而不会产生裂纹，塑性大大提高，另一方面，这时的原子结合力很低，同时，动态再结晶效应也明显提高，这就使得金属的变形抗力大为减弱。但是，温度过高，金属将产生过热、过烧、氧化和脱碳等缺陷，甚至使锻件报废。

金属的锻造是在一定温度范围内进行的。开始锻造的温度称为始锻温度，停止锻造时的温度称为终锻温度。碳钢的锻造温度范围如图2-11 所示。始锻温度一般应定在AE线以下150～200℃，超过这个温度，奥氏体晶粒会急剧长大，称为过热(over heat)；温度接近AE线，炉气中的氧会渗入白热钢料的晶界，锻造时，钢料会碎裂，这种现象称为过烧(burning)。就可锻性而言，终锻温度最好定在GSE线上，使锻造全部在单一的奥氏体区进行。但是为了扩大锻造温度区间，以减少加热次数。同时，也考虑到亚共析钢中出现少量塑性很好的铁素体对锻造性能影响不大；过共析钢中出现渗碳体，虽然会降低一些可锻性，但可消除渗碳体的网状结 构，从而提高锻件的机械性能。因此，实际的终锻温度，亚共析钢定在GS线以下，过共析钢定在A_1线以上50～70℃。

另外，有些金属在一定的温度范围有脆化倾向，应避免在脆化区进行锻造。

2)变形速率的影响。金属塑性变形过程中，塑性变形功转换为热能，其中一部分散失到周围介质中，而另一部分则留在金属内，使锻件温度升高，这种现象称为形变热效应(thermal effect of deformation)。一方面，高速锻造时，热效应明显，使金属塑性提高、变形抗力下降(图2-12 中a 点以后)。但热效应现象除高速锻造等特殊成形工艺以外，一般压力加工效果并不明显。另一方面由于变形速度增大，回复和再结晶来不及克服加工硬化现象，导致金属塑性降低、抗力增大，锻造性能变差，尤其是高合金钢再结晶温度高，速度慢，更不宜高速锻打，一般采用压力机锻压成形。

3)变形应力状态的影响。变形方法不同,所产生的应力大小和性质(拉应力或压应力)也不同。变形时,金属压应力数目越多,塑性越好,但压应力使金属内部摩擦增大,变形抗力随之增加;拉应力数目越多,在金属内部的缺陷处易产生应力集中,降低金属的塑性;同号应力状态下引起的变形抗力大于异号应力状态下的变形抗力。

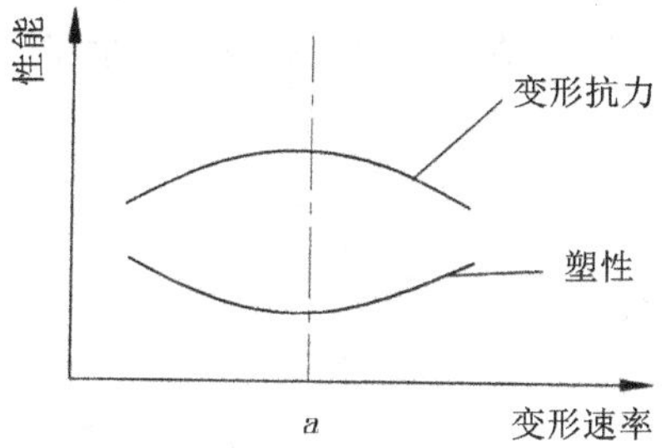

图 2-12 变形速率对金属塑性及抗力的影响

因此,对于本质塑性较高的金属,变形时出现拉应力是有利的,可以降低抗力,减少变形能量的消耗;对于本质塑性较低的金属,应尽量在三向压应力状态下变形,以免产生裂纹。例如,低碳钢冲孔,都采用开式;但对于某些合金钢,则应用闭式冲孔为宜,如图 2-13 所示。

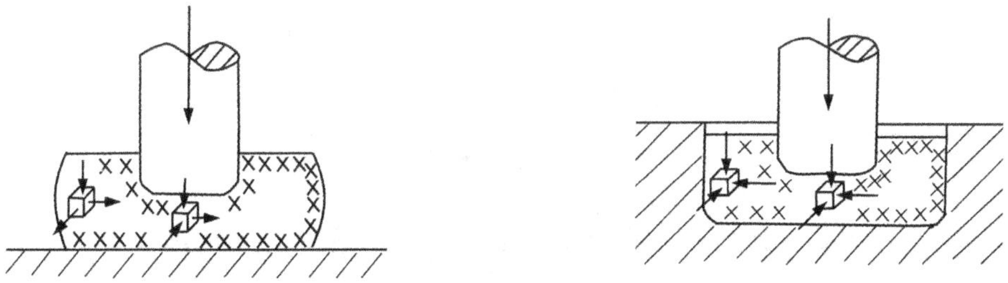

图 2-13 开式冲孔和闭式冲孔

2.3 锻造成形

2.3.1 自由锻造

自由锻造(open die forging, flat die forging)是金属在砥铁和锤面间受压,在垂直于压力方向自由伸展变形的加工方法。锻件的形状、尺寸和质量主要由操作者的技术来保证。

自由锻造所用工具简单,通用性强,因而成本低,工艺灵活,应用范围广,可锻造的锻件质量由不到 1 kg 到二三百吨。但自由锻造精度低,加工余量大,材料消耗多,生产率低,一般只用于锻造形状简单的工件。故一般只适应于单件、小批量生产,特别适用于大型锻件。

自由锻造分手工锻造和机器锻造 2 种,手工锻造只适合于单件生产小型锻件,现代制造业则主要采用机器锻造。

2.3.1.1 自由锻造工艺规程的制定

制定工艺规程、编制工艺卡片是进行锻造生产必不可少的技术准备工作,是组织生产过程、制定操作规范及控制和检验产品质量的依据。

1)绘制锻件图。锻件图是工艺规程中的核心内容,是安排变形工序,选择设备和工具,以及验收锻件的依据。它是以零件图为基础,结合自由锻工艺特点绘制的。绘制锻件图时应考虑以下因素:

①敷料。为了简化锻件形状、便于锻造而增加的那部分金属,称为敷料(stuffing)或余块(superfluity)。

②加工余量。由于自由锻件精度和表面质量都很低，需要进一步切削加工，因此考虑敷料以后，零件表面还要留加工余量，它们和零件尺寸组合成最终的锻件名义尺寸如图2-14所示。

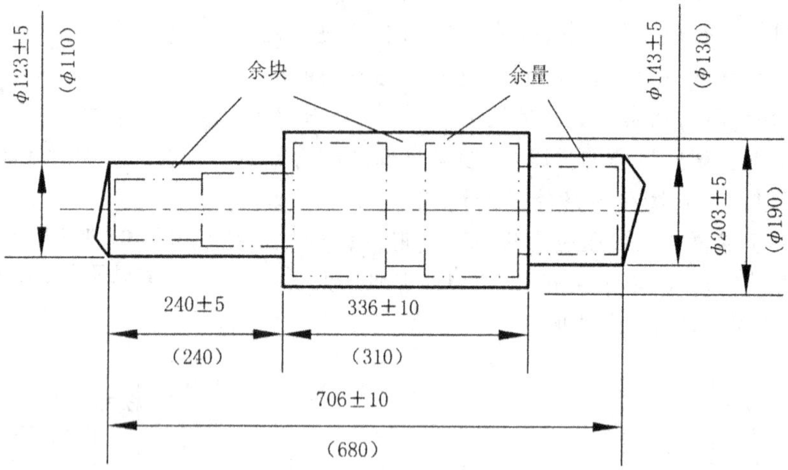

图2-14 典型锻件图

③锻件公差。锻件的实际尺寸与名义尺寸之间所允许的偏差，称为锻件公差(forging tolerance)。

上述加工余量和公差的大小，可根据锻件形状、尺寸并结合生产的具体情况查表确定，如表2-1所示。

2)确定锻造变形工艺方案。确定变形工艺方案包括选定锻件成形所必需的基本工序，为便于基本工序的操作进行的预先变形辅助工序和精整工序。它主要是根据锻件的形状来确定的，但也有较大的灵活性。例如，三拐曲轴的锻造，可以用错移工序后扭转60°的方法锻造，也可以不用错移工序而扭转120°来完成，如图2-15所示。各类自由锻锻件变形工艺方案参见表2-2。

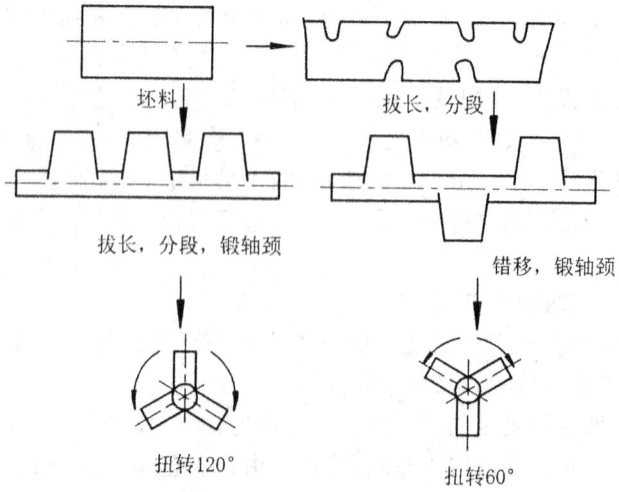

图2-15 三拐曲轴锻造的不同工序

表 2-1 台阶轴类锻件机械加工余量与锻造公差(JB4249·2—86)(节选)

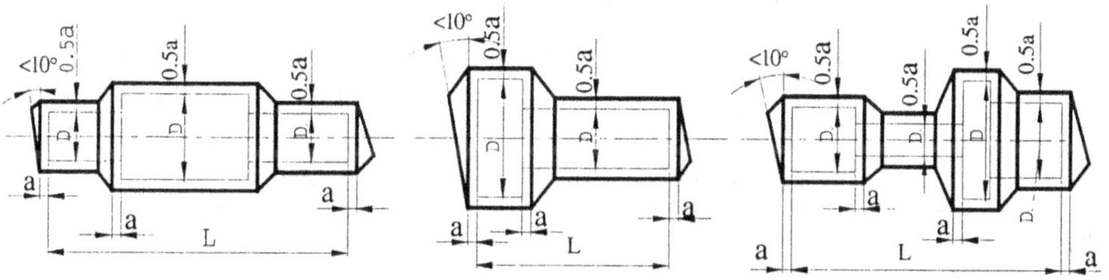

零件总长 L	零件直径 D							
	0~50	50~80	80~120	120~160	160~200	200~250	250~315	315~400
	余量 α 与极限偏差							
0~315	7±2	8±3	9±3	10±4	—	—	—	—
315~630	8±3	9±3	10±4	11±4	12±5	13±5	—	—
630~1 000	9±3	10±4	11±4	12±5	13±5	14±6	16±7	—

注:①各台阶直径上的余量按零件总长 L 和最大直径 D 确定。

②当零件某部分的长径比为 15~25 时,该直径之余量增加 20%,长径比大于 25%时,余量增加 30%。

表 2-2 自由锻锻件分类及锻造工序

序号	类 别	图 例	锻造工序	实 例
1	轴类	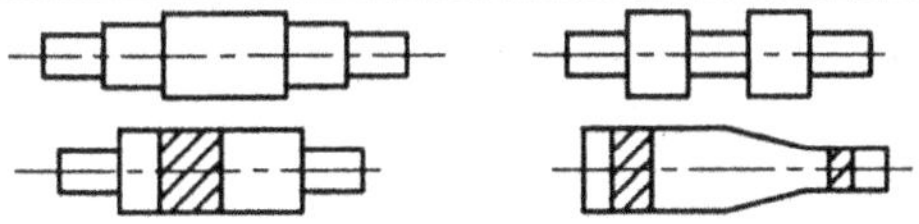	拔长、切肩、锻台阶或镦粗、拔长等	传动轴、齿轮轴等
2	盘类	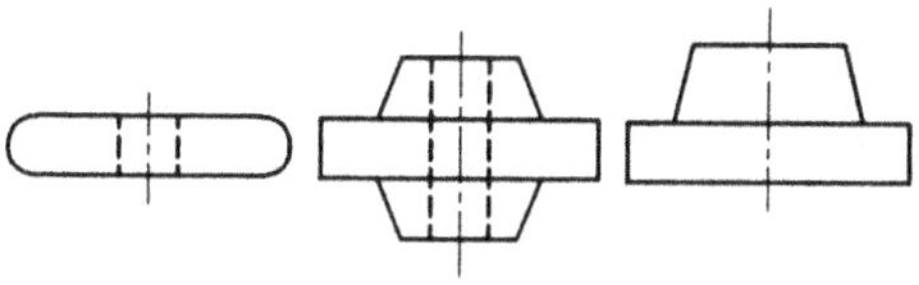	镦粗、镦挤凸台、冲孔、扩孔	法兰、齿轮等
3	环类	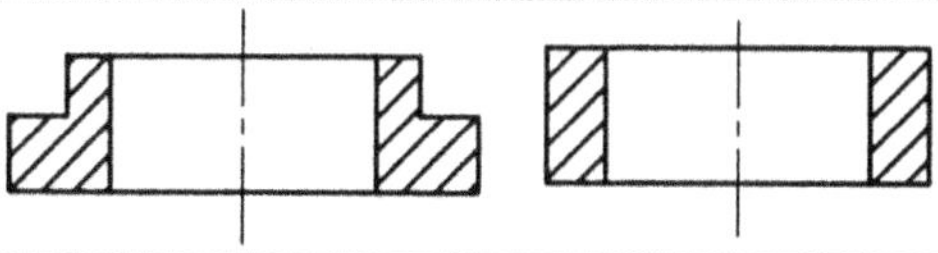	镦粗、镦挤凸台、冲孔、扩孔	圆环、齿圈等
4	筒类	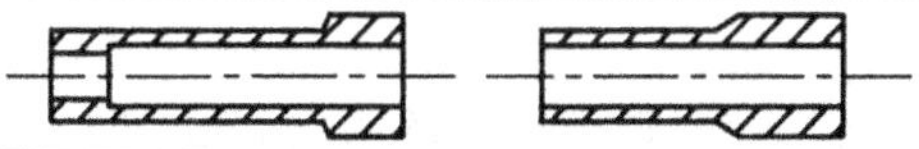	镦粗、冲孔、芯轴拔长	套筒、空心轴等
5	曲轴类	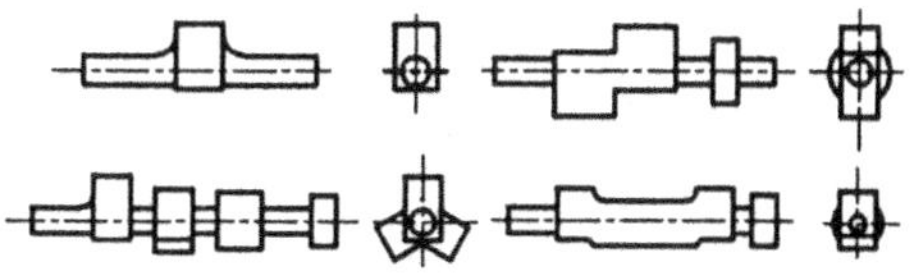	拔长、错移、锻台阶、扭转	曲轴、偏心轴等
6	弯曲类	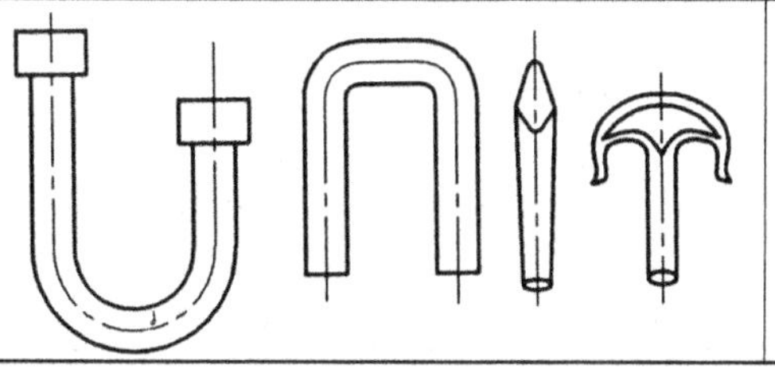	拔长、切肩、锻台阶、弯曲	吊钩、弯接头等

3）坯料质量和尺寸的计算。坯料的质量可按式2-6计算：

$$G_{坯}=G_{锻}+G_{损}=G_{锻}+G_{烧}+G_{芯}+G_{切} \tag{2-6}$$

式中：$G_{坯}$ 为坯料质量（kg）；$G_{锻}$ 为锻件质量（kg）；$G_{损}$ 为坯料加热和锻造过程中的损耗量，包括坯料加热时的烧损量（$G_{烧}$），切端部的料头（$G_{切}$）和冲孔芯料（$G_{芯}$）的损耗，计算方法见表2-3。

表2-3　坯料在加热和锻造过程中损耗量（$G_{损}$）的计算

烧损量 $G_{烧}=K_1\cdot G_{锻}$		冲孔芯料损耗 $G_{芯}=K_2\cdot d^2\cdot H$	料头损耗 $G_{切}$/kg
室式煤炉	$K_1=2.5\%\sim4\%$	实心冲子冲孔 $K_2=1.18\sim1.57$	圆形截面 $G_{切}=(1.5\sim1.8)D_1^3$
油炉	$K_1=2\%\sim3\%$	空心冲子冲孔 $K_2=6.16$	
煤气炉	$K_1=1.5\%\sim2.5\%$	垫环冲孔 $K_2=4.33\sim4.71$	矩形截面 $G_{切}=(2.2\sim2.36)B^2\cdot H_1$

注：d 为冲孔直径（dm）；H 为坯料高度（dm）；D_1 为切头部分直径（dm）；B 为切头部分宽度（dm）；H_1 为切头部分高度（dm）。

坯料尺寸的确定，首先根据材料的密度和坯料的质量计算出坯料的体积，然后再根据基本工序的类型和锻造比计算坯料的尺寸。

①应用镦粗工序。镦粗时，若坯料太高，易镦弯；直径太大，不仅下料困难，而且可能造成锻造比不足。因此，坯料的高径比（局部镦粗时为镦粗部分的高径比）应满足：$H_0/D_0=1.25\sim2.5$。那么坯料的直径为：

$$D_{计}=(0.8\sim1.0)\sqrt[3]{V_{坯}} \tag{2-7}$$

式中 $V_{坯}$ 为圆截面坯料的计算体积（mm^3）。

②应用拔长工序。应满足所需的锻造比，即

$$F_{坯}\geqslant y\cdot F_{max} \tag{2-8}$$

式中：$F_{坯}$ 为坯料截面积（mm^2）；F_{max} 为经拔长后锻件的最大截面积（mm^2）；y 为锻造比。

若选用圆截面坯料，则

$$D_{计}\geqslant\sqrt{y}\,D_{max}\quad(或\ D_{计}\geqslant1.13\sqrt{yF_{max}}) \tag{2-9}$$

式中 D_{max} 为经拔长后锻件的最大截面直径（mm）。

求出坯料计算直径后，应参考有关材料标准，选定坯料的实际直径，再计算出所需的下料长度。

4）确定锻造温度范围和加热、冷却规范。

①常用金属的始锻温度和终锻温度如表2-4所示。

表2-4　锻造温度范围　℃

合金种类	始锻温度	终锻温度	锻造温度范围
含碳量＜0.3%的碳素钢	1 200～1 250	750～800	450
含碳量为0.3%～0.5%的碳素钢	1 150～1 200	750～800	400
含碳量为0.5%～0.9%的碳素钢	1 100～1 150	800	300～350
含碳量＞0.9%的碳素钢	1 050～1 100	800	250～300

续表 2-4

合金种类	始锻温度	终锻温度	锻造温度范围
合金结构钢	1 150～1 200	800～850	350
低合金工具钢	1 100～1 150	850	250～300
高速钢	1 100～1 150	900	200～250
硬铝	470	380	90
铝铁青铜	850	700	150

②加热和冷却规范。坯料在加热或冷却过程中，如果规范不合理，常会发生较为严重的氧化(oxidation)、脱碳(decarbonization)和过热现象，也可能使坯料产生较大的热应力，甚至导致内部开裂。为了减少或避免上述缺陷，针对不同的材料要制定不同的加热和冷却规范。

对于塑性良好的中、小型低碳钢坯料，可采用快速加热，这样不仅可以减少坯料的氧化、脱碳和过热，而且还可提高生产率。

对于导热率和塑性较低的大型合金钢坯料，常采用两段式加热。第一阶段，坯料随炉由低温升至800℃左右，并适当保温(待组织转变均匀)，这阶段约占加热时间的70%；第二阶段，急速升高炉温至始锻温度以上100～150℃。第二阶段钢的塑性较好，不会因热应力而开裂，同时减少了氧化、脱碳和过热等缺点，最后再保温均热即可。

对于上述这种大型合金钢锻件，锻成后还应缓慢冷却；以免内外收缩不均开裂。一般做法是把锻件埋入炉灰或砂中缓冷，或送入适当的炉中随炉冷却，对于低碳钢锻件，一般空冷。

5)选定锻造设备。锻造设备的选定取决于锻件的类型、材料、尺寸和质量，并适当考虑现有的设备条件。具体选定可查阅有关表格或通过经验公式计算。

自由锻造工艺规程的内容还包括确定选用的工夹具、加热设备、加热火次及锻件的后续处理等。

2.3.1.2 自由锻造工艺规程实例

典型自由锻件(半轴)的锻造工艺卡如表 2-5 所示。

表 2-5 半轴自由锻工艺卡

锻件名称	半　轴	图　　例
坯料质量/kg	25	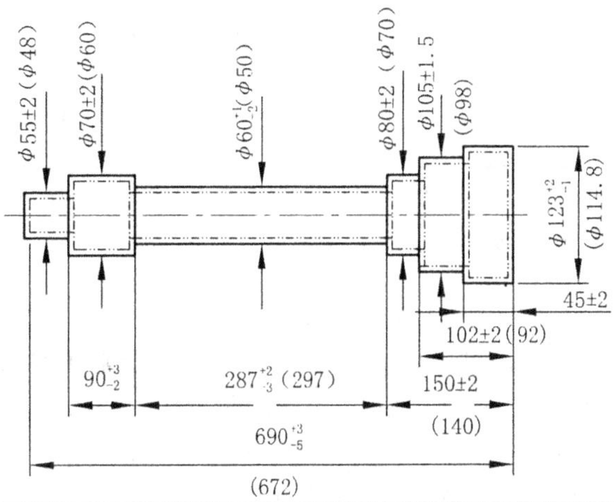
坯料尺寸	φ130×240	
材料	18CrMnTi	

续表 2-5

<table>
<tr><th>火次</th><th>工 序</th><th>图 例</th></tr>
<tr><td></td><td>锻出头部</td><td>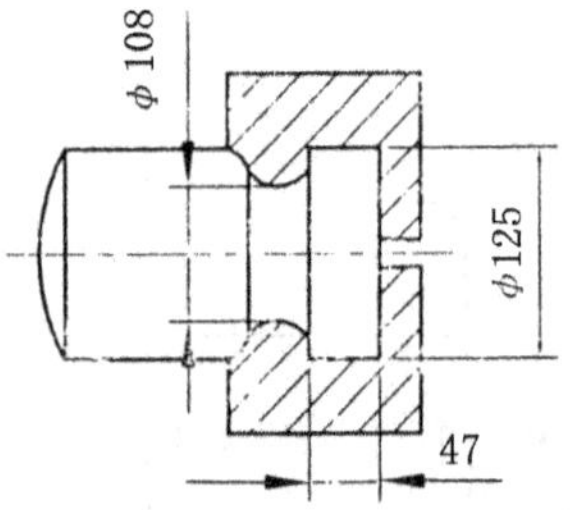
</td></tr>
<tr><td></td><td>拔长</td><td>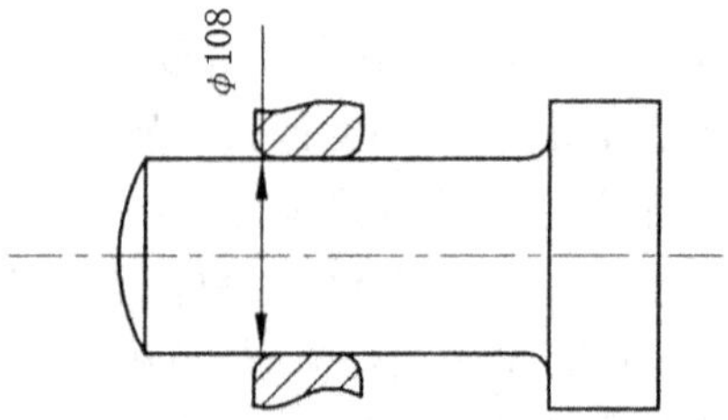
</td></tr>
<tr><td>1</td><td>拔长及修整台阶</td><td>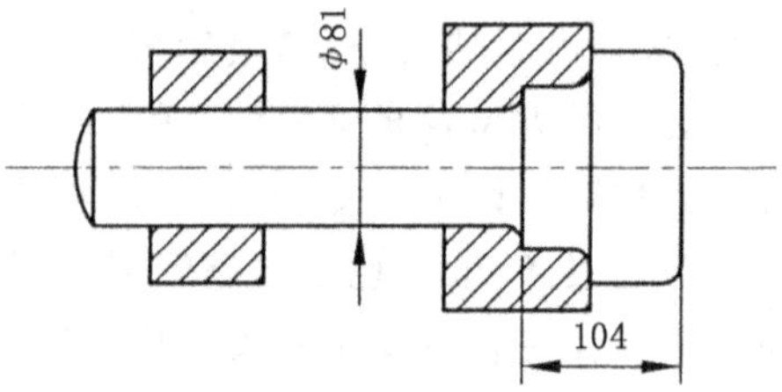
</td></tr>
<tr><td></td><td>拔长并留出台阶</td><td>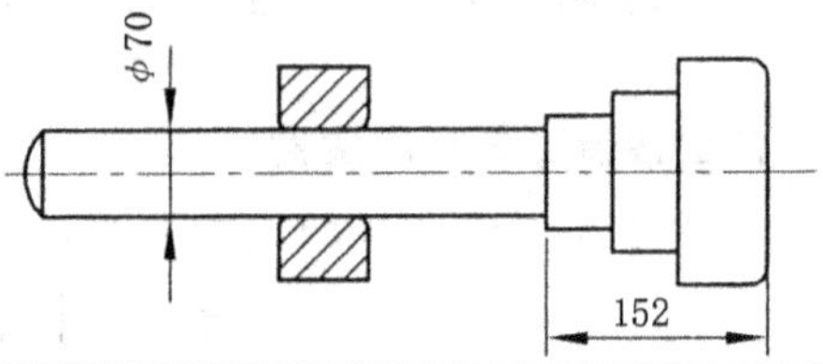
</td></tr>
<tr><td></td><td>锻出凹档及拔长端部并修整</td><td>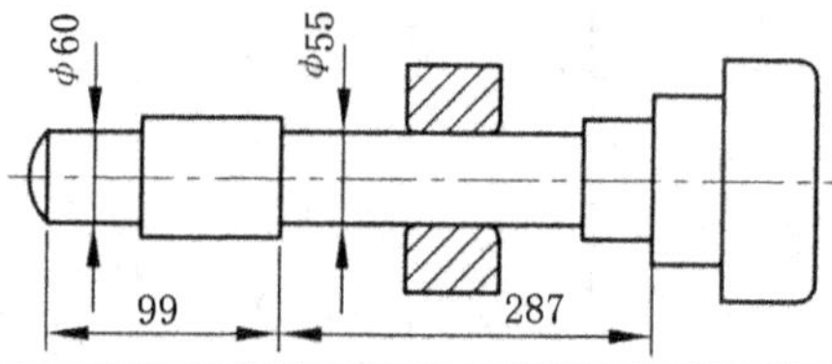
</td></tr>
</table>

2.3.2 模锻

模锻(die forging,即模型锻造)是将金属坯料置于锻模模膛内,在冲击力或压力作用下产生塑性流动,由于坯料受到锻模形状的限制,最终成形为与模腔相符的锻件。模锻是成批大量生产锻件的主要方法,广泛应用于国防、汽车、航空航天等许多制造业领域中,按质量计算,飞机上的模锻件占整个锻件的85%,汽车占80%。

模锻与自由锻相比有如下特点:

①生产率高。模锻时，金属是在一定形状的模膛内变形的，能很快获得所需要的锻件形状，生产率一般比自由锻高3～4倍，甚至十几倍。

②锻件表面光洁，尺寸准确，精度高，因而加工余量小，可节省材料；切削加工工时，批量足够时，可降低成本。

③锻件成形靠模膛控制，可锻出形状复杂的锻件。

④坯料在模膛内流动阻力大，需要消耗较大的锻造功，因此，要求设备有较大的功率。

⑤模锻需要专门的设备，要求刚性好，精度高，而且锻模制造工艺复杂、成本高、周期长。模锻过程见图2-16，典型模锻件见图2-17。

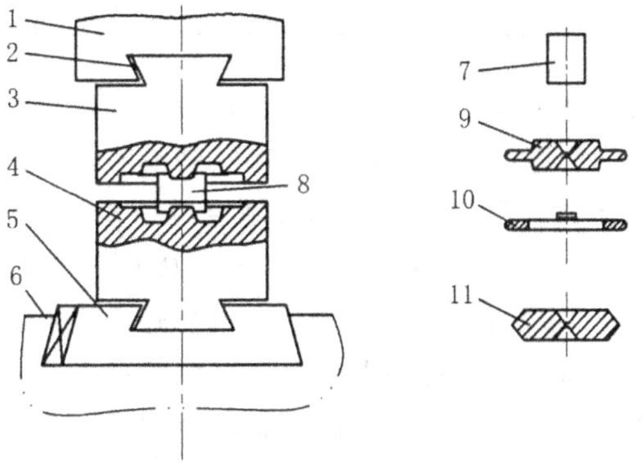

图2-16 模锻过程示意图

1-锤头 2-楔铁 3-上模 4-下模 5-模座 6-砧铁 7-坯料 8-锻造中的坯料 9-带毛边和连皮的锻件 10-毛边和连皮 11-锻件

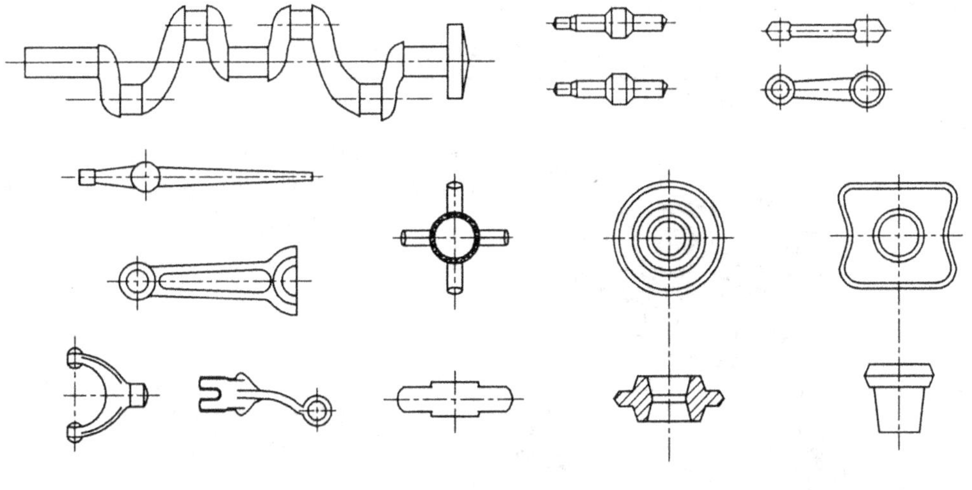

图2-17 典型模锻件图

模锻一般按所使用设备的不同分类：锤上模锻，胎模锻和各种压力机上模锻等。

2.3.2.1 锤上模锻

锤上模锻(die hammer forging)即模锻锤上模锻。它的工艺通用性较大，能完成多种制坯工步,生产各种类型的模锻件,是目前最常用的模锻方法。

1)设备。锤上模锻所用设备有蒸汽-空气模锻锤、无砧座锤、高速锤等,其中用得最多的是蒸汽-空气模锻锤,它和自由锻所用的双柱拱式蒸汽-空气锤的主要区别是:模锻锤的机架直接安装在砧座上,形成封闭结构;锤头与导轨之间的间隙较小;砧座较重,约为落下部分质量的20～25倍。这些都是为了保证上下模块对准,以获得形状和尺寸精确的模锻件。模锻锤吨位选择见表2-6。

表2-6 模锻锤吨位选择

模锻锤吨位(kN)	10	15	20	30	50	100	160
锻件质量(kg)	0.5～1.5	1.5～5	5～12	12～25	25～40	40～100	100～150

2)锻模。锤上模锻用的锻模如图2-16所示。它是由带有燕尾的上模和下模组成,上模和下模内均制有相应的模膛,两模膛闭合后形成一定形状的模腔。形状简单容易成形的锻件可以使用一个模膛模锻成形,但形状较复杂的锻件则必须经过一系列的制坯过程和预锻及终锻成形的组合过程才能获得。因此,生产中所用的模膛按其功能可分为制坯模膛(performing impression)、模锻模膛(forging die impression)和修正用的切边模膛等。

①制坯模膛。它的作用是根据锻件的形状合理分配坯料各部分的质量,使其形状和尺寸逐渐接近锻件形状,以便能在最终成形所使用的模膛内顺利成形。

②模锻模膛。这种模膛的作用是使坯料变形到锻件所要求的形状和尺寸。对于形状复杂、精度要求较高、批量较大的锻件,在终锻之前还需进行预锻,所使用的模膛分别称为终锻模膛(finisher, finishing impression)和预锻模膛(rougher, blocking impression)。预锻以后的金属终锻时更易充满模腔,并减少了终锻模膛的磨损,延长了终锻模膛寿命,保证了锻件的质量。

各种模膛的功用及结构特点见表2-7。

表2-7 模膛类型及特点

模膛类型		简图	用途	特点
制坯模膛	镦粗台	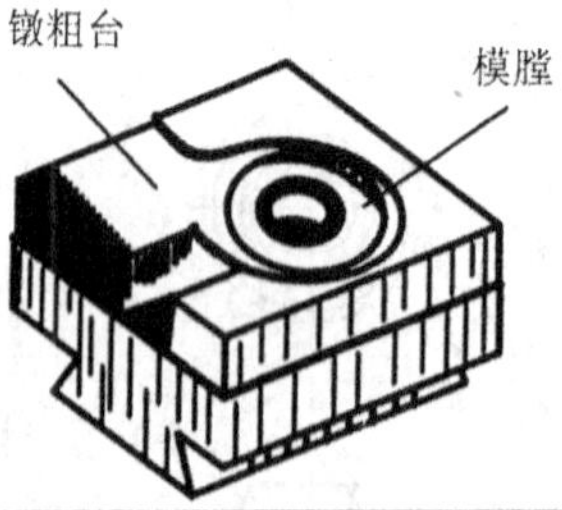	减少坯料高度,增大直径,兼有去除氧化皮的作用,用于盘类锻件制坯	设在锻模的一角,所占面积略大于坯料镦粗尺寸
	拔长模膛	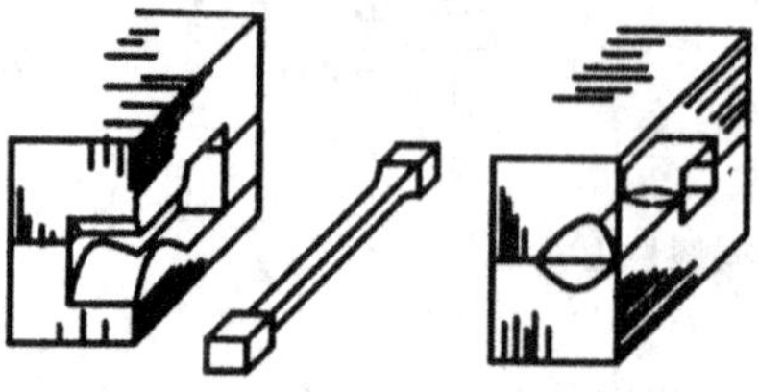 a) 开式 b) 闭式	用于减小坯料某处横截面而增加其长度,用做长轴类锻件的制坯	操作时,坯料边送进边翻转

续表2-7

模膛类型		简　图	用　途	特　点
制坯模膛	滚压模膛	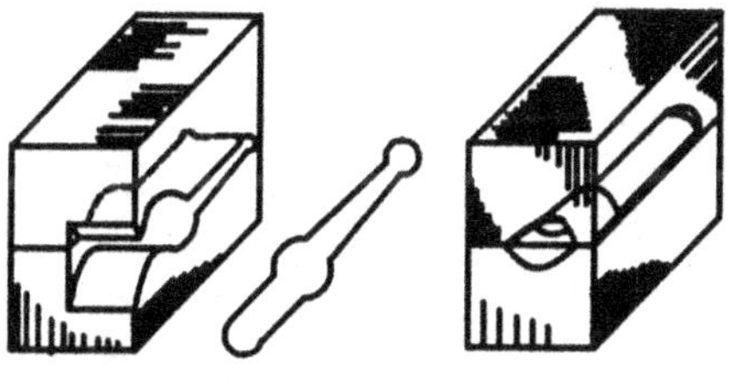 a) 开式　b）闭式	重新分配金属，使坯料某部分横截面减小，另一部分横截面增大，坯料总长基本不变，用于变截面长轴类锻件的制坯	操作时，坯料边受压边转动，不作轴向送进
	弯曲模膛	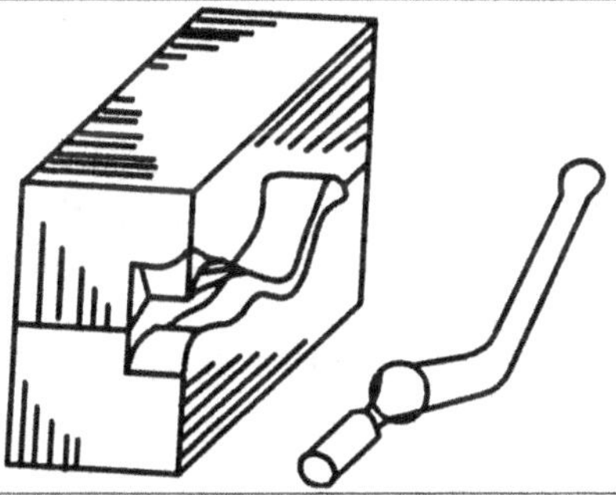	改变坯料轴线方向，使它符合终锻模膛在分模面上的形状。适用于具有弯曲轴线的锻件	弯曲后的坯料需翻转90°再放入模锻模膛
模锻模膛	预锻模膛	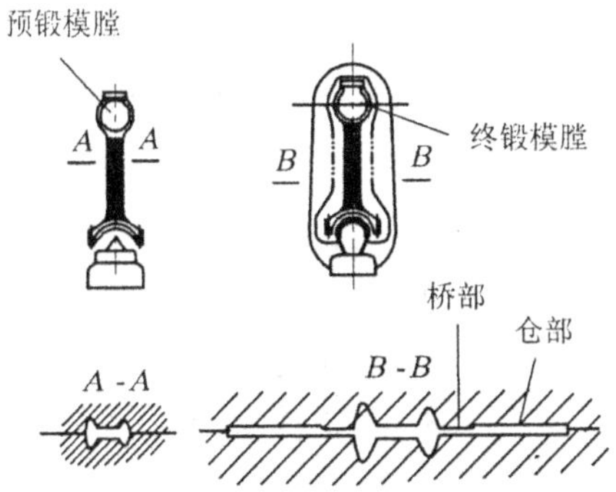	1. 减小终锻时金属的变形量，提高锻件质量； 2. 减少终锻模膛的磨损，延长模具使用寿命； 3. 用于形状复杂的锻件	1. 比终锻模膛高度略大，宽度略小，容积略大，不带飞边槽； 2. 相交的面与面之间以较大圆角过渡； 3. 模锻斜度大于终锻模膛的斜度
	终锻模膛		1. 锻件的最终成形； 2. 飞边槽的作用是促使金属充满模膛及容纳多余金属	1. 模膛尺寸根据锻件图确定，并放大一收缩量(碳钢1.5%)。 2. 模膛带有飞边槽。槽的桥部较窄，以使金属首先充满模膛，再经桥部流入仓部。容纳多余金属。 3. 模膛位于模块中部
切断模膛		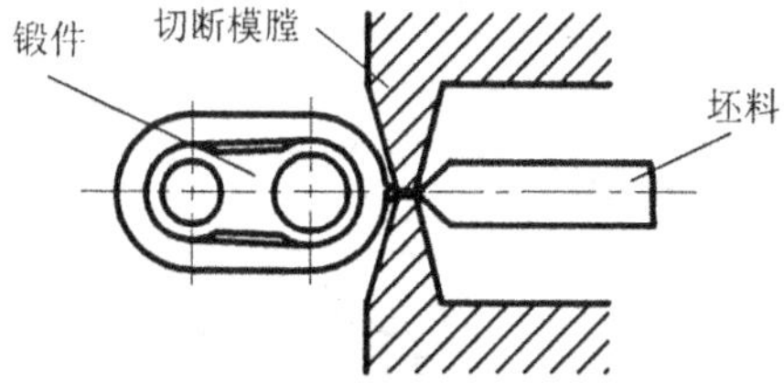	当一块坯料锻造2个或多个锻件时，将已锻好的锻件从坯料上切下。单件锻造时，用来从坯料上切下锻件或从锻件上切下钳口	模膛位于锻模的边角上，有刃口

弯曲连杆锤上多模膛模锻时所用锻模及模锻过程见图2-18。

3)模锻工艺规程。

①设计模锻件图。模锻件图是以零件图为基础，并考虑模锻工艺要求绘制的。它是设计和制造锻模、计算坯料和检验锻件的依据。设计模锻件图时应考虑以下几个问题：

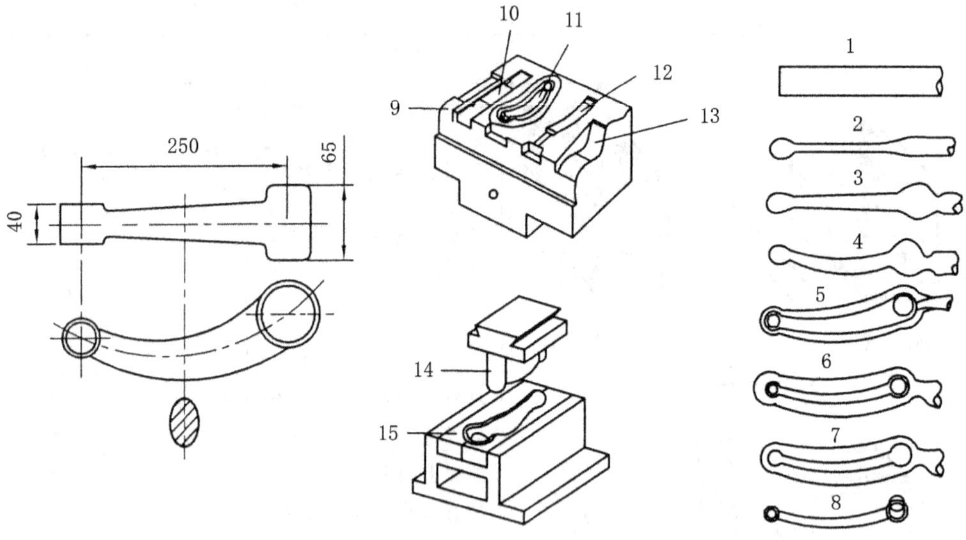

图 2-18 弯曲连杆的模锻过程

1-原始坯料 2-延伸 3-滚压 4-弯曲 5-预锻 6-终锻 7-飞边 8-锻件 9-延伸模膛 10-洋压模膛 11-终锻模膛 12-预锻模膛 13-弯曲模膛 14-切边凸膜 15-切边凹膜

a. 确定分模面。分模面(die parting surface)是上下锻模在模锻件上的分界面。分模面位置的确定是否合理,关系到锻件的质量、锻件出模、模具加工和材料的利用率等一系列问题。因此,分模面的确定应遵循以下原则:

a)锻件能从模膛中顺利取出。一般情况下,分模面应选在模锻件最大尺寸的截面上。选图2-19 中的 *a-a* 面不符合这一原则。

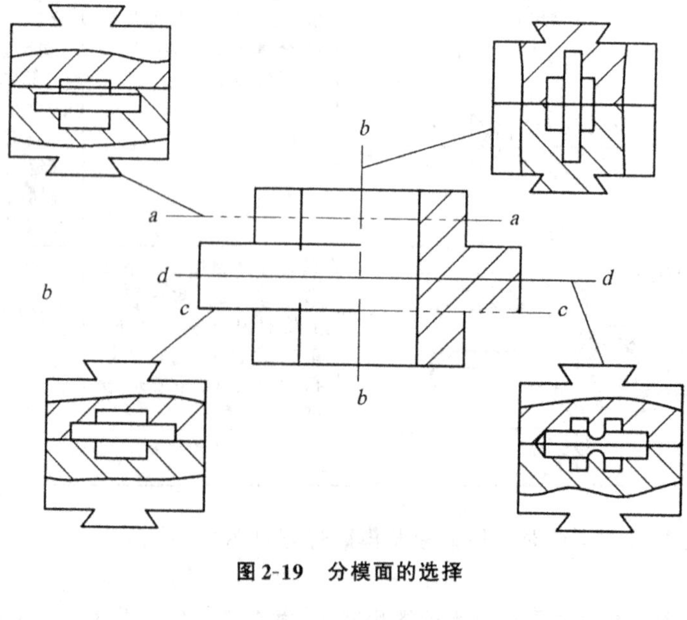

图 2-19 分模面的选择

b)保证金属易充满模膛。最好将分模面选在能使模膛深度最浅的位置处。选图 2-19 中的

b-b 面不符合这一原则。

c)应使锻件上要增加的敷料最少。目的是节约材料,并减少切削加工工作量。选图2-19 中的 *b-b* 面不符合这一原则。但若锻件的高径比大于3 时,为使金属易充满模膛,锻件易出模,采用轴向分模更合适。

d)应使上下锻模在分模面上轮廓相同。这样在安装锻模和生产中易发现错模,以便及时进行调整。选图2-19 中的 *a-a*,*c-c* 面都不符合这一原则。

e)应尽量使分模面为一平面,简化锻模的制造。

b. 加工余量、公差和敷料。模锻时坯料是在模膛中成形的,因此模锻件的尺寸较精确,其加工余量(machining allowance)和公差(tolerance)比自由锻件小得多。确定余量和公差的方法有2 种:

a)按零件的形状尺寸和锻件的精度等级确定,余量取1～4 mm,偏差在±0.3～3 mm 之间选取。具体数值可查阅GB/T 12362—90《钢质模锻件公差及机械加工余量》手册。

b)按锻锤吨位确定。

如果锻件上某些凹档、台阶、小槽等会阻碍锻件从模膛中取出,可设置敷料加以简化。

c. 冲孔连皮。锤上模锻不能直接锻出通孔,孔内留有一定厚度的金属层,称为冲孔连皮(slug),如图2-20 所示。这层连皮在切飞边时冲除,连皮不宜太薄,以免损坏锻模。当孔径 $d=30\sim80$ mm 时,连皮厚度 $s=4\sim8$ mm。当孔径 $d<25$ mm 或冲孔深度 $h>3$ d 时,只在冲孔处压出凹坑。

d. 模锻斜度。模锻件上平行于锤击方向的表面必须具有斜度,以利于锻件从模膛中取出,这个斜度称为模锻斜度(draft angle),见图2-21,值为3°～5°。模膛深度与相应宽度的比值(h/b)越大,斜度应越大。内斜度 α_2 应比相应的外斜度 α_1 大一级,但为简化模具加工,同一锻件内外模锻斜度也常取统一数值。模锻斜度一般应选5°,7°,10°,12°,15°等标准数值。

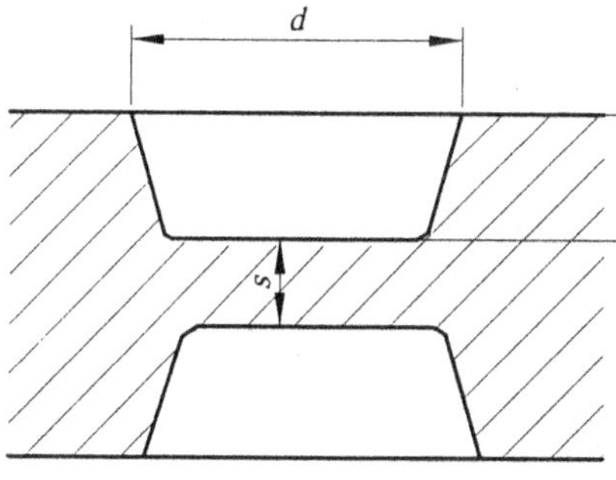

图2-20 冲孔连皮

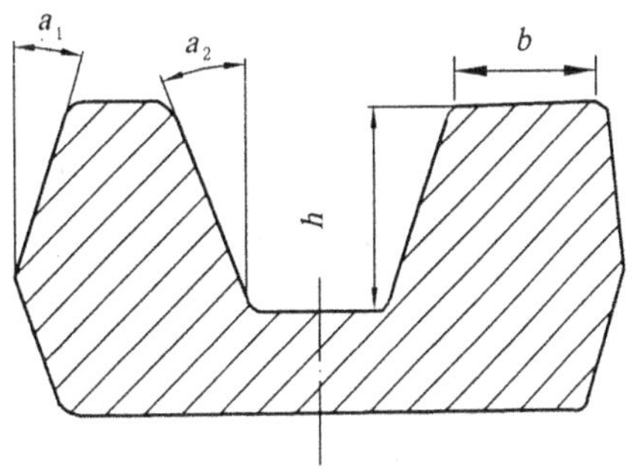

图2-21 模锻斜度

e. 模锻圆角半径。锻件上所有面与面相交处,都应以适当大小的圆角过渡(图2-22),以利金属的流动和增大锻件强度,并可防止在锻造过程中锻模内交角处产生应力集中而导致裂纹,减缓锻模外交角处的磨损,保证锻模的使用寿命。钢的模锻件外圆角半径 $r=1.5\sim12$ mm,内圆角半径 $R=(2\sim3)r$,模膛深度越深,圆角半径取值越大。

上述各参数确定以后,即可绘制模锻件图。齿轮坯的模锻件图见图2-23 所示,图中双点划线为零件轮廓外形,分模面选在锻件高度方向的中部,零件轮辐部分不加工,故不留加工余量,

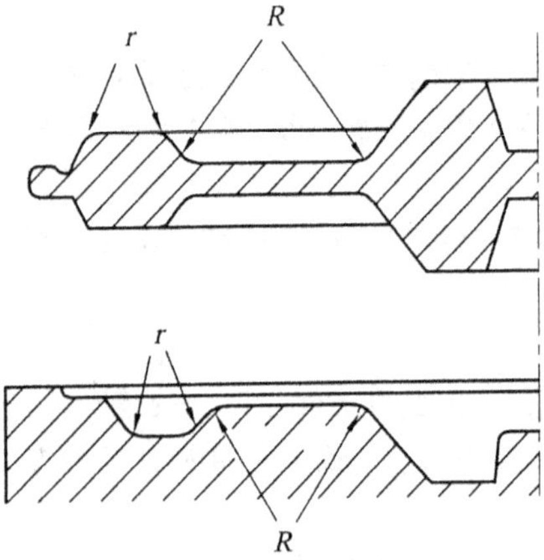

图 2-22 模锻圆角

内孔中部的两条直线为冲孔连皮切掉后的痕迹线。另外，图上其他内容，如允许的表面缺陷、错移量、未注圆角和斜度以及热处理规范等内容可在技术条件中给出。

②计算坯料的质量和尺寸。坯料的质量可按下式计算。

$$G_{坯}=G_{锻}+G_{飞}+G_{连}+G_{烧} \tag{2-10}$$

式中：$G_{坯}$ 为坯料质量(kg)；$G_{锻}$ 为锻件质量(kg)；$G_{飞}$ 为飞边的质量(kg)，可按飞边槽容积的1/2计算；$G_{连}$ 为冲孔连皮的质量(kg)；$G_{烧}$ 为坯料加热时的烧损量，约是 $G_{锻}$，$G_{飞}$ 和 $G_{连}$ 之和的3%～4%。

坯料尺寸的确定，首先根据坯料的密度和坯料的质量计算出坯料的体积，或者不计算坯料的质量，而直接

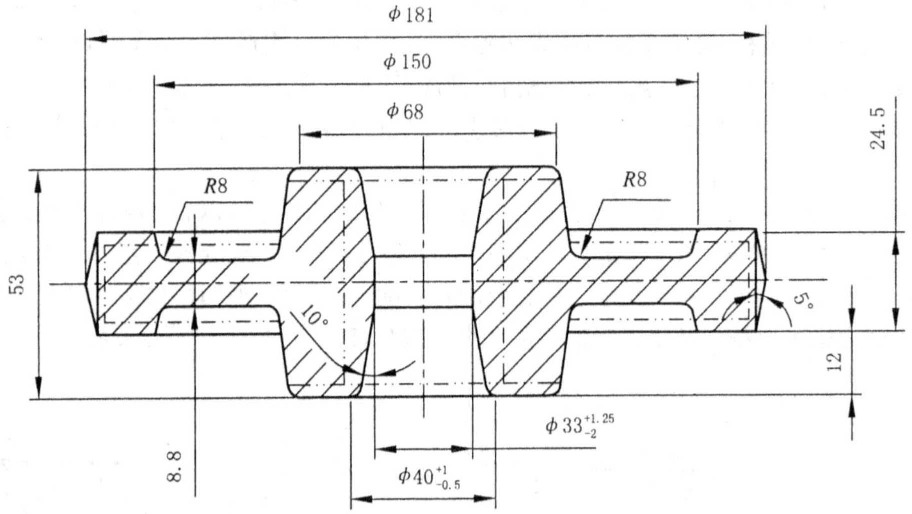

技术要求：1. 高度公差：+1.5，−0.75；水平公差：+1.75，−1.15。
2. 未注圆角：R=2.5。

图 2-23 齿轮坯锻件图

计算坯料的体积，然后再根据基本工序的类型和锻造比计算坯料尺寸。

a. 应用镦粗工序。坯料的计算直径为：

$$D_{计}=1.08\sqrt[3]{V_{坯}/m} \tag{2-11}$$

式中：m 为坯料的高径比，可取1.8～2.2；$V_{坯}$ 为圆截面坯料的计算体积。

b. 应用拔长工序。锻造轴类锻件，坯料的计算直径为：

$$D_{计}=1.13\sqrt{KF_{max}} \tag{2-12}$$

式中：K 为膜橙系数，和锻造工步有关。不制坯或有拔长工步时，$K=1$；有滚挤工步时，$K=$

0.7～0.85；F_{max}为锻件的最大截面积。

求出$D_{计}$后，参考有关材料标准，选定坯料的实际直径，再计算所需下料长度。

③确定变形工步。依据锻件的形状和尺寸确定，常见的锤上模锻件变形工步见表2-8。

表 2-8 锤上模锻件分类及变形工步

锻件分类		特　征	变形工步示例	主要变形工步
短轴类		锻件在分模面上的投影为圆形或长宽尺寸之比相近；锤击方向与坯料轴线相同；终锻时，金属沿高度、长度方向均匀流动	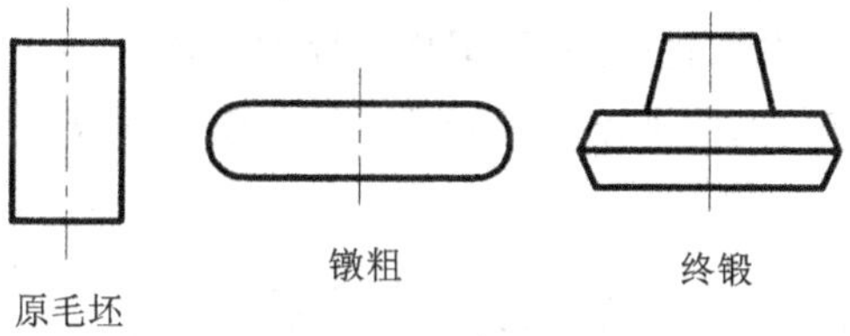	镦粗 （预锻） 终锻
长轴类	直轴类	锻件在分模面上的投影长度与宽度之比较大；锤击方向与坯料轴线垂直；终锻时，金属主要沿高度和宽度方向流动	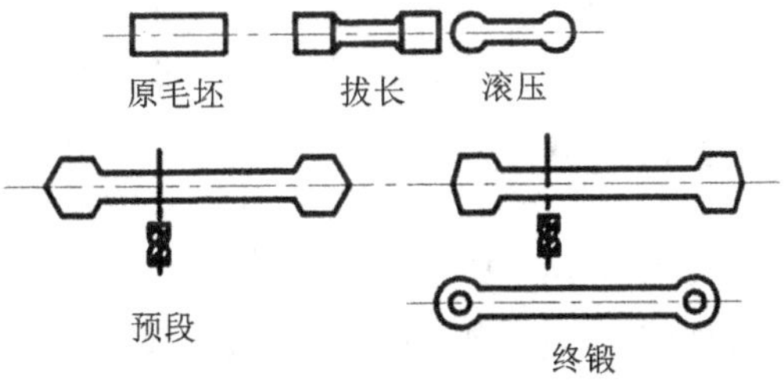	拔长 滚压 预锻 终锻
	弯轴类	轴线为弯曲线，其余特征与直轴类相似	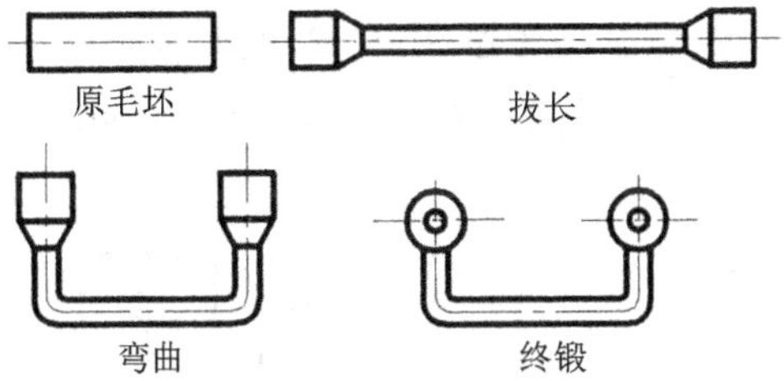	拔长 滚压 弯曲 （预锻） 终锻
	枝芽类	锻件在分模面上的投影具有局部突起；成形时，部分金属要向分枝流动	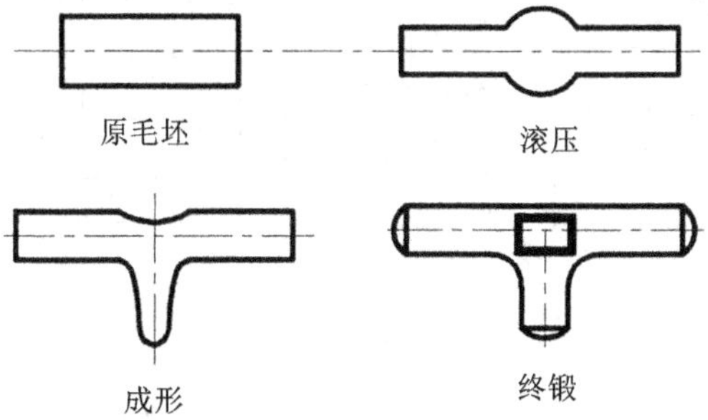	拔长 滚压 成形 （预锻） 终锻

④修整工序。坯料经终锻成形以后，需经过一系列修整工序，才能获得合格的模锻件。

a. 切边冲孔。在压力机上用专用的切边模和冲孔模切除锻件的飞边和连皮，如图 2-24 所示。

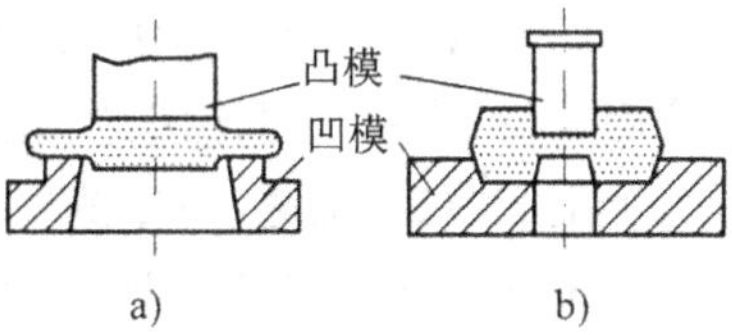

图 2-24 切边与冲孔

对于较大的锻件和变形抗力大的合金钢锻件常利用锻后金属的余热进行热切。而尺寸较小或精度要求较高的锻件以及铝合金锻件常采用冷切。主要理由是热切压力比冷切小得多，材料塑性好，不易产生裂纹；而冷切的切口光洁，锻件变形小，但所需压力较大。

b. 校正。在切边冲孔和其他工序中可能引起锻件变形，因此许多锻件，尤其是形状复杂的锻件，在切边冲孔后还需利用终锻模膛或专门的校正模进行校正。

c. 热处理。为了消除锻件的残余应力、过热组织或加工硬化等缺陷，使锻件具有所需要的力学性能，锻件需要采用正火或退火方法进行热处理。

d. 清理。清理的目的是去除锻件表面的氧化皮、毛刺、油污等，以便检查表面缺陷，提高锻件表面质量。常用的清理方法有酸洗、喷砂、喷丸和滚筒清理等。

e. 精压。对于精度和表面质量要求高的锻件，除进行上述修整工序以外，还要进行精压。精压有平面精压和体积精压 2 种，如图 2-25 所示。平面精压用来获得锻件某些平行平面的相关精度。体积精压用来提高模锻件所有表面的尺寸精度和表面质量。精压后锻件尺寸精度偏差可达±(0.10～0.25)mm，表面粗糙度 R_a 为 1.25～0.63 μm。精压后一般不再进行切削加工。

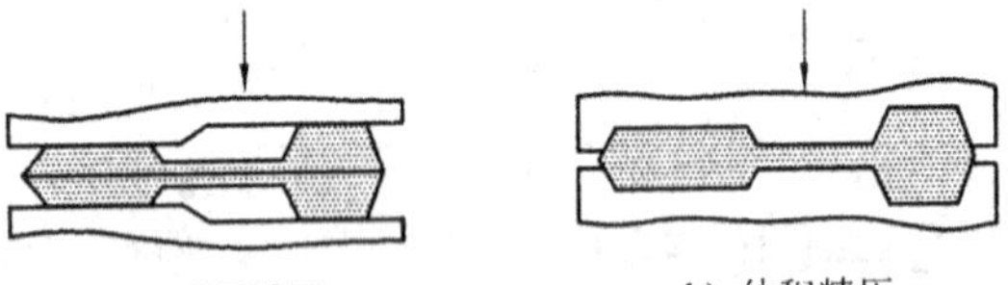

a) 平面精压　　b) 体积精压

图 2-25　精压

模锻工艺规程除上述内容外，还包括锻模的设计、选择模锻设备和确定加热规范等。

2.3.2.2　胎模锻

如图 2-26 所示，这种结构简单，形式多样，使用时不固定在砧座上，在自由锻设备上进行模锻的模具称为胎模，这种锻造方法称为胎模锻(loose tooling forging)。

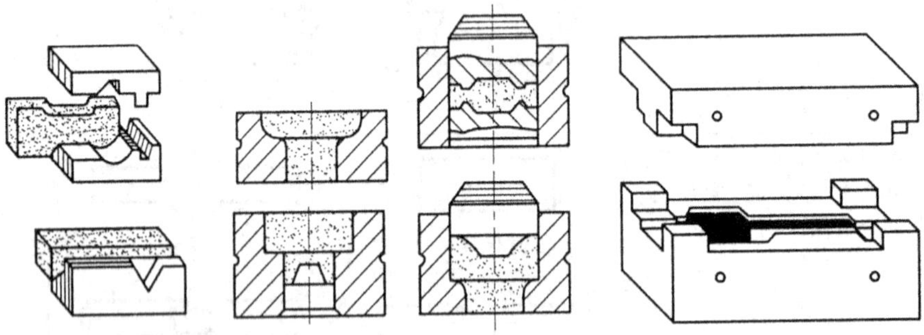

a)　b)　c)　d)

图 2-26　胎模的几种结构

胎模锻与自由锻相比，生产率较高，锻件精度高，表面粗糙度小；和模锻相比，模具和设备费用较低，使用方便，但锻件精度和生产率不如锤上模锻高，胎模寿命短。因此，胎模锻主要应用于生产中、小批量，小型多品种的锻件。

常用的胎模主要有以下 3 种类型：

1)扣模(button mold)。用来对坯料进行全面或局部扣形，主要生产杆状非回转体锻件(图 2-26a)。

2)套筒模(sleeve barrel die)。锻模呈套筒形,主要用于锻造齿轮、法兰盘等回转体类锻件(图 2-26b 和 c)。

3)合模(matched molds)。由上模和下模两部分组成。为使上下模准确对合,常用导柱等定位,并可开设飞边槽。它多用于生产形状较复杂的非回转体锻件,如连杆、拨叉等(图 2-26d)。

胎模锻在选取分模面时比较灵活,分模面的数量也可不止一个,而且同一锻件在不同的工序时可选择不同的分模面,因此胎模制造容易,锻件容易成形。

2.3.2.3 压力机上模锻

由于模锻锤特别是大吨位模锻锤,在工作中震动和噪声大,劳动条件差,耗能多,因此,各种压力机上模锻应用越来越普遍,而且不同的压力机上模锻各有其工艺特点。

1)热模锻压力机上模锻。热模锻压力机有 2 种形式,分别是热模锻曲柄压力机(简称曲柄压力机)和楔式热模锻压力机。

曲柄压力机(crank press)的工作机构是曲柄滑块,其传动系统如图2-27 所示。电动机1 的运动经带轮2,3 和齿轮5,6 带动曲柄连杆机构的偏心轴8 和连杆9,再带动滑块10 沿导轨做上下往复运动。锻模的上模固定在滑块上,而下模固定在楔形工作台 11 上。

楔式热模锻压力机(wedge press)的传动原理与一般曲柄压力机基本相同,惟一的差别是楔式热模锻压力机在曲柄连杆和滑块之间附加一楔块进行传动,如图 2-28 所示。该楔块大大提高了压力机的刚度,减小了压力机的弹性变形。而且楔块使滑块承载面积增大,使压力在滑块上部表面均匀分布,故滑块能承受较大的偏心载荷,更有利于实现多模膛模锻。

与锤上模锻相比,热模锻压力机上模锻具有以下结构和工艺特点:

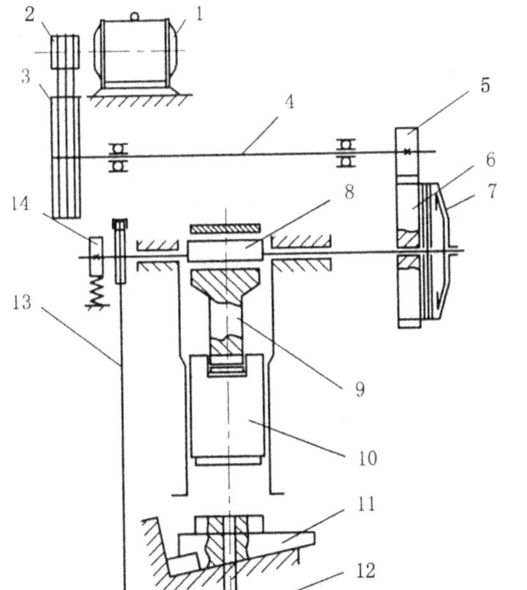

图 2-27 热模锻曲柄压力传动系统

1-电动机 2,3-带轮 4-传动轴 5,6-齿轮 7-离合器 8-偏心轴 9-连杆 10-滑块 11-楔形工作台 12-下顶杆 13-拉杆 14-掣动器

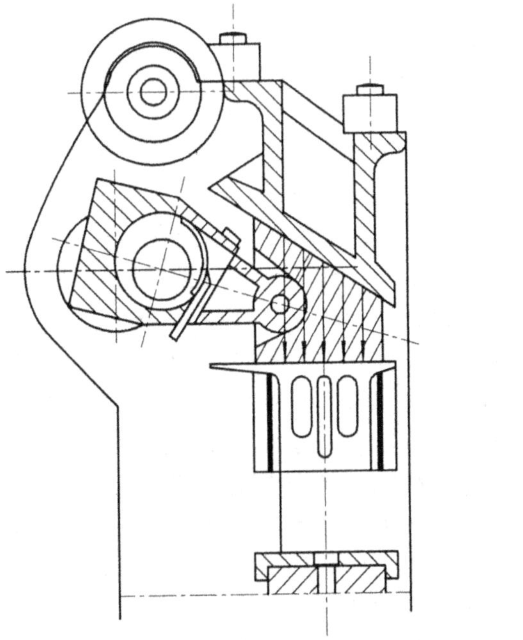

图 2-28 楔式热模锻压力机

①压力机的滑块接近最低点时，速度很慢，坯料变形力是静压力，因此，震动和噪声小，劳动条件好。

②滑块和工作台都有顶出装置，锻造结束时，自动从模膛中顶出锻件，因此，模锻斜度小，锻件质量高。

③机身刚度大，导轨与滑块间隙小，导向性好，运动精度高，因此，公差和余量小，锻件质量高。

④滑块行程一定，每个工步滑块都在一次行程中完成，因此，公差和余量小，锻件质量高；便于实现机械化和自动化，生产率高；不宜进行滚压和拔长工步，氧化皮也不易去除；为了使金属充满模膛，变形量不宜过大，坯料在终锻前常采用预成形和预锻工步。图2-29中a，b，c为经预成形、预锻和终锻成形的齿轮模锻工步。

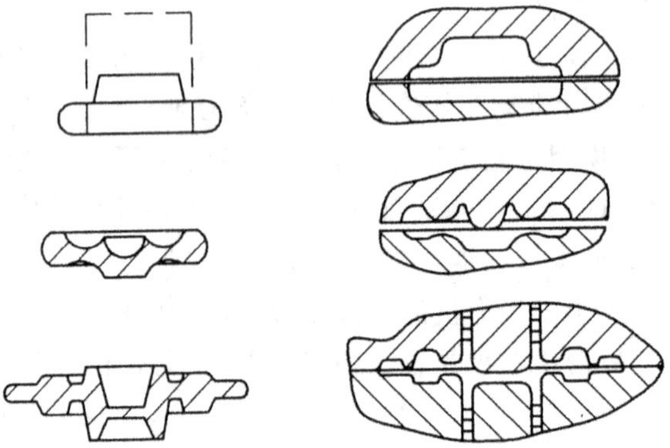

图2-29 曲柄压力机上模锻齿轮工步

⑤压力机结构复杂，造价高。因此，热模锻压力机上模锻适合于大批量生产，许多大型企业都以模锻压力机作为模锻生产流水线或自动线上的主体设备。

2）平锻机上模锻。平锻机（horizontal forging machine，upsetter）的主要结构与曲柄压力机相同，只是滑块作水平运动，故称为平锻机，如图2-30所示。平锻机的结构特点是有2个沿相互垂直方向运动的主滑块9和夹紧滑块（副滑块）13；平锻机的锻模由三部分组成，分别是固定凹模12、活动凹模13和凸模10。活动凹模装夹在夹紧滑块上，凸模装在主滑块9上。主滑块由曲柄连杆推动，夹紧块则由凸轮机构通过杠杆14带动活动凹模作横向开合运动。

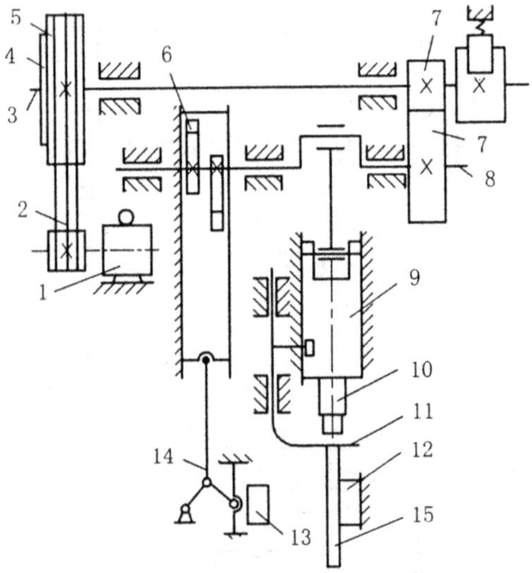

图2-30 平锻机传动图

1-电动机 2-V带 3-传动轴 4-离合器 5-带轮 6-凸轮 7-齿轮 8-曲轴 9-主滑块 10-凸模 11-挡料板 12-固定凹模 13-副滑块和活动凹模 14-杠杆 15-坯料

平锻机上模锻过程如图2-31所示，将一端部已加热的棒料放入固定模1内，并由挡料板4轴向定位，活动模2将棒料夹紧，挡料板4自动退出，凸模运动将棒料局部镦粗，然后，凸模退出，活动凹模松开，挡料板复位，取出锻件。上述过程是在曲轴旋转一周的时间内完成的。

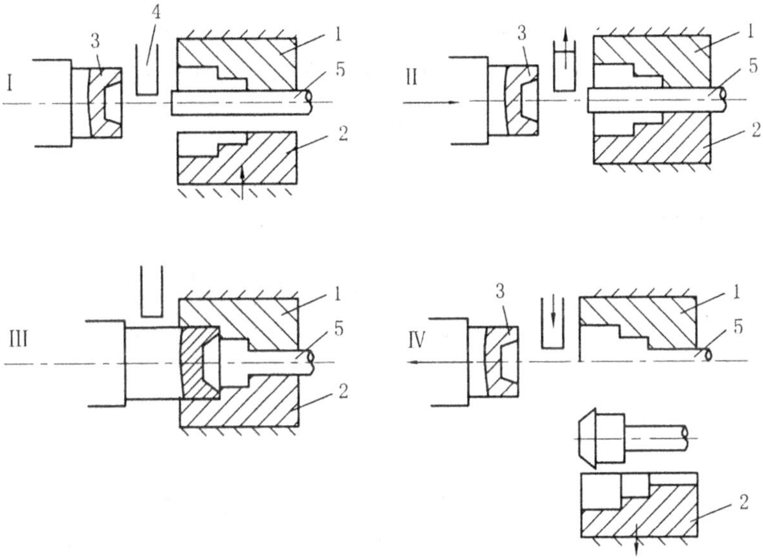

图 2-31 平锻机上模锻过程

1-固定模 2-活动模 3-冲头 4-挡料板 5-坯料

平锻机上模锻最典型的锻件是头部变形的杆类和有孔(通孔或不通孔)的锻件，它以局部镦粗为主，也可进行压肩、冲孔、弯曲和切断等工步。

3)螺旋压力机上模锻。螺旋压力机(screw press)按照传动方式的不同，分为摩擦螺旋压力机和液压螺旋压力机。

摩擦压力机(friction screw press)的传动系统如图 2-32 所示。它是靠飞轮积蓄能量，螺杆和滑块向下运动进行锻造的。摩擦盘3 连续旋转，而且可通过操纵机构沿轴向往复运动，于是飞轮 4 可分别与两摩擦盘接触而获得不同方向的旋转，并带动螺杆 5 通过螺旋传动使滑块上下运动，实现模锻生产。

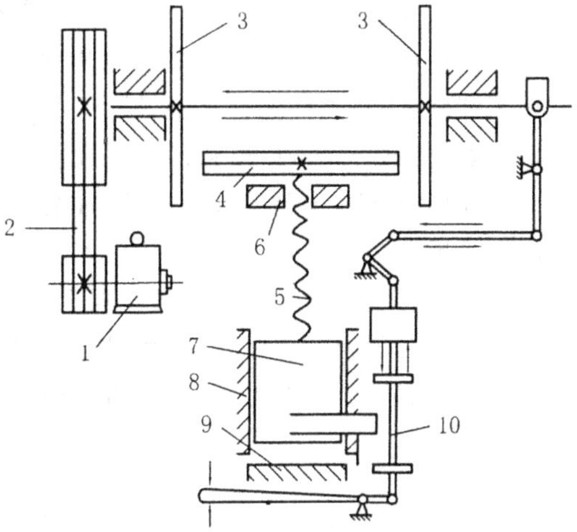

图 2-32 摩擦压力机传动系统

1-电动机 2-三角带 3-摩擦盘 4-飞轮 5-螺杆 6-螺母 7-滑块 8-导轨 9-工作台 10-操纵机构

摩擦压力机上模锻的特点：

①摩擦压力机结构简单，造价低，使用维护方便，但螺旋传动效率低，适用于中小型工厂的模锻生产。

②工艺适应性好。摩擦压力机滑块行程可像锻锤一样自由调节，可实现轻打、重打，可在一个模膛内实现多次锻打。它不仅能满足各种主要成形工序的要求，还可进行弯曲、压印、热压、精压、切飞边、冲连皮和校正等工序。

③与锻锤相比，滑块运行速度低，锻打频率低，因此，生产率低，主要用于中、小型锻件的批量生产；金属变形过程中的再结晶可以充分进行，适合于再结晶速度慢的低塑性合金钢和有色金属的模锻。

④承受偏心载荷能力低，因此，通常只宜使用单模膛进行模锻。

液压螺旋压力机是依靠液压缸或液压马达直接驱动飞轮转动的，最大压力可达 63 000 kN，而摩擦压力机吨位在 630～10 000 kN 之间。

2.4 板料冲压成形

板料冲压(sheet metal forming)是通过装在压力机上的冲模对板料施压，使之产生分离或变形，从而获得一定形状、尺寸和性能的零件或毛坯的加工方法。板料冲压通常是在常温条件下加工的，故又称为冷冲压(cold sheet forming)。只有当板料厚度超过10 mm 时，才采用热冲压(hot sheet forming)。

板料冲压具有以下特点：

①可制造其他加工方法难以加工或无法加工的、形状复杂的薄壁零件；

②可利用塑性变形的加工硬化作用提高制件的力学性能，从而获得质量轻、强度和刚度较高的零件，并且降低了材料消耗；

③产品具有足够高的精度和较低的表面粗糙度，互换性能好；

④冲压操作简单，工艺过程便于机械化和自动化，生产率很高，从而也大大降低了成本；

⑤冲压模具结构复杂，加工精度要求高，制造费用大，因此，板料冲压适应于大批量生产。

板料冲压应用范围很广，几乎在一切金属制造部门都有应用。特别是在汽车、拖拉机、航空、电器、仪表、国防和日用品生产中都占有重要的地位。

冲压所用的原材料，特别是制造中空的杯状产品时，必须具有足够的塑性，常用的金属板材有低碳钢、高塑性的合金钢、铜、铝、镁及其合金等。有些非金属材料如石棉板、硬橡胶、皮革、绝缘纸、纤维板等也广泛采用冲压成形。

冲压生产的主要设备是冲床，其结构和工作原理和前述曲柄压力机相同，只是用冲压模具代替了模锻模具。

板料冲压的基本工序分为分离工序和变形工序两大类。分离工序是指板料的一部分与另一部分相对分离的工序，如冲裁、切口、切边和剪切等。变形工序是指板料一部分相对另一部分产生位移而不破裂的工序，如弯曲、拉深、成形、翻边、缩口和旋压等。

2.4.1 冲裁

冲裁(blanking)是使坯料按封闭轮廓分离的工序，包括落料和冲孔。这 2 种工序的板料分离过程和模具结构是相同的，只是用途不同。冲孔是为了获得板料上的孔，而落料则是指冲落件为所需要的工件。

2.4.1.1 冲裁变形过程

冲裁变形过程如图 2-33 所示，一般分为 3 个阶段：

①弹性变形阶段。凸模向凹模运动，从接触板料开始，使其发生弹性压缩变形；凸模继续运动，由于凸凹模之间间隙的存在，材料被稍许挤入凹模，并发生弯曲和拉伸变形。

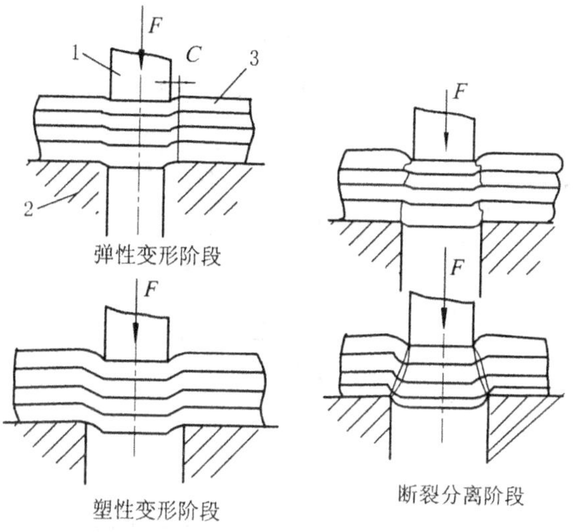

图 2-33 板料冲裁变形与分离过程

1-凸模 2-凹模 3-工件

②塑性变形阶段。凸模继续压入，材料内应力增加，当材料内应力达屈服极限时便产生塑性变形。塑性变形程度随着凸模的继续运动而逐渐增大，变形区材料硬化加剧，同时在凸凹模锋利的刃口处产生应力集中，进而出现微裂纹。至此，冲裁变形力达到最大值。

③断裂分离阶段。凸模继续压入，已产生的上下微裂纹逐渐向材料内部扩展延伸、相遇重合，材料便断裂分离。

总之，普通冲裁的机理是两向裂纹扩展，相遇的分离机理如图 2-34 所示，冲裁件被剪断分离后，冲裁断面明显分为四部分：a. 圆角带；b. 由于凸模或凹模的挤压作用，冲裁断面有明显的光亮带；c. 材料在剪断分离时被撕裂所形成的表面粗糙的断裂带；d. 由撕裂产生的毛刺。冲裁件的断面质量主要与凸凹模之间的间隙（即冲裁间隙）、刃口锋利程度有关。同时也受到模具结构、材料性能和板料厚度等因素的影响。

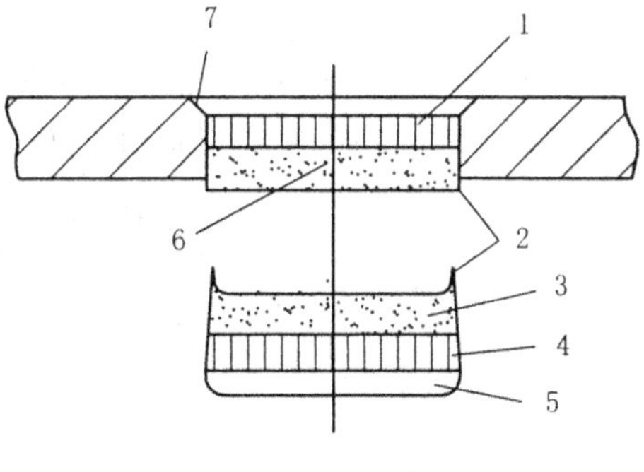

图 2-34 冲裁断面的特征

1,4-光亮带 2-毛刺 3,6-断裂带 5,7-圆角带

2.4.1.2 冲裁间隙

冲裁间隙（blanking clearance）不仅严重影响冲裁的断面质量，而且影响模具寿命、冲裁力、卸料力和冲裁件的尺寸精度。

间隙合理时，上下剪裂纹基本重合，工件断面较光洁，毛刺最小（图 2-35a）；间隙过小，材料中的拉应力较小，压应力增大，裂纹产生受到抑制，材料直到被压入一定深度后才产生裂纹，在拉应力作用下，凸模刃口处的裂纹外错，上下裂纹不重合，形成夹层和毛刺（图 2-35b）；间隙过大，材料中拉应力增大，塑性变形过早结束，这时材料被压入凹模很少，但裂纹已经产生了，在拉应力作用下，凸模刃口处的裂纹内错，光亮带较小，剪裂带和毛刺均较大（图 2-35c）。

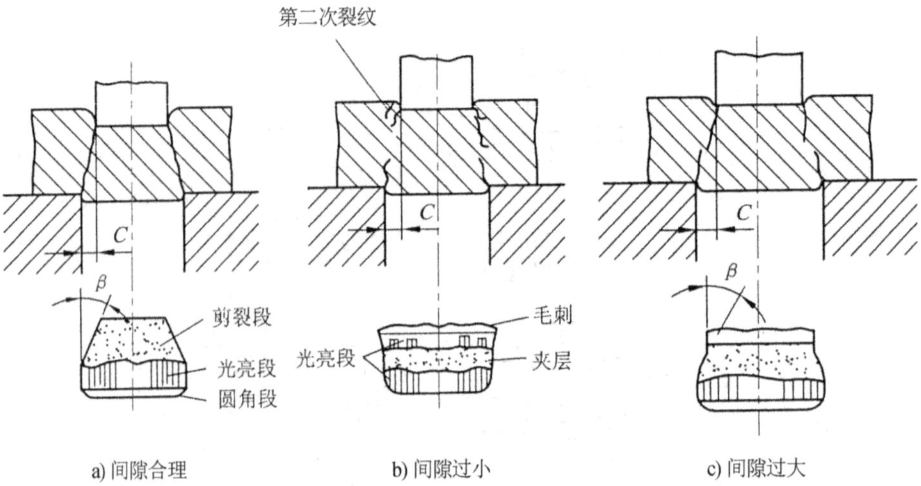

图 2-35 间隙对冲裁件断面质量的影响

间隙也是影响模具寿命和冲裁力的最主要因素。冲裁间隙越小，材料给模具挤压力越大，凸凹模的磨损越大。另处，在模具的制造和装配中也存在误差，凸凹模之间各种非理想配合（如两模的同轴度）也会加大模具的磨损，影响模具寿命。凸凹模摩擦越大，冲裁力则越大。因此，选择冲裁间隙时，既要考虑冲裁断面质量和模具寿命要求，又要考虑模具的制造误差和模具在使用中的磨损。合理的间隙可查表确定。如表 2-9 所示，也可按经验公式确定。

$$C=mt \tag{2-13}$$

式中：C 为冲裁单面间隙（mm）；t 为冲裁板料厚度（mm）；m 为与材料性质及板厚有关的系数，通常 $m=3\%\sim8\%$，软材、薄板取小值，反之取大值。

表 2-9 冲裁模初始单面间隙（C）（节选） mm

材料厚度	08,10,35,09Mn Q235		16Mn	
t	C_{min}	C_{max}	C_{min}	C_{max}
0.5	0.020	0.030	0.020	0.030
0.8	0.036	0.052	0.036	0.052
1.0	0.050	0.070	0.050	0.070
1.2	0.063	0.090	0.066	0.090
1.5	0.066	0.120	0.085	0.120
2.0	0.123	0.180	0.130	0.190

2.4.1.3 凸凹模刃口尺寸的确定

模具的刃口尺寸直接影响到冲裁件的尺寸和质量的稳定性。决定冲裁模刃口尺寸的是不同的冲裁工序和模具的磨损。

①冲孔件的尺寸取决于凸模的尺寸，落料件的尺寸取决于凹模的尺寸。

②冲裁过程中的磨损会使凹模尺寸增大，凸模尺寸减小。

因此，为满足不同冲裁工序对模具尺寸的要求，保证模具有足够的使用寿命，设计冲孔模时，先确定凸模的尺寸，凸模的最大极限尺寸应等于工件孔的最大极限尺寸，凹模的尺寸应等于凸模的尺寸加合理间隙值2C；设计落料模时，先确定凹模的尺寸，凹模的最小极限尺寸应等于工件的最小极限尺寸，凸模的尺寸应等于凹模的尺寸减去合理间隙2C。

2.4.1.4 冲裁力的计算

计算冲裁力的目的是为选择冲压设备和设计、检验模具强度提供依据。平刃冲模的冲裁力按下式计算。

$$F = KLt\tau \approx Lt\sigma_b \tag{2-14}$$

式中：F 为冲裁力(N)；L 为冲裁周边长度(mm)；t 为板料厚度(mm)；τ 为材料抗剪强度(MPa)；σ_b 为材料抗拉强度(MPa)；K 为安全系数，它与模具刃口的磨损，冲裁间隙不均，材料性能和板厚偏差等因素有关，一般 $K=1.3$。

2.4.2 弯曲

弯曲(bending)是利用模具或其他工具将坯料一部分相对另一部分弯曲成一定的角度、圆弧或形状的工序。弯曲过程及典型弯曲件如图2-36所示。曲率发生变化的部分为变形区，变形区内侧受压力，外侧受拉力，板料中间有一层材料既不受压缩也不受拉伸，称为中性层。

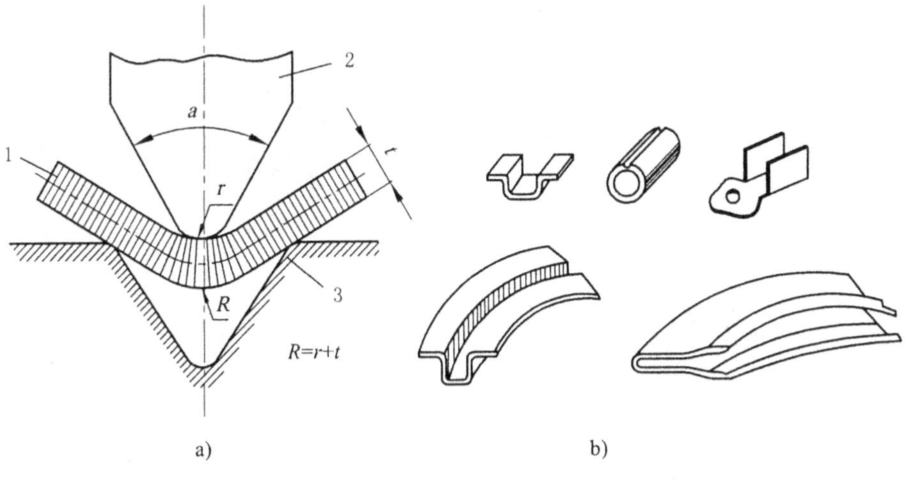

图2-36 弯曲过程中金属变形简图

a)弯曲过程 b)弯曲产品

2.4.2.1 弯裂和起皱

材料弯曲时，变形区最外层金属受切向拉应力最大，切向伸长变形也最大，当最大拉应力超过材料强度极限时，会导致弯裂，变形区内侧金属也会因受压应力过大而起皱。

弯曲时常用相对弯曲半径(r/t)来表示材料弯曲变形程度，材料越厚，弯曲半径越小，表明其变形程度越大。为防止弯裂，应使最小相对弯曲半径 $r_{min}/t \geqslant 0.25$，材料塑性好，相对弯曲半径可小些。另外，材料弯曲时的拉应力如果与纤维方向一致，则不易弯裂。

2.4.2.2 弹复

材料弯曲变形以后，去除外力，其中的弹性变形部分将恢复，从而使坯料产生与弯曲变形方向相反的变形，这种现象称为弹复(spring back)，亦称回弹。

影响弹复值大小的因素很多，主要有材料的弹性、板料厚度、弯曲形状、相对弯曲半径及弯曲力大小等。一般在设计弯曲模时，使模具角度比制品角度小一个回弹角。工件精度要求高时，还可增加校正工序。

2.4.3 拉深

拉深(drawing，又称拉延)是利用模具将平板落料件变形成开口空心零件的工序。拉深模与冲裁模构造相似，但其凸凹模间隙较大，也没有锋利的刃口。

2.4.3.1 拉深过程

将直径为D_0的板坯拉深成直径为d，高度为H的筒形件，其拉深过程如图2-37所示。拉深过程中处于凸模底部的筒底金属基本不变形，只起传递拉力的作用，受一定的径向和切向拉应力；筒壁部分由坯料的外径D_0减去工件直径d的环形部分所组成，主要受拉力作用，厚度有所减少，它是凸缘部分经塑性变形后转化而成；筒壁与筒底的过渡圆角部被拉薄最严重；凸缘区是主要的拉深变形区，这部分金属在径向拉应力和切向压应力作用下，不断切向收缩并被拉入凹模转化为筒壁。

2.4.3.2 拉深中的质量问题

拉深中最常见的质量问题是拉裂(也称拉穿)和起皱(wrinkles)，如图2-38所示。

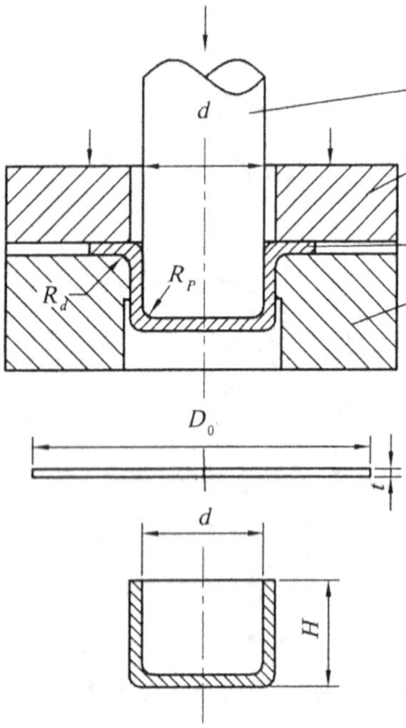

图2-37 拉深过程

1-凸模 2-压边圈 3-板料 4-凹模

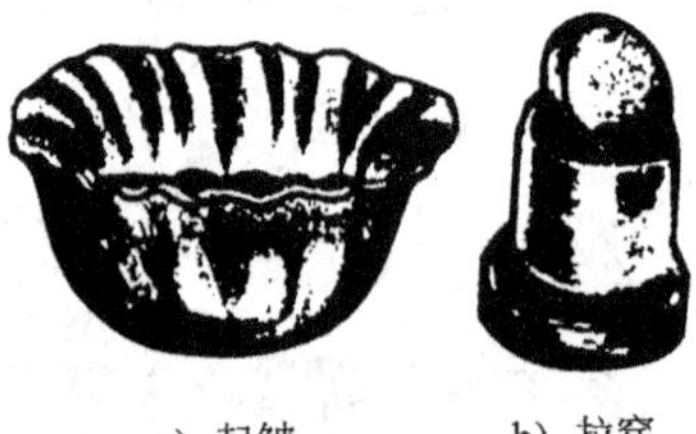

a) 起皱 b) 拉穿

图2-38 拉深废品

由于凸缘部分为拉深变形区，材料受到很大的切向压应力作用，越靠近外缘部分，材料的最终切向收缩量越大，压应力越大，从而导致材料失稳起拱而发生起皱。拉裂则发生在筒壁与筒底的过渡圆角处，主要是由于该区开始受拉时，材料主要受拉力作用，而凸缘部分塑性变形形成筒壁时，材料不但径向受拉应力，而且切向也受较大压应力，这样一来，过渡圆角成形时所需的拉应力比筒壁成形时所需的拉应力要大；另外，过渡圆角处不仅发生拉伸变形，还要发生弯曲变形。因此，板料拉深时过渡圆角处材料减薄最多，如果在拉深过程中，金属塑性变形过大，硬化作用则很强，拉深变形阻力就很大，当拉应力超过材料的强度极限时，裂纹将首先在圆角区域产生，并进而导致拉裂形成废品。

防止拉深时出现起皱和拉裂，常采取如下措施：

①限制拉深系数。板料拉深的变形程度通常用拉深系数(drawing coefficient)表示：

$$m=d/D_0 \tag{2-15}$$

式中：d 为拉深后的工件直径(mm)；D_0 为拉深前坯料直径(mm)。

m 值越小，表示拉深件直径相对越小，拉深变形程度越大，坯料被拉入凹模越困难，工件越易被拉穿和起皱。能保证拉深过程正常进行的最小拉深系数称为极限拉深系数，一般情况下极限拉伸系数不小于0.8，也可查阅有关表格确定。当拉深系数过小时，应采用多次拉深工艺(图2-39)，每次拉深系数分别为：第一次 $m_1=d_1/D$；第二次 $m_2=d_2/d_1$；第 n 次 $m_n=d_n/d_{n-1}$；总拉深系数：$m=m_1\times m_2\times\cdots\cdots\times m_n=d_n/D$。

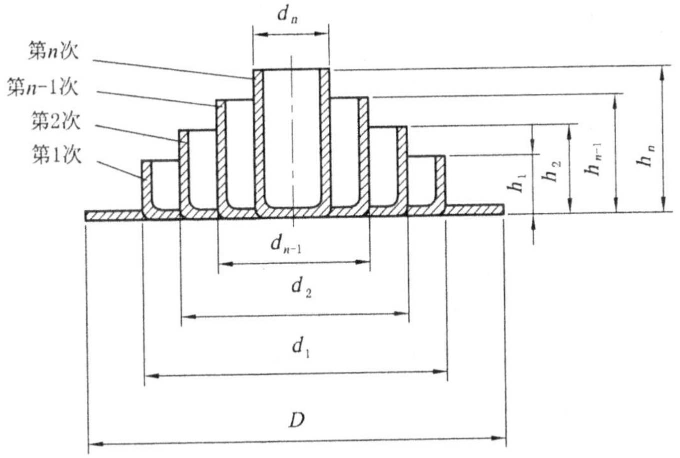

图2-39 多次拉深时圆筒直径的变化

②凸凹模的圆角半径。拉深模工作部分必须作成圆角(图2-37)，凹模圆角半径 $R_d=(5\sim20)t$，凸模圆角半径 $R_p\leqslant R_d$。但凸凹模圆角半径过大，材料易起皱。

③凸凹模间隙。间隙过小，模具与拉深件间摩擦力增大，容易擦伤工件，甚至拉裂，也会降低模具寿命。间隙过大，又容易使拉深件筒壁起皱。一般取间隙 $C=(1.1\sim1.5)t$。

④采用压边圈进行拉深，可有效防止起皱，但压边力太大时易造成拉断，太小时则不起作用。

⑤润滑可以减少摩擦，降低拉应力，减少模具磨损。

⑥坯料的相对厚度 t/D_0 较大时，可减小起皱倾向。

2.4.4 翻边

翻边(flanging)是将工件的内孔或外缘翻成竖立边缘的冲压工序，如图2-40所示。

内孔的翻边过程如图2-41所示，变形区是外径为 d_1，内径为 d_0 的圆环区。翻边时，变形区金属内部产生切向和径向拉应力，且切向拉应力 σ_θ 远大于径向拉应力 σ_r。在孔缘处，$\sigma_r=0$，而 σ_θ 达最大值，即此处切向深长量最大，因而容易产生口部裂纹。因此，内孔翻边高度不宜过大。

翻边时材料的变形程度常用翻边系数 K 来表示：

$$K=d_0/D$$

式中：d_0 为翻边前的孔径(mm)，见图2-40；D 为翻边后的内径(mm)。

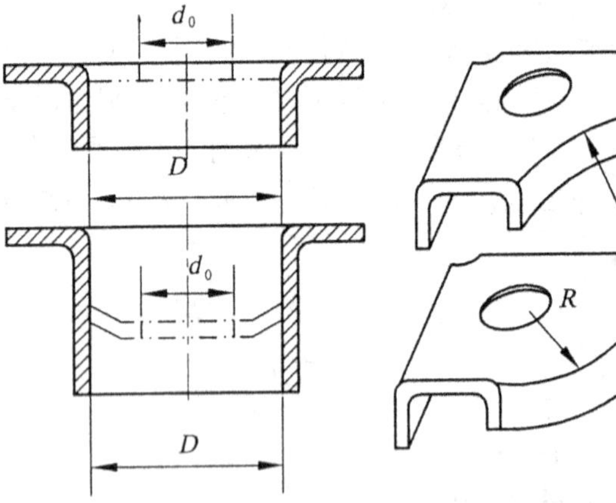

a) 孔翻边　　b) 外缘翻边

图 2-40　翻边

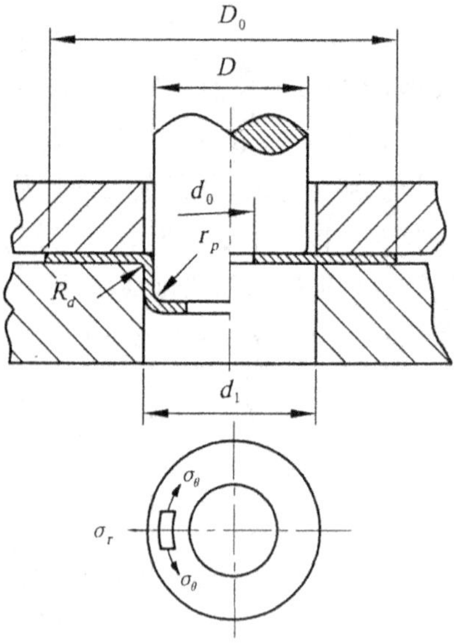

图 2-41　内孔翻边过程

不同材料的翻边系数可查阅有关手册。当零件所需凸缘高度较大时，K 值过小，则可采用先拉伸、后冲孔（由 K 计算得到的容许孔径）、再翻边的工艺流程来实现。

2.4.5　成形

成形主要包括胀形、起伏以及某些半成品或坯料的其他局部成形方法。

2.4.5.1　胀形

胀形（bulging）是使半成品内径胀大的冲压成形工艺。常见的有机械（刚模）胀形、橡皮（软模）胀形和液压胀形等（图 2-42 至图 2-44）。

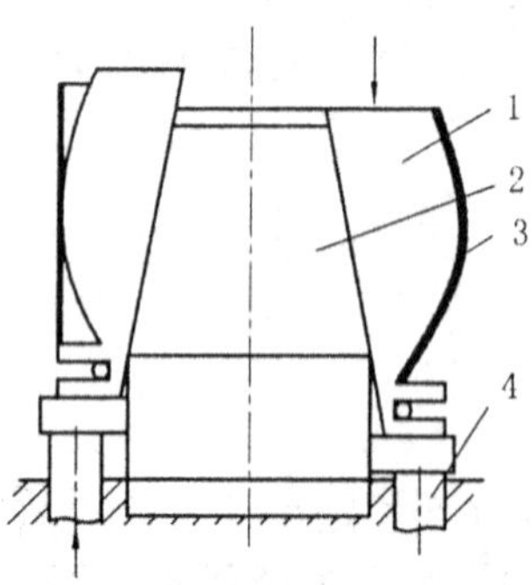

图 2-42　刚模胀形

1-分瓣凸膜　2-芯子　3-工件　4-顶杆

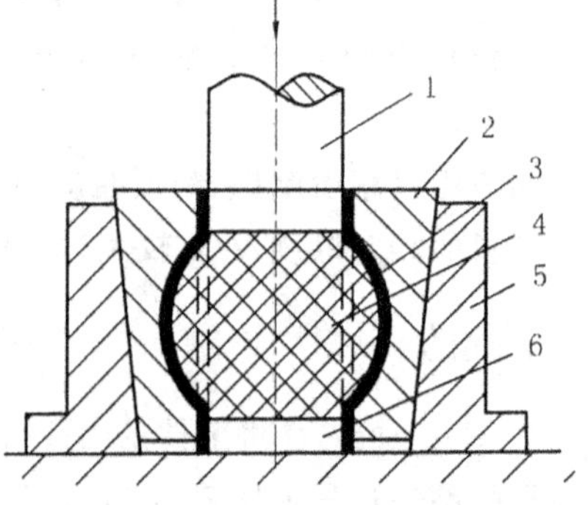

图 2-43　软模胀形

1-凸模　2-凹模　3-工件　4-橡胶　5-外套　6-垫块

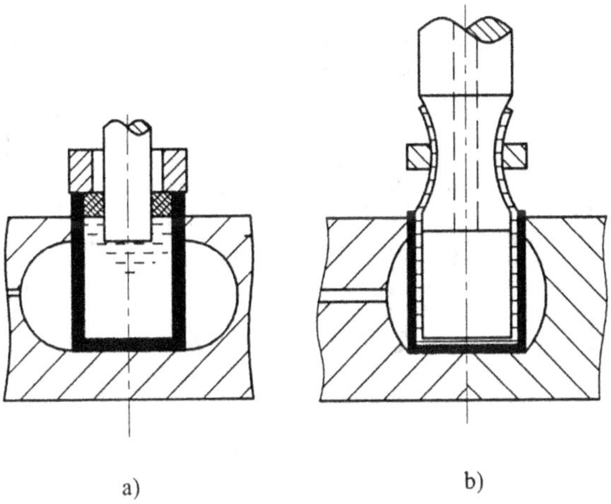

图 2-44 液压胀形

2.4.5.2 起伏

起伏(raising,embossing)是利用局部变形使材料被压制出各种形状的凸起或凹陷的冲压工艺。常常用于在薄板上制出筋条提高制件的刚度,也用来压制文字和花纹等。图2-45为采用橡胶凸模和刚性凹模压制筋条的方法。

除了上述板料冲压工序以外,还有缩口(或称收口)、旋压等方法,如图2-46所示。

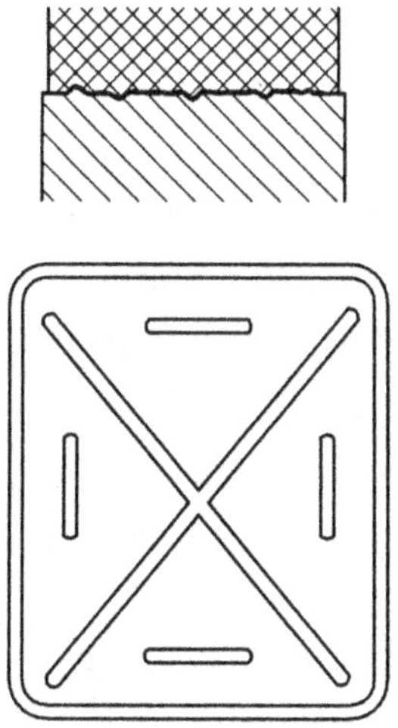

图 2-45 起伏压筋

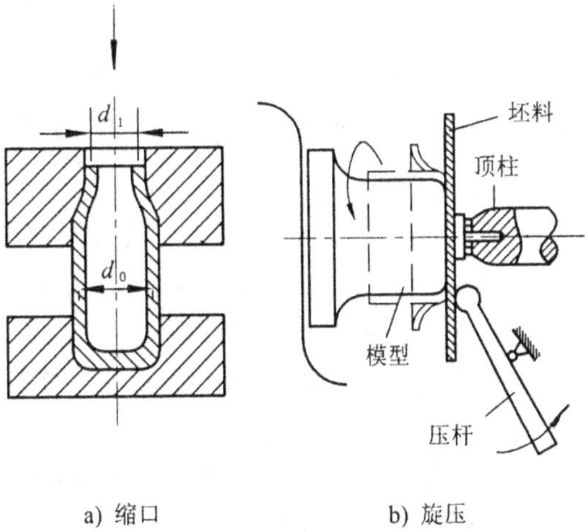

图 2-46 缩口和旋压

2.4.6 冲压工艺举例

形状复杂的冲压件,往往需要几个基本工序的组合才能完成。图2-47是黄铜弹壳的冲压过程,因为变形程度较大,工序间还要安排多次退火。

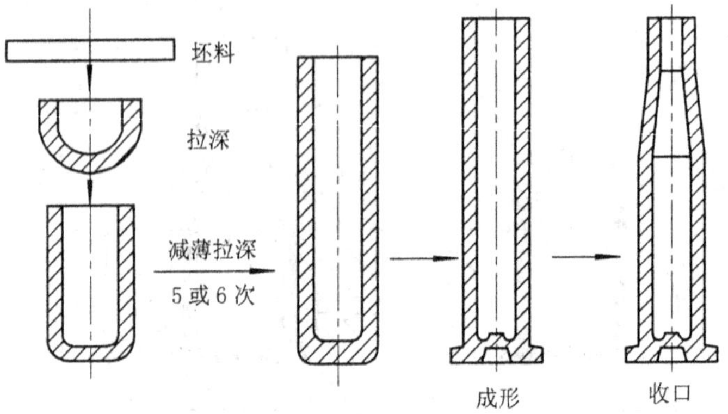

图 2-47 黄铜弹壳的冲压过程

2.5 其他塑性成形工艺

随着工业生产的不断发展，对压力加工工艺提出了越来越高的要求，不仅要生产各种毛坯，而且要求直接生产更多种零件。因此，塑性成形工艺领域出现了许多有别于传统加工工艺的成形方法，如精密模锻、精密冲裁、挤压成形和轧制成形等。这些方法的主要特点是：①锻压件形状和尺寸更接近零件，从而实现少、无切削加工；②易于实现机械化和自动化，生产率更高；③特别是适应了新型材料和加工工艺的要求。

2.5.1 精密模锻

普通模锻件的尺寸精度很低，表面粗糙度值R_a大于12.5 μm。而精密模锻件的尺寸精度可达IT12～IT15，表面粗糙度R_a可达1.6～3.2 μm。精密模锻的工艺特点如下：

①毛坯质量和精度要求高。精确计算原始坯料的尺寸，严格下料，一般要求毛坯质量误差不大于±2%。毛坯表面无氧化皮、夹杂物、裂纹、折叠、凹坑等缺陷。

②模具精度要求高。模膛的尺寸精度一般比锻件高2级，重要部分的粗糙度$R_a<1.6$ μm，一般部位$R_a=1.6$～3.2 μm，而且锻模要有导向装置和顶出装置，以便准确合模，减小或取消模锻斜度。

③选用精度高、刚度大的模锻设备，如热模锻压力机、摩擦压力机、液压机或高速锤等。

④良好的模膛润滑。

⑤适当的锻件冷却。精密模锻多为一次成形，锻后锻件温度仍很高，约为1 000℃，甚至更高，为防止氧化，锻件应在保护介质（如干燥的细砂、石棉粉等）中冷却。

2.5.2 旋转模锻

旋转模锻（radial forging ）又称径向锻造，是在旋转锻造机上，对轴向旋转进给的棒料或管料施加径向脉冲冲击力，使坯料横截面积减小，从而获得沿轴线具有不同或相同截面锻件的一种工艺方法。旋转模锻设备可分为滚柱式旋转锻造机和径向精密锻造机。图2-48为滚柱式旋转锻造示意图。

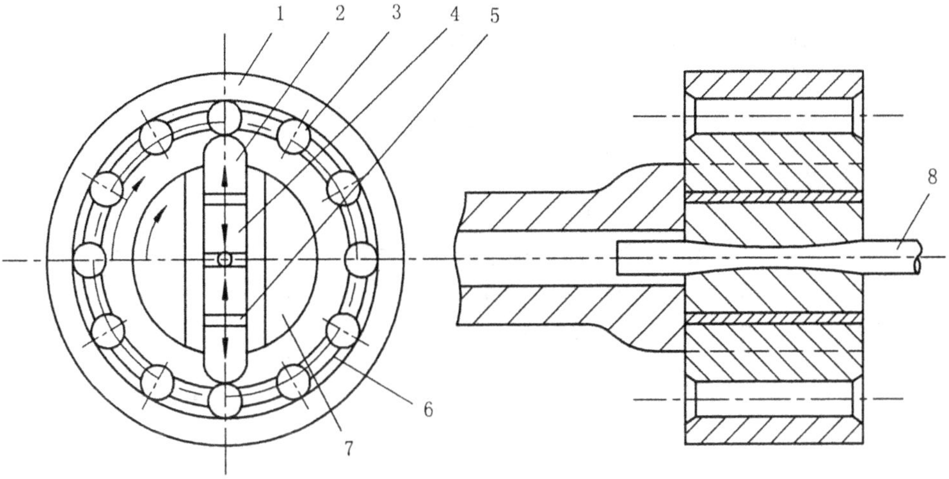

图 2-48 滚柱式旋转锻造工作示意图

1-外环 2-滑块 3-滚柱 4-锻模 5-调整垫片 6-夹圈 7-主轴 8-毛坯

主轴7和装在其槽内的滑块2、锻模4一起旋转，当滑块2和锻模4与一对滚柱3在一条直线上时，滚柱3便压迫滑块2，迫使滑块2和锻模4向主轴7中心运动，锻造毛坯。主轴7继续旋转离开此位置后，靠离心力作用，滑块2反向运动，锻模4开启，完成一次锻造过程。

旋转锻造具有脉冲加载和多向锻打的特点，其脉冲频率高，为180～1 800次/min。而且坯料处于三向压应力状态下变形，且变形量很小，有利于提高金属的塑性。因此，旋转锻造不仅适用于一般锻造材料，也适用于高强度、低塑性的高合金钢，如钨、钼、铌合金等。

旋转锻造采用热锻时，锻件精度可达IT7～IT8，R_a 为3.2～6.3 μm；冷锻时，精度可达IT5～IT6，R_a 达0.4～0.8 μm。锻造流线分布合理，自动化程度高，生产率高。主要适应于各种长轴类锻件的内表面或外表面的成形。

2.5.3 精密冲裁

精密冲裁件的尺寸精度为IT7～IT9，表面粗糙度 R_a 可达0.4～3.2 μm，和普通冲裁件经修整后的质量相当。这种方法特别适应于仪器仪表精密件的大批量生产，如钟表、精密仪表、照相机等生产领域。

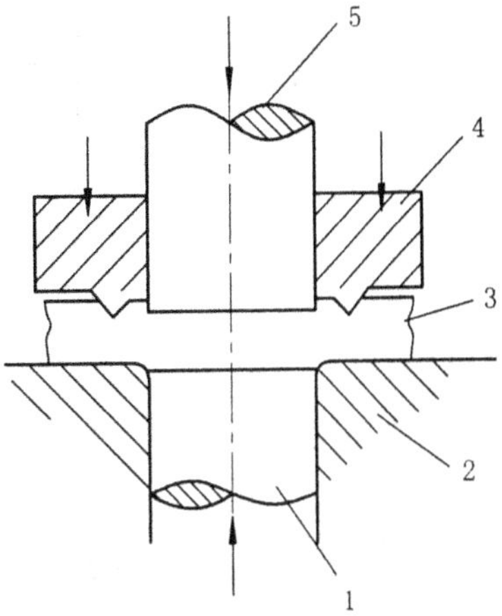

图 2-49 精密冲裁原理图

1-顶出器 2-凹模 3-板料 4-齿圈 5-凸模

精密冲裁的工艺特点：

①精密冲裁模具(图2-49)增设了V形齿圈压板和顶出器。冲裁时，压边圈的V形齿首先压入板料，顶杆又从另一面施加反向顶力，凸模下压后，V形齿圈以内的坯料处于三向压应力状态。它克服了普通冲裁过程中的弯曲—拉伸—撕裂现象，使板料在不出现剪裂纹的条件下以塑性变形的方式实现分离。

②采用极小的冲裁间隙(单面间隙取板厚的0.5%)，

以减小变形金属在冲裁过程中的拉应力。

③凹模刃口做成0.01～0.03 mm 的小圆角，以消除应力集中，故此处不会产生由拉应力引起的宏观裂纹。

④冲裁坯料必须具有良好的塑性，一般情况下，坯料在精密冲裁前要进行软化退火处理。

2.5.4 挤压成形

挤压成形(extrusion)是金属坯料在压力作用下自挤压模的模孔中被挤出，从而获得零件或毛坯的加工方法(图2-50)。这种方法最初用来生产各种异型截面的型材和管材，后来逐渐发展成广泛用来制造各种零件。挤压成形的工艺特点如下：

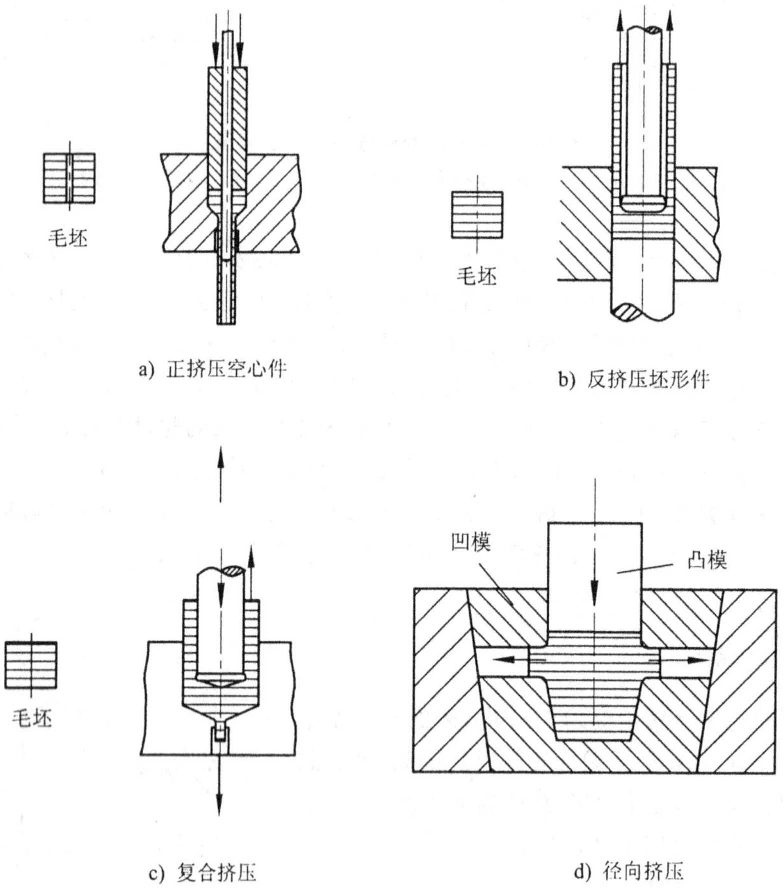

a) 正挤压空心件　b) 反挤压坯形件　c) 复合挤压　d) 径向挤压

图2-50　挤压成形

1)挤压时金属材料处于三向压应力状态下，提高了塑性，因而对塑性较差的一些金属也可进行挤压成形。可挤压的材料不仅有铜、铝、钝铁、碳钢、合金结构钢和不锈钢等，而且在一定的变形量下，某些高碳钢、轴承钢、甚至高速钢等也可用于挤压。

2)零件精度高，表面粗糙度低。一般尺寸精度可达IT6～IT7，表面粗糙度 R_a 为0.4～3.2 μm，从而达到少、无屑加工的目的。

3)提高了零件的机械性能。挤压后零件内部的组织纤维是连续的并沿零件外形分布。

4)可以挤压出各种形状复杂、异型截面、薄壁、深孔的零件。

5)材料利用率高,可达70%;生产率也很高。

6)挤压生产的变形抗力较大。

根据金属的流动方向与挤压凸模的运动方向的关系,挤压成形有4种形式(图3-50),即正挤压、反挤压、复合挤压和径向挤压。

根据金属坯料变形温度不同,挤压成形又可分为冷挤压(cold extrusion)、热挤压(hot extrusion)和温挤压(warm extrusion)。

①冷挤压。是指金属坯料的变形温度低于其再结晶温度的挤压工艺,如钢材等在室温下的挤压。冷挤压零件精度可达IT6~IT7,表面粗糙R_a为0.2~1.6 μm,因而它是一种有效的少、无切削加工工艺。但金属的挤压抗力很大,为降低挤压力,防止模具磨损,提高零件表面质量,润滑是很重要的。为了防止润滑剂在高压下被挤掉,钢质坯料通常采用表面磷化处理,这种多孔性结构的磷酸盐能牢固地吸附润滑剂,可保证润滑剂在高压下不易被挤掉;也可采用机油拌适量的二硫化钼作润滑剂浸涂在坯料表面,效果也较好。

②热挤压。金属坯料的变形温度与一般热锻温度相同,利用了金属的再结晶现象减少了变形抗力,材料塑性好,允许每次有较大的变形度,但零件尺寸精度低,表面粗糙。它不仅适应于有色金属及其合金、低碳钢、中碳钢,而且也可成形高碳钢、高合金结构钢、不锈钢、工模具钢、耐热钢等高强度材料;且可成形断面形状复杂、尺寸较大的零件。但加热时的氧化脱碳、热胀冷缩等会影响零件精度。

③温挤压。金属坯料被加热到金属再结晶温度以下某个合适的温度进行挤压,称为温挤压,如钢件的温挤压温度在600~800℃范围内。与冷挤压相比,两者变形的实质基本相同,但变形抗力大大降低;与热挤压相比,加热时氧化脱碳少,产品尺寸精度高,表面粗糙度小(R_a=3.2~6.3 μm),且具有冷挤压类似的细小而密实的晶粒组织。

挤压是在专用挤压机上进行的,也可在适当改进后的通用曲柄压力机或摩擦压力机上进行。

2.5.5 轧制成形

轧制成形(rolling)是金属坯料在2个旋转轧辊的压力作用下,产生连续的塑性变形,获得所需截面形状和尺寸的制件的加工方法。它是通过轧辊和坯料间的摩擦力实现坯料连续通过轧辊孔隙而受压变形的。轧制是生产板材、管材和型材的主要加工方法,后来发展为广泛地轧制机器零件或毛坯。它与一般锻压方法相比,具有生产率高,产品质量好,成本低,节省材料等优点。

常用的轧制成形方法主要有:

1)辊锻轧制。用一对相向旋转的扇形模具使坯料产生塑性变形,从而获得所需锻件或锻坯的锻造工艺方法(图2-51)称为辊锻轧制(roll forging)。

辊锻成形一般在辊锻机上进行,既可制坯,又可直接辊锻锻件。主要适应于某些轴类、扁截面长杆类锻件,如各类扳手、链环、涡轮叶片、连杆等。

2)辗环轧制。辗环轧制(jarring rolling)是用来扩大各种环状零件内外径的轧制方法。如图2-52所示,碾压辊1由电机带动,利用摩擦力使坯料3在碾压辊和芯辊2之间受压变形。当碾压辊由油缸推动下移时,1,2两辊间距离变小,坯料便会被碾薄,直径增大。导向辊4用以保证坯料正确运送,而辊5是信号辊。当制件直径达到要求时,和信号辊5接触,信号辊旋转送出信号，碾压辊1即停止工作。

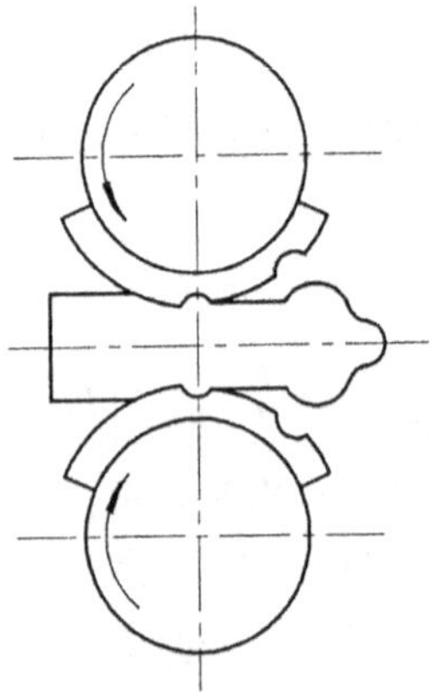

图2-51 辊锻示意图

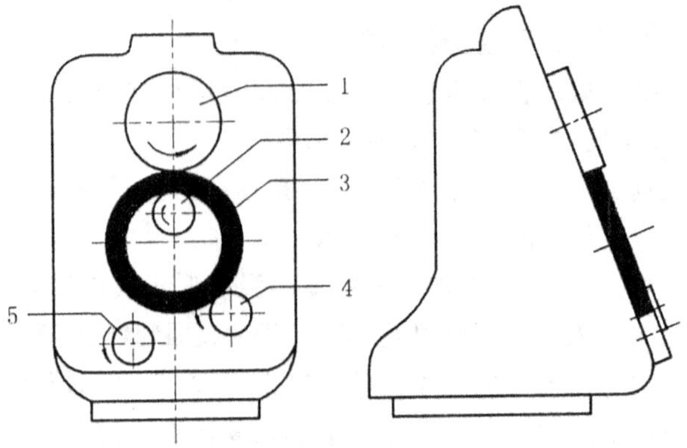

图2-52 辗环轧制示意图

1-碾压辊 2-芯辊 3-坯料 4-导向辊 5-信号辊

这种方法可用于生产横截面为各种形状的环类零件，如火车轮箍、轴承座圈、齿轮和法兰等。

3)横轧。两轧辊与坯料相对转动，轧辊轴线与坯料轴线互相平行的轧制方法(图2-53)称为横轧(cross rolling，transverse rolling)，主要用于齿轮轧制。轧制齿轮内部流线与齿形轮廓一致，齿轮的力学性能高且工作寿命长。

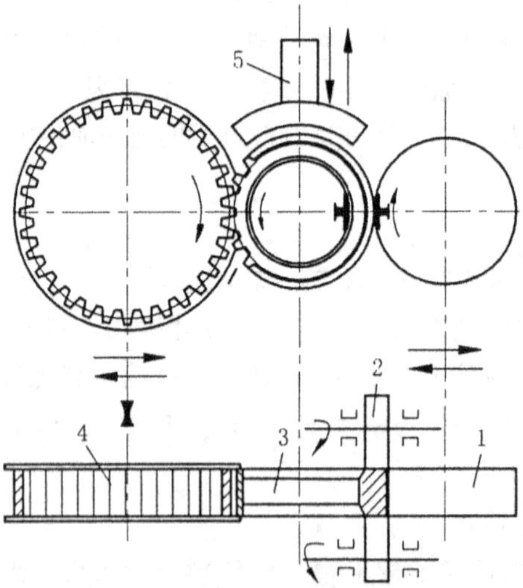

图2-53 热轧齿轮示意图

1-光轧辊 2-侧轧辊 3-毛坯 4-主轧辊 5-感应加热器

4)斜轧。2或3个轧辊同向旋转，按一定角度倾斜配置，毛坯在轧辊的作用下反向转动，并同时作轴向运动(即螺旋运动)，这种轧制方法又称螺旋斜轧(skew rolling，helical rolling)(图2-54)。可用于轧制各种阶梯轴、钢球、滚子和丝杠等。轧制过程连续，效率高，无飞边。

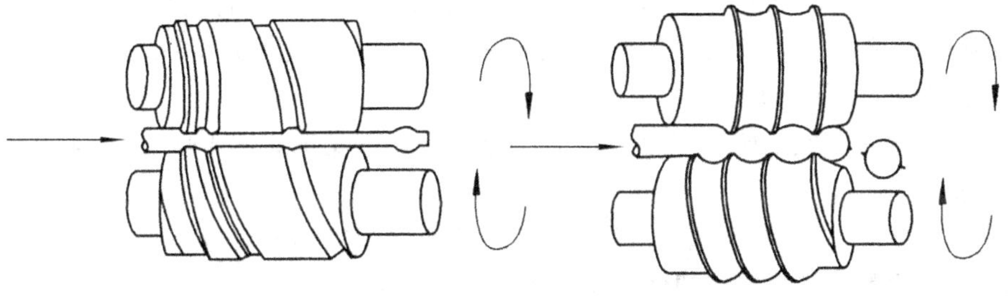

a) 轧杆体　　　　b) 轧钢球

图 2-54　螺旋斜轧

5)楔横轧。楔横轧(wedge cross rolling)成形是利用2 个外表面镶有楔形凸块,并作同向旋转的平行轧辊对坯料进行轧制的工艺方法(图 2-55)。主要用于加工各种轴类零件或毛坯。

楔形凸块由三部分组成即楔入部分、展宽部分和精整部分,展开后如图 2-56 所示。

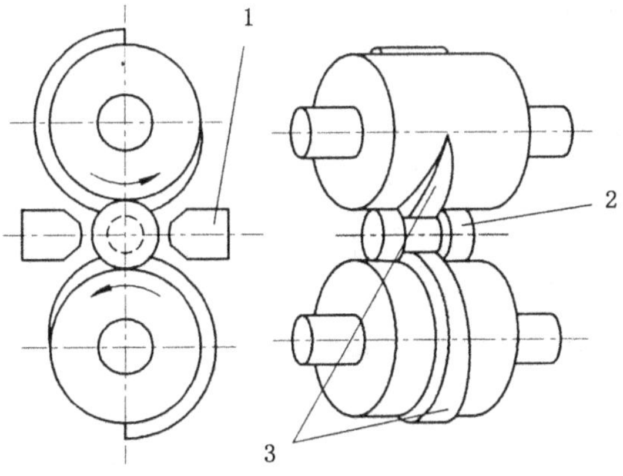

图 2-55　两辊式楔横轧

1-导板　2-轧件　3-带楔形凸块的轧辊

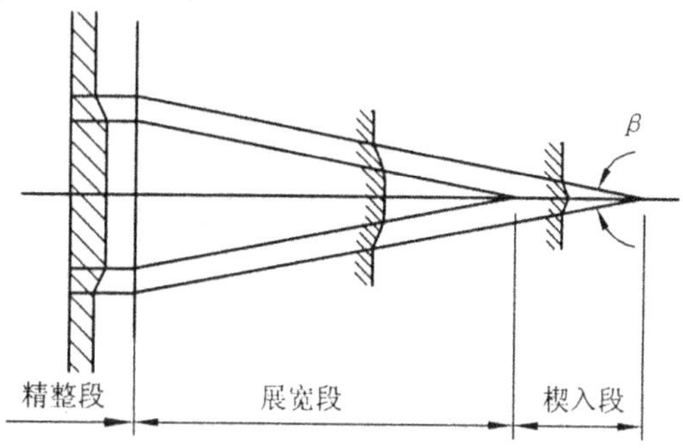

图 2-56　楔形凸块展开图

2.6　现代塑性成形技术的发展

2.6.1　超塑性成形

超塑性(superplasticity)是指金属或合金在特定条件下的延伸率超过100%以上的特性。而利用材料的超塑性进行塑性加工的方法称超塑性成形。

现已发现的超塑性金属及合金种类达200 种以上,而且一些非金属材料,如陶瓷和有机材料等也都能在特定条件下呈现超塑性。

2.6.1.1　超塑性变形的条件

通常金属材料在以下 2 种情况下发生超塑性变形:

①具有直径小于10 μm 的微细晶粒、一定的恒温和一定的低变形速率。在这种情况下,微细晶粒是金属产生超塑性的最主要因素,超塑性要求等轴微细晶粒的最佳尺寸粒度为1～1.5

μm，一般为0.5～5 μm。但也有例外，如钛合金在粗晶粒状态下也有超塑性。在较高变形温度下，金属流变应力降低，超塑性变形区加宽，延伸率增加，一般变形温度为(0.5～0.7)T_m。超塑性变形应变速率要低，最佳值$\varepsilon=10^{-4}\sim10^{-2}/s$。

金属在这些条件下发生的超塑性变形称为组织超塑性，又称为结构超塑性、微细晶粒超塑性或恒温超塑性。

②具有固态相变、一定的较低应力和在相变温度范围被循环加热与冷却。金属在这种情况下发生的超塑性变形称为相变超塑性或动态超塑性。

2.6.1.2 超塑性变形的机理

关于超塑性变形的机理，人们提出了很多种模型，但由于超塑性变形本身的复杂性，到目前为止，还没有形成一个统一的、能够完善地解释所有合金的全部超塑性变形行为的理论。一般认为，阿希贝(Ashby)和弗拉尔(Verrall)提出的晶界滑移和扩散蠕变联合机理(简称A-V机理)是对金属这种变形过程相对较好的解释。该理论认为，在晶界滑移的同时伴随着扩散蠕变，对晶界滑移起调节作用的不是晶内位错的移动，而是原子的扩散迁移。

图2-57为A-V机理模型，这组晶粒在垂直拉应力作用下，由于晶界滑移和原子扩散(包括晶内扩散和晶界扩散)使得横向晶粒相互靠近、接触，纵向晶粒彼此分离、拉开，而所有晶粒仍保持原有的等轴状，只是发生了“转动”换位。

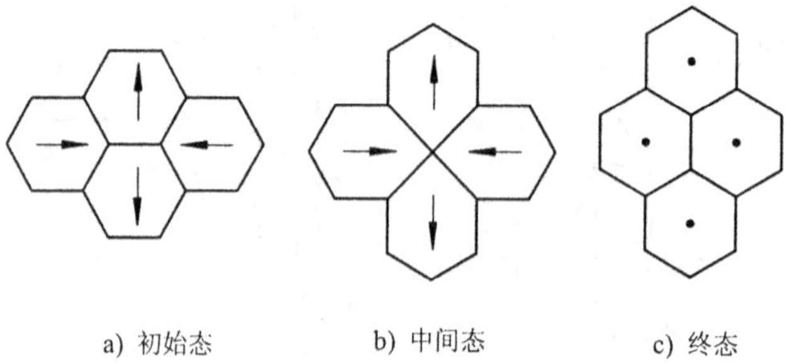

图2-57 A-V机理模型

箭头示出应力方向及相对运动

2.6.1.3 超塑性成形的特点

①具有超常塑性，因此，成形时金属的填充性好，易充满模膛，制件尺寸精度高；另外，没有回弹现象，零件尺寸稳定、不变形。

②金属超塑性变形应变速率一般在$10^{-4}\sim10^{-2}/s$范围，故生产率低。

③变形抗力小，使原来难以变形材料容易进行塑性加工，如GCr15轴承合金在700℃超塑性变形抗力仅为3 MPa。一般超塑性模锻所需设备吨位为常规模锻设备吨位的1/10～1/5，大大节省了能源。

④超塑性变形进入稳定阶段后，不呈现加工硬化现象，形状复杂制件可一次成形。

2.6.1.4 超塑性成形的应用

目前，金属超塑性成形工艺已进入工业实用阶段，包括超塑性等温模锻、挤压、气压、无模拉丝和拉延等。

1)超塑性挤压成形。超塑性挤压成形是将坯料直接放入模具内一起加热到最佳的超塑性恒定温度以后，并恒定慢速加载、保压，在封闭的模具中挤压成形的工艺。它充分利用了超塑性变形抗力低的特点，可以使单位挤压力比普通冷挤压降低到1/10～1/5；所使用的模具简单，寿命长；对变形程度大的零件，可一次成形，省去了多次挤压和中间退火工序，组织均匀，无残余应力。

2)超塑性气压成形。如图2-58所示，将金属板材放在模具中一起加热到规定的温度后，向

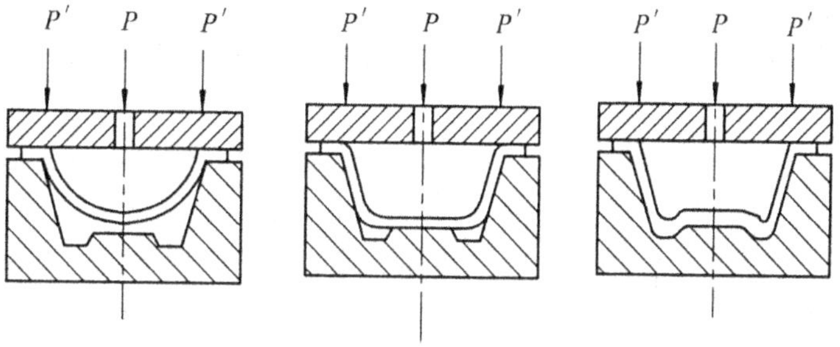

图 2-58 超塑性气压成形过程

金属板材一侧封闭的压力空间中通入压缩气体，使金属板材塑性变形；当所需气压较小时，也可将坯料另一侧抽成负压，利用大气压使金属变形，直到与模具贴合。其成形过程包括3个阶段：在自由成形阶段，毛坯慢速延伸变形，所需压力较小；初步预成形阶段，板料与模具部分贴合，制件的大轮廓和较大圆角已形成，为克服毛坯与模具型腔表面的摩擦力，有时可用较小的压力，直到坯料基本和模具贴合为止；在最后成形阶段，加大压力，使金属板料与模具型面完全贴合，保证制件的微细部分，如凸台、凹槽、小圆角、花纹等的成形。

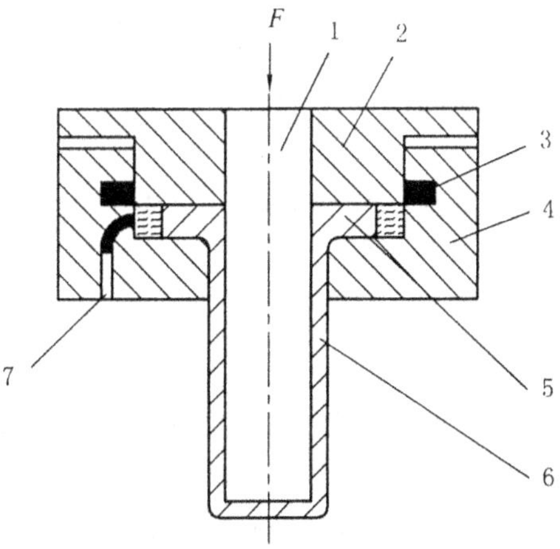

图 2-59 薄板超塑性拉深成形

1-凸模冲头 2-压板 3-加热器 4-凹模 5-板料 6-工件 7-高压油孔

3)超塑性拉深成形。如图2-59所示，拉深时，由高压油产生的径向辅助压力将坯料推向中心，对凸模引导材料流入凹模起辅助作用。超塑性拉伸，单次拉深的深径比大于11，是常规拉深的15倍。

4)超塑性无模拉拔。如图2-60所示，用可移动式感应器对材料进行局部加热，使变形部分材料处于超塑性状态，以一定速度沿坯料轴向拉伸，在没有模具的情况下进行等截面或不等截面超塑性金属的无模拉拔。

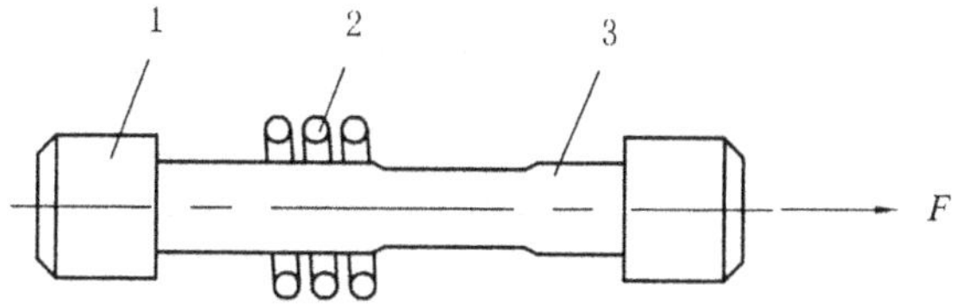

图 2-60 超塑性无模拉拔原理图

1-固定端 2-感应器 3-棒材

2.6.2 高能率成形

高能率成形(high energy rate forming)又称高能成形、高速成形、高速率成形、高能高速成形等。它是一种在极短时间内将化学能、电能、电磁能和机械能等传递给被加工金属材料,使其快速成形的工艺。其主要特点是:能量释放时间短,仅为微秒级;毛坯主要靠获得的动能,在惯性力作用下成形,变形速度快,只为毫秒级。高能成形主要有爆炸成形、电液成形和电磁成形等。主要用于冲压生产。

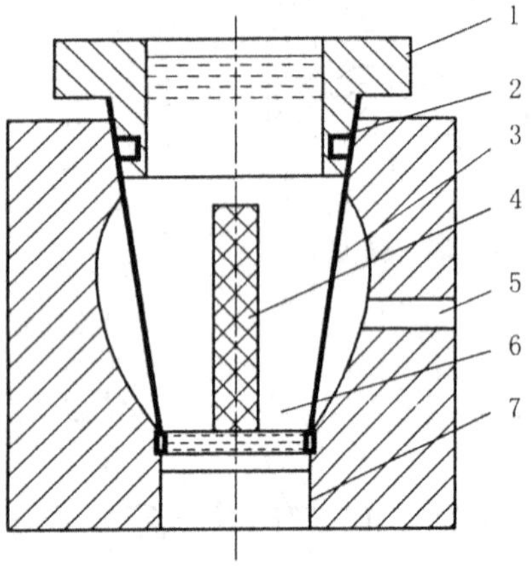

图 2-61 爆炸成形示意图

1-压盖 2-密封 3-胀形毛坯 4-炸药 5-模具 6-水 7-堵塞

1)爆炸成形。爆炸成形(explosive forming)是利用炸药爆炸的化学能使金属坯料高速高压成形的加工方法。传递爆炸作用的介质常用的有水、空气和砂等。

图 2-61 为爆炸成形示意图,炸药 4 起爆以后,瞬时产生大量的高温高压气体,通过介质(水)6 形成了向四周急速扩散的高压冲击波。当冲击波与毛坯3 接触时,毛坯开始运动并以很大的加速度积累自己的运动速度,从而获得很高的动能,使金属产生塑性变形。

爆炸成形工艺可以用于板粒拉深、胀形、弯曲、冲孔、翻边、剪切、扩口、压印等加工,还可进行爆炸焊接和粉末压制等。另外,爆炸成形零件表面会产生显著的加工硬化,如炮筒内膛的挤压硬化,可产生很大的残余压应力;用爆炸压力来冲击钢轨表面使之硬化以降低磨损等。爆炸成形还可使材料发生组织转变,如爆炸成形的奥氏体不锈钢组织为马氏体。

2)电液成形。电液成形(electrohydraulic forming)又称放电成形,它是利用水中两电极放电所产生的冲击波和液流冲击使金属成形的工艺。和爆炸成形相比,电液成形利用储存在电容器中的电能作为能源代替爆炸成形中使用的炸药。如图 2-62 所示,高压直流电向电容器充电后,电容器高压放电,在放电回路中形成强大的冲击电流(高达 30 000 A),使电极周围介质中形成冲击波和液流波,以强大的压力使金属成形,它的成形速度接近于爆炸成形。

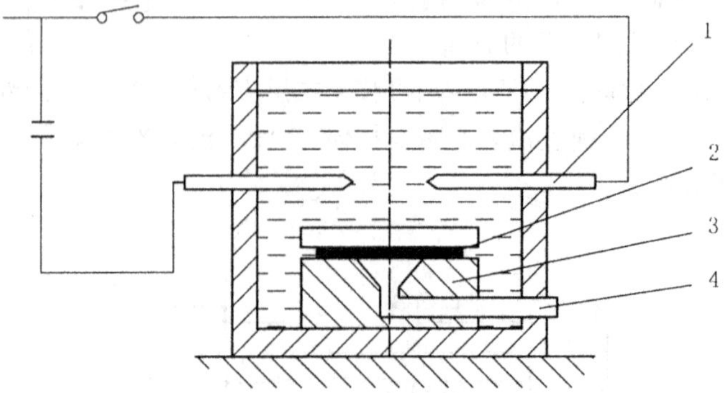

图 2-62 电液成形原理示意图

1-电极 2-板料 3-凹模 4-出气口

电液成形的特点是能量易于控制，电极能达到的地方均可成为压力源，易实现机械化、自动化，生产率高。但加工设备较复杂，加工能力受设备容量限制，目前仅限于形状较简单的小型零件（ϕ 400）生产，特别适应于细金属管的胀形加工。

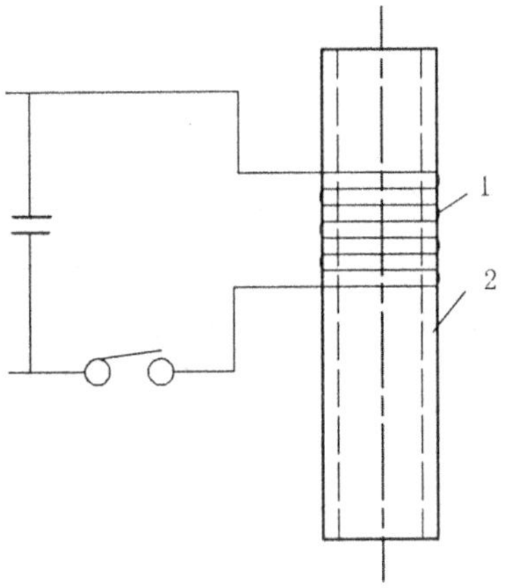

图 2-63 管子缩颈电磁成形原理示意图

1-线圈 2-毛坯

3）电磁成形。电磁成形（electromagnetic forming）是利用电流通过线圈时产生的磁场力，使金属材料塑性成形的工艺。如图2-63 所示，电容器高压放电，使放电回路中产生很强的脉冲电流，由于放电回路阻抗很低，因此成形用的线圈中的脉冲电流在极短的时间内迅速升高，并在其周围空间形成一个强大的磁场，变化的磁场在金属毛坯中产生和线圈中电流相反的感应电流，这 2 种电流产生的磁力线在管内方向相反而抵消，而在管子与线圈之间的空隙，磁力线方向相同，磁场变强，强大的电磁斥力使金属管收缩。成形线圈放到管子内部，可使管子胀形；平面螺形线圈可进行拉深成形。电磁成形的金属材料应具有良好的导电性，若材料导电性差，也可在被加工材料表面设置铜管或贴铜箔后进行成形，成形后去掉附加物。

思 考 题

2-1 金属零件或毛坯的锻造和铸造相比有何优缺点？

2-2 塑性变形的机理是什么？

2-3 金属冷变形强化后，显微组织有何特征？具有合理纤维组织的锻件能否进行再结晶退火？

2-4 在压力加工中如何衡量金属的锻造性能？哪些工艺措施可以提高金属的塑性？

2-5 铅（T_m=327℃）在 30℃、钨（T_m=3 380℃）在 1 100℃ 变形，各属哪种变形？为什么？

2-6 题图 2-1 是几种制造齿轮的方法，试分析比较这几种齿轮的质量。

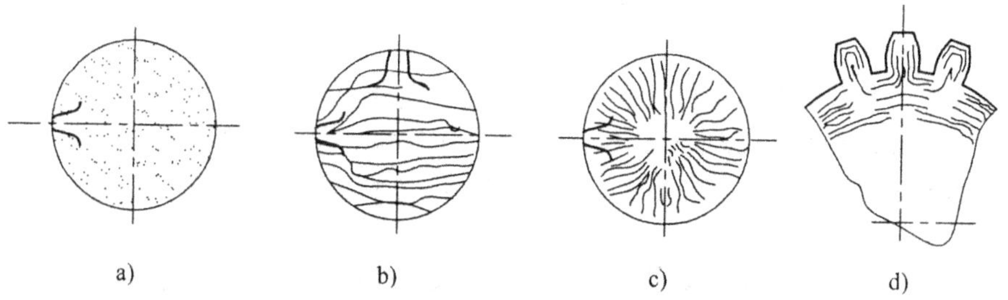

题图 2-1 不同成形工艺齿轮的纤维组织分布

a)棒料经切削成形 b)扁钢经切削成形 c)棒料镦粗再经切削成形 d)热轧成形

2-7 为什么重要的轴类零件锻造时常常安排有镦粗工序？

2-8 题图 2-2 为减速器传动轴，材质为 45 钢，试绘制自由锻件图，确定毛坯尺寸，制定自由锻工艺过程，选择锻造比，将上述结果填入锻造工艺卡。

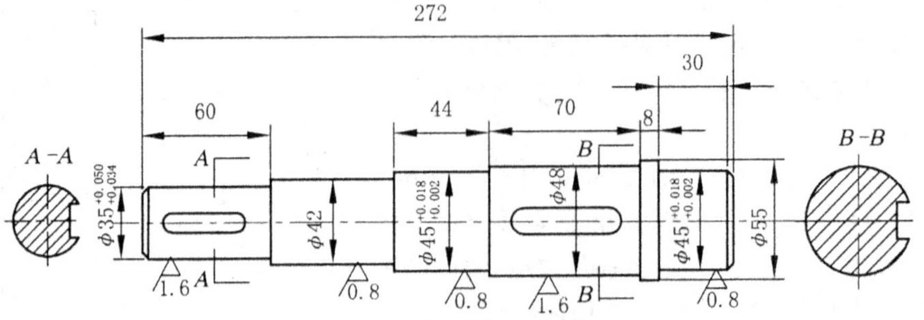

题图 2-2 减速器传动轴

2-9 模锻工艺规程包括哪些内容？

2-10 确定模锻件的分模面与确定铸件的分型面有何异同？

2-11 题图 2-3 所示两模锻件，试分别确定其分模面。

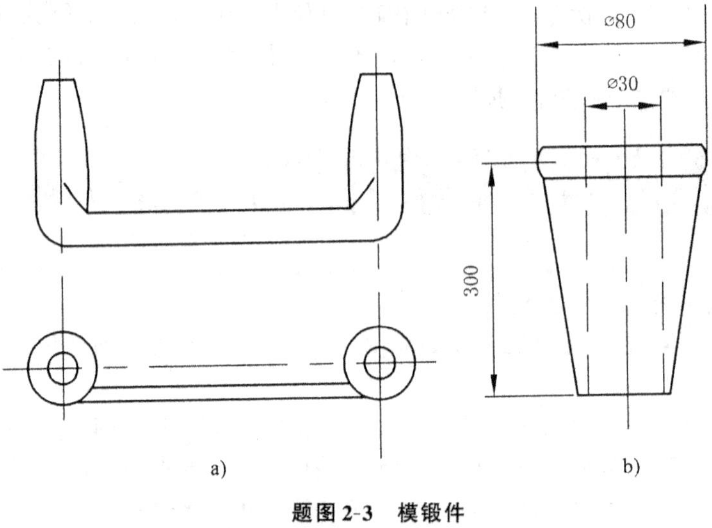

题图 2-3 模锻件

a)模锻件两端头部较大 b)模锻件高径比较大

2-12 模锻设备主要有哪些？试述其特点和应用范围。

2-13 假如某企业因故将ϕ100 的落料模设计并制成了ϕ100 的冲孔模，是否可行？若用这组冲孔模具生产1 件所需的ϕ(100±0.1)落料件样品，精度能否达到要求？为什么(材料Q235，板厚0.8)？

2-14 用ϕ300×1.5 低碳钢板料能否一次拉深成直径ϕ100 的拉深件？正常生产应采取哪些工序？

2-15 翻边件的凸缘高度尺寸较大而一次翻边实现不了时，应采取什么措施？

2-16 比较落料和拉深工序的凸凹模结构及间隙有什么不同？为什么？

2-17 精密模锻通过哪些措施来保证产品精度？

2-18 精密冲裁的工艺特点是什么？

2-19 零件的轧制工艺主要有哪几种？

2-20 零件的挤压方法如何分类？热挤、温挤和冷挤各有何特点？

2-21 试述超塑性的概念、特点、超塑性成形的条件和应用。

2-22 试述高能率成形的方法、原理、特点和应用。

3 连接成形

本章要点：

①焊接理论基础，包括熔焊冶金过程、焊接接头的组织与性能、焊接应力与变形的种类与消除方法以及电焊条的种类、型号和选用。

②常用焊接方法的原理及焊接工艺过程、应用范围。

③常用金属材料的焊接工艺性特点及要求。

3.1 概述

材料连接成形方式有机械连接、物理化学连接和冶金连接。

机械连接（mechanical joining）是指用螺钉、螺栓和铆钉等紧固件将两分离型材料或零件连接成一个复杂零件或部件的过程；物理化学连接（physicochemical joining）是用粘胶和钎料通过毛细作用和分子间力作用或者相互扩散及化学反应作用，将2个分离表面连接成不可拆接头的过程；而冶金连接（metallurgical joining）通常称为焊接（welding），是通过加热或加压（或两者并用）使2个分离表面的原子达到晶格距离，并形成金属键而获得不可拆接头的工艺过程。

焊接在现代工业中获得了广泛地应用。它具有连接性能好，省料、省工，成本低，重量轻，简化工艺等优点。但焊接结构是不可拆卸的，焊接的不均匀加热和冷却过程使焊接件产生应力与变形以及焊接缺陷等。

焊接主要用于制造金属结构、机器零件、部件和工具等。

3.2 焊接理论基础

3.2.1 熔焊冶金过程

电弧焊时，焊接区受到电弧高温作用而熔化形成熔池。金属熔池内要进行熔化、氧化、还原、造渣、精炼及合金化等一系列冶金反应，影响焊缝的化学成分和性能。

首先，空气及杂质中分解出的氧、氢和氮等气体会侵入焊接区。在高温电弧作用下这些气体分子将分解成原子状态的氧(O)、氮(N)和氢(H)。它们将与熔融金属发生以下反应：

$$Fe+O \rightarrow FeO$$

$$Mn+O \rightarrow MnO$$

$$Si+2O \rightarrow SiO_2$$

$$2Cr+3O \rightarrow Cr_2O_3$$

$$4FeO \rightarrow Fe_3O_4 + Fe$$
$$C + O \rightarrow CO$$
$$Mn + FeO \rightarrow Fe + MnO$$
$$Si + FeO \rightarrow Fe + SiO_2$$

其结果会造成钢中一些元素被氧化，形成 FeO，Cr_2O_3，SiO_2，MnO 等熔渣，使焊缝金属的含氧量大大增加，严重降低焊缝金属的性能。表现为强度、塑性和韧性都明显下降，并引起冷脆等严重问题。焊缝中合金元素 C，Mn，Si 等大量烧损，也影响焊缝的性能。

其次，由于熔池迅速冷却，造成部分氧化物熔渣残存在焊缝金属中，形成夹渣、气体，使焊缝力学性能下降。

最后，氮(N)和氢(H)在高温时能溶解于液态金属中；氮和铁可化合成 Fe_4N。冷却后一部分氮保留在钢的固熔体中，而Fe_4N 呈片状夹杂物残留在焊缝内，使焊缝的脆性增大。氢的存在将会形成冷裂纹，并产生气孔，引起氢脆。

为了保证焊缝质量，防止焊接冶金过程中因合金元素烧损、焊缝中存在氧化物、氮化物而导致焊缝金属力学性能低于基体金属，必须采用必要的工艺手段来保证焊缝质量。主要工艺措施：

1)减少有害元素进入熔池。其主要措施是机械保护，如气体保护焊中的保护气体(CO_2，Ar)、埋弧焊焊剂所形成的熔渣及焊条药皮所产生的气体和熔渣等。选用气体或熔渣保护，能使电弧空间的熔滴和熔池与空气隔绝，防止空气进入。此外，还应清理坡口及两侧的锈、水、油污，并烘干焊条，去除水分等。

2)渗入合金元素。通常是在焊条药皮(或焊剂)中加入锰铁等合金，焊接时通过扩散渗入焊缝金属中，以弥补某些合金元素的烧损。

3)清除已进入熔池中的有害元素，通过添加一些铁合金等，进行脱氧、脱硫、脱磷，从而保证和调整焊缝的化学成分，如在焊条药皮里添加锰铁、硅铁等合金，有以下冶金反应：

$$Mn + Fe_2O_3 \rightarrow MnO + 2FeO$$
$$Mn + FeO \rightarrow MnO + Fe$$
$$2FeO + Si \rightarrow SiO_2 + 2Fe$$
$$CaO + FeS \rightarrow CaS + FeO$$

3.2.2 电焊条

一般焊条电弧焊所使用的焊条(covered electrode)为普通电焊条，由焊芯(core wire)和药皮(coating)两部分组成。焊芯起导电和填充焊缝的作用，药皮则用于保证焊接顺利进行并使焊缝具有一定的化学成分和力学性能。以下主要介绍焊接结构钢的焊条。

3.2.2.1 焊芯

焊芯(埋弧焊时为焊丝)是组成焊缝金属的主要材料。它的化学成分和非金属夹杂物的多少将直接影响焊缝质量。因此，结构钢焊条的焊芯应符合国家标准GBI 300-77《焊接用钢丝》的要求。常用的结构钢焊条焊芯的牌号和成分见表 3-1。

焊芯具有较低的含碳量和一定的含锰量，含硅量控制较严，硫、磷含量则最低。焊芯牌号中带“A”字符号者，其硫、磷含量不超过 0.03%。焊芯的直径即称为焊条直径，最小为1.6 mm，最大为 8 mm，其中以 3.2～5 mm 的焊条应用最广。

表 3-1 碳素钢焊接钢丝的牌号和成分

钢号	化学成分/%							用途
	碳	锰	硅	铬	镍	硫	磷	
H08	≤0.10	0.30～0.55	≤0.03	≤0.20	≤0.30	<0.04	<0.04	一般焊接结构
H08A	≤0.10	0.30～0.55	≤0.03	≤0.20	≤0.30	<0.03	<0.03	重要的焊接结构
H08MnA	≤0.10	0.80～1.10	≤0.07	≤0.20	≤0.30	<0.03	<0.03	用做埋弧自动焊钢丝

焊接合金结构钢、不锈钢用的焊条，应采用相应的合金结构钢、不锈钢的焊接钢丝作焊芯。

3.2.2.2 焊条药皮

焊条药皮在焊接过程中的作用主要是：提高电弧燃烧的稳定性，防止空气对熔化金属的有害作用，对熔池脱氧和加入合金元素，以保证焊缝金属的化学成分和力学性能。焊条药皮原料的种类及其作用见表 3-2。

表 3-2 焊条药皮原料的种类、名称及其作用

原料种类	原料名称	作用
稳弧剂	碳酸钾、碳酸钠、长石、大理石、钛白粉、钠水玻璃、钾水玻璃	改善引弧性能，提高电弧燃烧的稳定性
造气剂	淀粉、木屑、纤维素、大理石	造成一定量的气体，隔绝空气，保护焊接熔滴与熔池
造渣剂	大理石、萤石、菱苦土、长石、锰矿、钛铁矿、黏土、钛白粉、金红石	造成具有一定物理-化学性能的熔渣，保护焊缝。碱性渣中的 CaO 还可起脱硫、磷作用
脱氧剂	锰铁、硅铁、钛铁、铝铁、石墨	降低电弧气氛和熔渣的氧化性，脱除金属中的氧。锰还起脱硫作用
合金剂	锰铁、硅铁、铬铁、钼铁、钒铁、钨铁	使焊缝金属获得必要的合金成分
稀渣剂	萤石、长石、钛白粉、钛铁矿	增加熔渣流动性，降低熔渣黏度
黏结剂	钾水玻璃、钠水玻璃	将药皮牢固的黏在钢芯上

3.2.2.3 焊条的种类、型号和牌号

焊接的应用范围越来越广泛，为适应各个行业，各种材料和达到不同性能要求的焊条品种非常多。我国将焊条按化学成分划分为 7 大类，即碳钢焊条、低合金钢焊条、不锈钢焊条、堆焊焊条、铸铁焊条及焊丝、铜及铜合金焊条、铝及铝合金焊条等。其中应用最多的是碳钢焊条和低合金钢焊条。

焊条型号是国家标准中的焊条代号。碳钢焊条型号见 GB 5117—85，如 E4303，E5015，E5016 等。“E”表示焊条；前 2 位数字表示焊缝金属的抗拉强度等级(单位为 kgf/mm^2)；第三位数字表示焊条的焊接位置，“0”及“1”表示焊条适用于全位置焊接(平、立、仰、横)，“2”表示焊条适用于平焊及平角焊，“4”表示焊条适用于向下立焊；第三位和第四位数字组合时表示焊接电流种类及药皮类型，如“03”为钛钙型药皮，交流或直流正、反接，“15” 为低氢钠型药皮，直流反接，“16”为低氢钾型药皮，交流或直流反接。低合金钢焊条型号中的 4 位数字之后，还标出附加合金元素的化学成分。如 E5515-BZ-V，属低氢钠型，是适用直流反接进行各种位置焊接的焊条，并含 0.6% Si 和 0.10%～0.35% V。

焊条牌号是焊条行业统一的焊条代号。焊条牌号一般用 1 个大写拼音字母和 3 个数字表示，如 J422，J507 等。拼音字母表示焊条的大类，如“J”表示结构钢焊条，“A”表示奥氏体不锈

钢焊条,"Z"表示铸铁焊条等;前2位数字表示各大类中若干小类,如结构钢焊条前2位数字表示焊缝金属抗拉强度等级,其等级有42,50,55,60,70,75,85等,分别表示其焊缝金属的抗拉强度大于或等于420,500,550,600,700,750和850 MPa;最后1个数字表示药皮类型和电流种类,见表3-3,其中1~5为酸性焊条,6和7为碱性焊条。其他焊条牌号表示方法,见国家机械工业委员会编《焊接材料产品样本》(1987年)。J422符合国标E4303,J507符合国标E5015,J506符合国标E5016。

表3-3 焊条药皮类型和电源种类编号

编号	1	2	3	4	5	6	7	8
药皮类型 电源种类	钛型 交流或直流	钛钙型 交流或直流	钛铁矿型 交流或直流	氧化铁型 交流或直流	纤维素型 交流或直流	低氢钾型 交流或直流	低氢钾型 直流	石墨型 交流或直流

焊条还可按熔渣性质分为酸性焊条(acid electrode)和碱性焊条(basic electrode)两大类。药皮熔渣中酸性氧化物(如SiO_2,TiO_2,Fe_2O_3)比碱性氧化物(如CaO,FeO,MnO,Na_2O)多的焊条为酸性焊条。此类焊条适合各种电源,操作性较好,电弧稳定,成本低,但焊缝塑、韧性稍差,渗合金作用弱,故不宜焊接承受动载荷和要求高强度的重要结构件。熔渣中碱性氧化物比酸性氧化物多的焊条为碱性焊条。此类焊条一般要求采用直流电源,焊缝塑、韧性好,抗冲击能力强,但操作性差,电弧不够稳定,价格较高,故只适合焊接重要结构件。

3.2.2.4 焊条的选用原则

选用焊条通常是根据焊件化学成分、力学性能、抗裂性、耐腐蚀性以及高温性能等要求,选用相应的焊条种类。再考虑焊接结构形状、受力情况、焊接设备条件和焊条售价来选定具体型号。

低碳钢和普通低合金钢构件,一般都要求焊缝金属与母材等强度,因此可根据钢材的强度等级来选用相应的焊条。但应注意,钢材是按屈服强度确定等级的,而结构钢焊条的等级是指焊缝金属抗拉强度的最低保证值。

同一强度等级的酸性焊条或碱性焊条的选定,主要应考虑焊接件的结构形状(简单或复杂)、钢板厚度、载荷性质(静载或动载)和钢材的抗裂性能而定。通常对要求塑性好、冲击韧度高、抗裂能力强或低温性能好的结构,要选用碱性焊条。如果构件受力不复杂、母材质量较好,应尽量选用较经济的酸性焊条。

低碳钢与低合金结构钢焊接,可按异种钢接头中强度较低的钢材来选用相应的焊条。

铸钢的含碳量一般都比较高,而且厚度较大,形状复杂,很容易产生焊接裂纹。一般应选用碱性焊条,并采取适当的工艺措施(如预热)进行焊接。

焊接不锈钢或耐热钢等有特殊性能要求的钢材,应选用相应的专用焊条,以保证焊缝的主要化学成分和性能与母材相同。

3.2.3 焊接接头的组织和性能

熔化焊是局部加热过程,焊缝及其附近的母材都经历一个加热和冷却的热过程。焊接热过程要引起焊接接头组织和性能的变化,影响焊接的质量。

3.2.3.1 焊接热循环

焊接时,电弧沿着工件逐渐移动并对工件进行局部加热。因此在焊接过程中,焊缝及其附近的金属都是由常温状态开始被加热到较高的温度，然后再逐渐冷却到常温。但随着各点金属所在位置的不同，其最高加热温度是不同的。图3-1给出了焊接时焊件横截面上不同点的温度变化情况。由于各点离焊缝中心距离不同，所以各点的最高温度不同。又因热传导需要一定的时间，所以各点是在不同的时间达到该点最高温度的。但总的看来，在焊接过程中，焊缝的形成是一次冶金过程，焊缝附近区域金属相当于受到一次不同规范的热处理，必然会产生相应的组织与性能的变化。

受焊接热循环的影响，焊缝附近的母材组织或性能发生变化的区域，称为焊接热影响区(heat-affected zone)。熔化焊焊缝与母材的交界线叫熔合线，熔合线两侧有一个很窄的焊缝与热影响区的过渡区，叫熔合区，亦称半熔合区。因此，焊接接头由焊缝区(weld zone)、熔合区(fusion area)和热影响区组成。

3.2.3.2 焊缝的组织与性能

焊接热源向前移去后，熔池液体金属迅速冷却结晶。焊缝的结晶是从熔池底壁开始向中心成长的。从熔合区许多未熔化完的晶粒开始，垂直熔合线向熔池中心生长成柱状树枝晶(图3-2)。这样，低熔点物质将被推向焊缝最后结晶部位，形成成分偏析，影响焊缝的力学性能。应该慎重选用焊条或其他焊接材料。

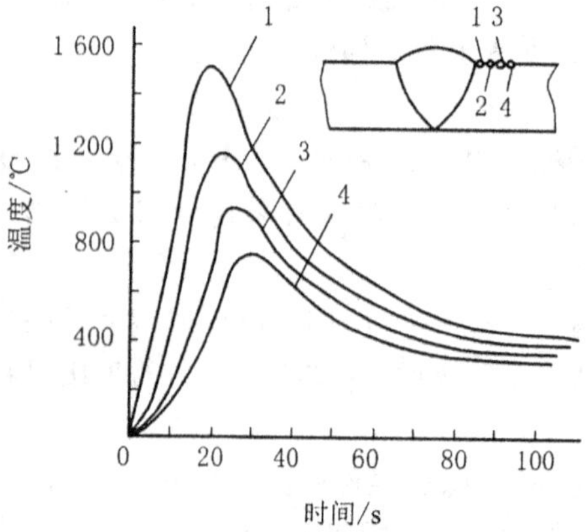

图3-1 焊接热循环曲线

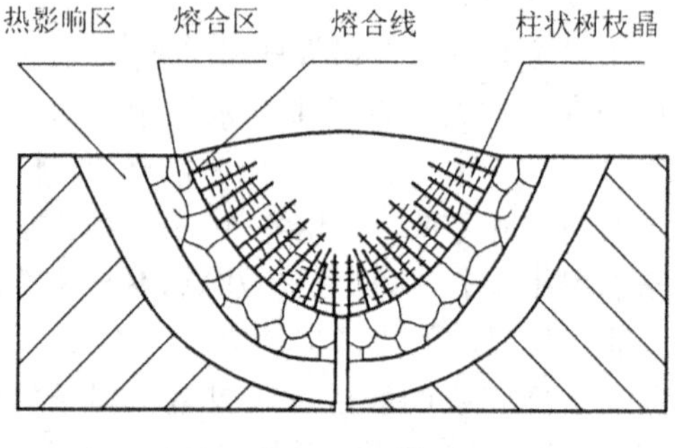

图3-2 焊缝及热影响区

焊接时，熔池金属受电弧吹力和保护气体吹动，熔池底壁柱状晶体的成长受到干扰，柱状晶体呈倾斜状，晶粒有所细化。同时由于焊接材料的渗合金作用，焊缝金属中锰、硅等合金元素含量可能比母材金属高，焊缝金属的性能可能不低于母材金属的性能。

3.2.3.3 焊接热影响区的组织与性能

图3-3为低碳钢热影响区的组织变化，由于热影响区各点的最高加热温度不同，因此，其组织变化也不同。低碳钢的热影响区分为熔合区、过热区(overheated zone)、正火区(normalized zone)和部分相变区(partial phase change zone)。

1)熔合区。是焊缝和基体金属的交界区。此区温度处于固相线和液相线之间，由于焊接过程中母材部分熔化，所以也称为半熔化区。此时，熔化的金属凝固成铸态组织，未熔化金属因加热温度过高而成为过热粗晶。在低碳钢焊接接头中，熔合区虽然很窄(0.1～1 mm)，但因其强度、塑性和韧性都下降，而且此处接头断面变化，易引起应力集中，所以熔合区在很大程度上决

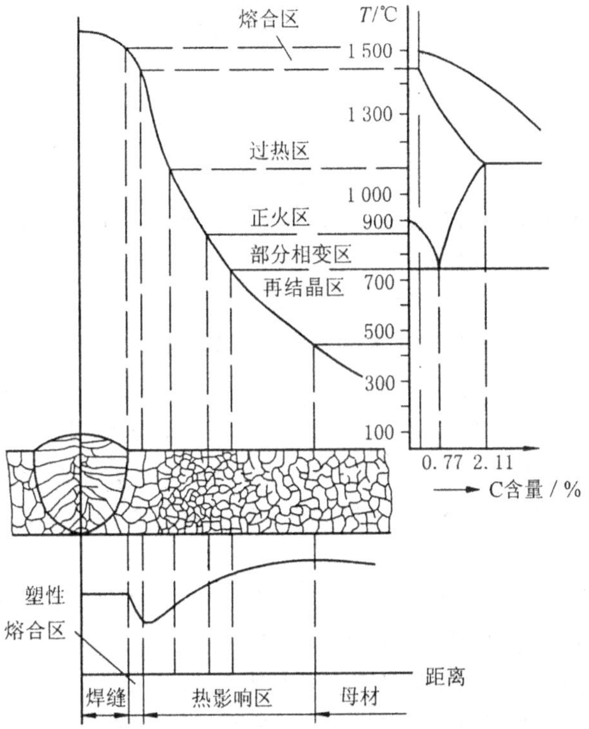

图 3-3 低碳钢焊接热影响区的组织和性能变化

定着焊接接头的性能。

2)过热区。被加热到 Ac_3 以上100～200℃至固相线温度区间。由于奥氏体晶粒急剧长大，形成过热组织，故塑性及韧性降低，是热影响区中机械性能最差的部位。对于易淬火硬化钢材，此区脆性更大。

3)正火区。被加热到 Ac_1～Ac_3 以上100～200℃之间。加热时金属发生重结晶，转变为细小的奥氏体晶粒。冷却后得到细小而均匀的铁素体和珠光体正火组织，其力学性能优于母材。

4)部分相变区。相当于加热到 Ac_1～Ac_3 温度区间。珠光体和部分铁素体发生重结晶，转变成细小的奥氏体晶粒。部分铁素体不发生相变，但其晶粒有长大趋势。冷却后晶粒大小不均，因而力学性能比正火区稍差。

焊接接头中熔合区和过热区是焊接接头中力学性能最差的薄弱部位，会严重影响焊接接头的质量。

焊接热影响区的大小和组织性能变化的程度，决定于焊接方法、焊接参数、接头形式和焊后冷却速度等因素。表3-4是用不同焊接方法焊接低碳钢时焊接热影响区的平均尺寸数值。

表 3-4 焊接热影响区的平均尺寸数值 mm

焊接方法	过热区宽度	热影响区总宽度
焊条电弧焊	2.2～3.5	6.0～8.5
埋弧自动焊	0.8～1.2	2.3～4.0
手工钨极氩弧焊	2.1～3.2	5.0～6.2

续表 3-4

焊接方法	过热区宽度	热影响区总宽度
气焊	21	27
电渣焊	18～20	25～30
电子束焊接	—	0.05～0.75

同一焊接方法使用不同焊接参数时，热影响区的大小也不相同。在保证焊接质量的条件下，增加焊接速度或减少焊接电流都能减小焊接热影响区。

3.2.3.4 影响焊接接头性能因素

1）焊接材料。焊丝、焊剂及焊条直接影响焊缝金属的化学成分。

2）焊接方法。不同焊接方法，其热源温度高低和热量集中的程度不同，热影响区大小和组织也不同，接头性能不同；其机械保护效果不同，杂质含量不同，焊缝性能也不同。

3）焊接工艺。焊接工艺参数（焊接电流、电弧电压、焊接速度、线能量等）直接影响焊接接头输入热量的大小。此外，熔合比（熔化母材在焊缝金属所占的百分数）的大小也影响焊缝的化学成分。

4）焊后热处理。焊后热处理（如正火）能细化接头组织，改善接头性能。

3.2.3.5 改善焊接热影响区组织和性能的方法

存在焊接热影响区在电弧焊焊接接头中是不可避免的。用焊条电弧焊或埋弧焊方法焊接一般低碳钢结构时，因热影响区较窄，危害性较小，焊后不进行处理即可使用。但对重要的碳钢构件、合金钢构件或用电渣焊焊接的构件，则必须注意热影响区带来的不利影响。为消除其影响，一般采用焊后正火处理，使焊缝和焊接热影响区的组织转变成为均匀的细晶结构，以改善焊接接头的性能。

对焊后不能进行热处理的金属材料或构件，则只能在正确选择焊接方法与焊接工艺上来减少焊接热影响区的范围。

3.2.4 焊接应力与变形

焊接过程是一个极不平衡的热循环过程，即焊缝及其相邻区金属都要由室温被加热到很高温度（焊缝金属已处于液态），然后再快速冷却下来。由于在这个热循环过程中，焊件各部分的温度不同，随后的冷却速度也各不相同，因而焊件各部位在热胀冷缩和塑性变形的影响下，必将产生内应力、变形或裂纹。

3.2.4.1 焊接应力与焊接变形产生的原因

低碳钢平板对焊件加热时，焊缝区的温度最高，其两侧的温度随距焊缝距离的增大而降低。由于金属材料具有热胀冷缩的特性，所以当焊件各区加热温度不同时，其单位长度伸长量也不同。即受热时按温度分布的不同，焊缝及母材金属各有不同的自由伸长量。如果这种自由伸长不受任何阻碍，则钢板焊接时的变化如图 3-4a 中虚线所示。但实际上由于平板是一个整体，不可能各处都实现自由伸长，各部分伸长量必须相互协调，最后平板整体只能平衡伸长 ΔL。因此被加热到高温的焊缝区金属，因其自由伸长受到两侧低温金属自由伸长量的限制而承受压应力（－）。当压应力超过屈服点时产生压缩塑性变形，使平板整体达到平衡，此时，焊缝区以外的金属则需承受拉应力（＋）。所以整个平板存在着相互平衡的压应力与拉应力。

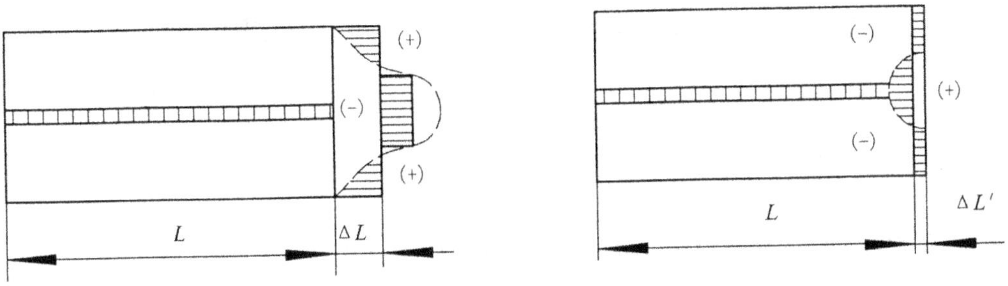

a) 焊接过程中　　b) 冷却后

图 3-4 平板对焊时的变形与应力

焊缝成形后，金属随之冷却使其收缩，这种收缩如能自由进行则焊缝区将自由缩短至图 3-4b 所示虚线位置，而焊缝区两侧的金属则缩短至焊前的L端。实际上因整体作用，各部位仍然相互牵制，焊缝区两侧的金属同样会阻碍焊缝区的收缩，最后共同处于比原长短$\Delta L'$的平衡位置。于是，焊缝金属承受拉应力，焊缝两侧金属承受压应力，两种应力相互平衡，一直保持到室温。此时的应力与变形称为焊接残余应力和变形(即焊接应力与变形)。

3.2.4.2 焊接应力与变形的危害

工件焊接后产生焊接应力与变形，对结构的制造和使用产生不利影响。产生焊接变形，可能使焊接结构形状尺寸不符合要求，组装困难，间隙大小不一致，从而影响焊件质量；矫正焊接变形不仅费工时和增加制造成本，而且还会减低塑性和接头性能；焊接变形使结构件形状发生变化，会产生附加应力，降低承载能力；焊接残余应力会增加工件工作时的内应力，降低承载能力；还会引起焊接裂纹，甚至造成脆断，应力的存在还会诱发应力腐蚀裂纹。此外，残余应力是一种不稳定状态，在一定条件下会衰减而产生一定的变形，引起构件形状、尺寸的不稳定，所以减少和防止焊接应力和变形是十分必要的。

3.2.4.3 焊接变形的防止与矫正

常见的焊接变形的基本形式有收缩变形、角变形、弯曲变形、扭曲变形和翘曲变形 5 种(图 3-5)。防止焊接变形的措施如下：

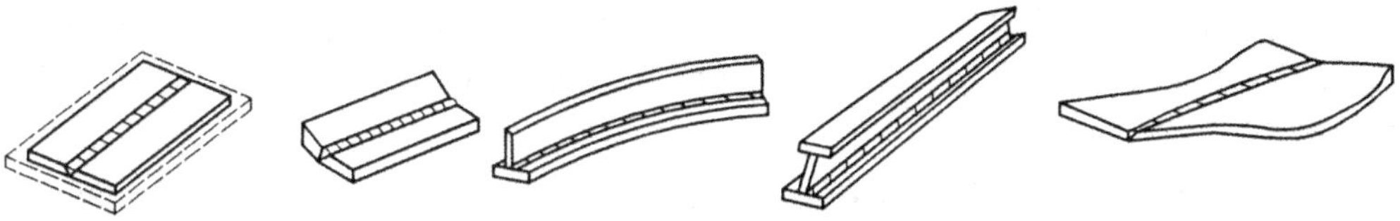

a) 纵向和横向收缩变形　b) 角变形　c) 弯曲变形　d) 扭曲变形　e) 翘曲变形

图 3-5 焊接变形的基本形式

①焊缝不要密集交叉，截面的长度要尽可能小些，以减少焊接局部加热，从而减少焊接变形。

②采用反变形法，一般按测定和经验估计的焊接变形方向和大小，在组装时工件反向变形(图 3-6)，也可采用预留收缩余量来抵消尺寸收缩。

a) 焊前反变形　　b) 焊后

图 3-6　平板焊接的反变形

③采用刚性固定法，限制焊接变形（图3-7），但这样会产生较大的焊接残余应力。若采用定位焊组装也可防止焊接变形。

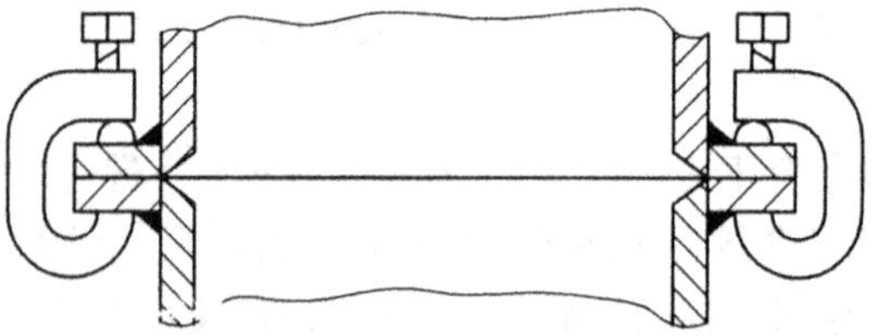

图 3-7　刚性固定防止发生变形

④采用合理的焊接顺序，如对称施焊，长焊缝的分段倒退焊法，采用多层多道焊，都能减小焊接变形（图 3-8，图 3-9）。

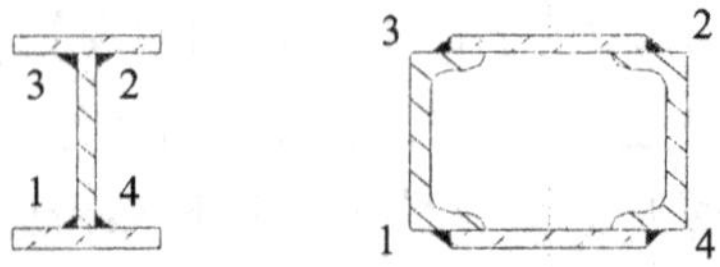

图 3-8　对称断面梁的合理焊接次序

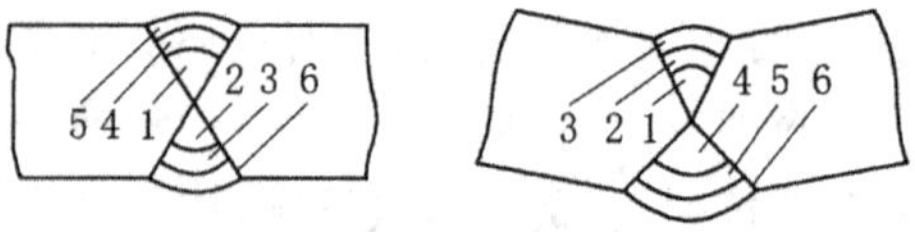

a) 合理　　b) 不合理

图 3-9　X 坡口焊接次序

⑤焊前预热，焊接过程中采用散热措施，锤击还处在高温的焊缝等都能减少焊接变形。

矫正焊接变形的方法有机械矫正法和火焰矫正法 2 种。矫正的基本原理是产生新变形抵消原来的焊接变形。机械矫正是用机械加压或锤击的冷变形方法，产生塑性变形来矫正焊接变形，适用于塑性好的低碳钢和普通低合金钢。火焰矫正是利用火焰局部加热后的冷却收缩变形来矫正原来的焊接变形。此法仅适用于塑性好，且无淬硬倾向的材料，图 3-10 为火焰加热矫正丁字梁变形实例。

3.2.4.4　减少和消除焊接应力的措施

①设计时，焊缝不要密集交叉，截面和长度也要尽可能小，以减少焊接局部过热，从而减小焊接应力。

②选择合理的焊接顺序，使焊缝能自由地收缩，以减小应力（图 3-11）。

③锤击焊缝，当焊缝仍处在较高温度时，迅速锤击焊缝，使焊件伸长，减小焊接应力。

④焊前预热，可以减小工件温差，也能减小残余应力。

⑤焊后去应力退火，即将焊件缓慢加热到550～650℃，保温一定时间，再随炉冷却，该法可消除 80%左右的残余应力，是消除应力最常用、最有效的方法。这是由于利用了材料在高温时屈服强度下降和蠕变现象而达到松弛焊接残余应力的目的。

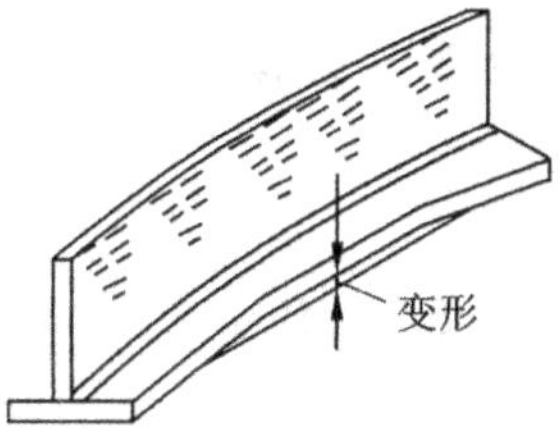

图3-10 火焰加热矫正法

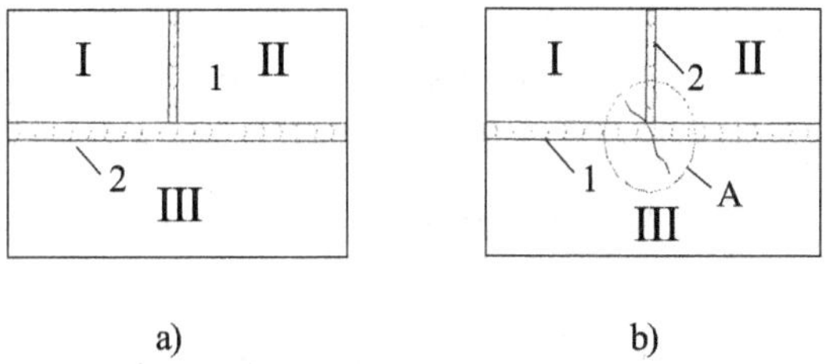

图3-11 焊接次序对焊接应力的影响

3.3 常用焊接方法与工艺

3.3.1 焊条电弧焊

焊条电弧焊(即手工电弧焊)是利用焊条与工件间产生电弧热,将工件和焊条熔化而进行焊接的方法。

焊条电弧焊(arc welding)可在室内、室外、高空和各种焊接位置进行,设备简单,容易维护,焊钳小,使用灵便,适于焊接高强度钢、铸钢、铸铁和非铁金属,其焊接接头可与工件(母材)的强度相近,是焊接生产中应用最广泛的焊接方法。

3.3.1.1 焊条电弧焊的焊接过程

焊条电弧焊的焊接过程如图3-12所示,电弧在焊条与被焊工件之间燃烧,电弧热使工件和焊芯同时熔化形成熔池,同时也使焊条的药皮熔化和分解。药皮熔化后与液态金属发生物理化学反应,所形成的熔渣不断从熔池中浮起;药皮受热分解产生大量的CO_2,CO和H_2等保护气体,围绕在电弧周围,熔渣和气体能防止空气中氧和氮的侵入,起保护熔化金属的作用。

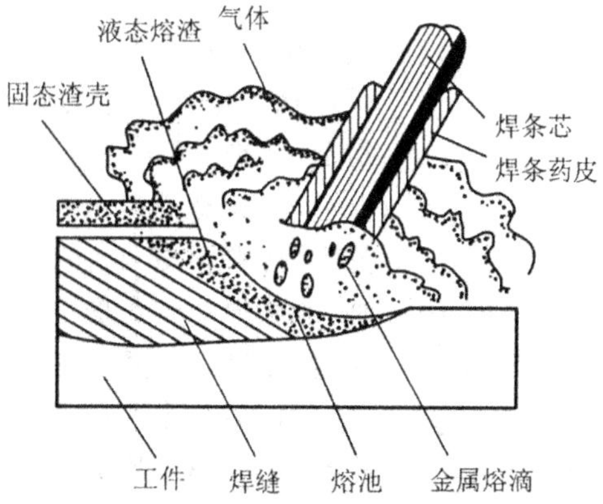

图3-12 焊条电弧焊过程

当电弧向前移动时,工件和焊条不断熔化汇成新的熔池。原来的熔池则不断冷却凝固,构成连续的焊缝。覆盖在焊缝表面的熔渣也逐渐凝固成为固态渣壳。这层熔渣和渣壳对焊缝成形的好坏和减缓金属的冷却速度有着重要的作用。

焊缝质量由很多因素决定,如母材金属和焊条的质量、焊前的清理程度、焊接时电弧的稳定情况、焊接参数、焊接操作技术、焊后冷却速度以及焊后热处理等。

3.3.1.2 焊条电弧弧焊工艺

由于电弧产生的热量在阳极和阴极上有一定的差异,在使用焊接电源为直流电源时,分直流正接和直流反接。

直流正接时将工件接到正极,焊条(或电极)接负极,可获得较大的熔深,适于厚板的焊接;直流反接时,将工件接负极,焊条接正极,焊条熔化速度快,可实现薄板的快速焊接(图 3-13)。

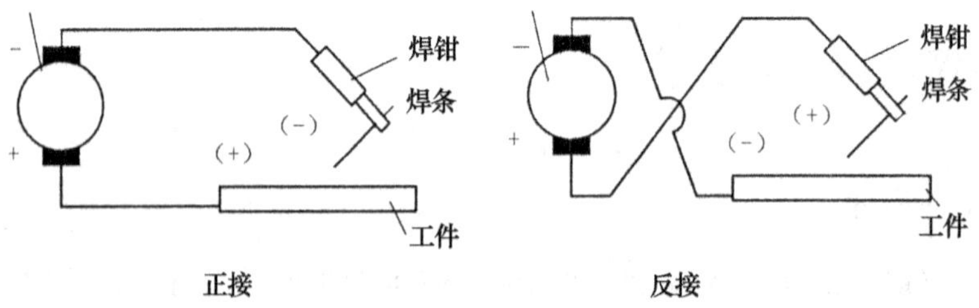

图 3-13 直流正接和反接接法

使用焊接电源为交流电时,常用50 Hz 的工频交流电。工件和焊条每秒交换正负极100 次,两极加热一样。主要用于酸性焊条的焊接。

3.3.2 埋弧焊

为提高焊接质量和生产率,改善劳动条件,使焊接过程机械化,目前生产中广泛采用了埋弧自动焊。埋弧焊是电弧在焊剂层下燃烧进行焊接的方法。它将电弧的引燃、焊丝的送进及电弧沿焊件的移动实现了机械化操作。

3.3.2.1 埋弧焊的焊接过程

埋弧焊(submerged-arc welding)也称熔剂层下电弧焊。焊接时,焊接机头上的送丝机构将焊丝送入电弧区并保持选定的弧长。电弧在颗粒状熔剂(焊剂)层下面燃烧,焊机带着焊丝均匀地沿坡口移动,或者焊机机头不动,工件匀速运动。在焊丝前方,焊剂从漏斗中不断流出撒在被焊部位。焊接时,部分焊剂熔化形成熔渣覆盖在焊缝表面,大部分焊剂不熔化,可重新回收使用。

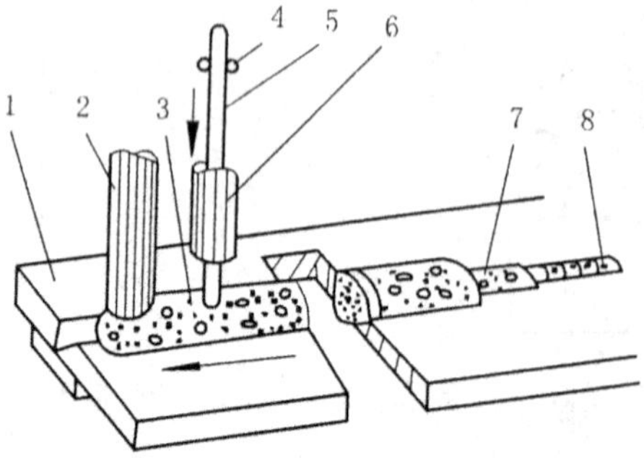

图 3-14 埋弧焊的工艺过程示意图

1-焊件 2-焊剂斗 3-焊剂 4-送丝滚轮 5-焊丝 6-导电嘴 7-焊渣 8-焊缝

图 3-14 是埋弧焊的纵截面图。电弧燃烧后,工件与焊丝被熔化成较大体积(可达 20 cm)的熔池。由于电弧向前移动,熔池金属被电弧气体排挤向后堆积形成焊缝。电弧周围的颗粒状焊剂被熔化成熔渣,与熔池金属产生物理化学作用。部分焊剂被蒸发,生成的气体将电弧周围的熔渣排开,形成一个

封闭的熔渣泡。它具有一定黏度,能承受一定压力,使熔化的金属与空气隔离,并能防止金属熔滴向外飞溅。这样,既可减少电弧热能损失,又可阻止弧光四射。此外,焊丝上没有涂料,允许提高电流密度,电弧吹力则随电流密度的增大而增大。因此,埋弧焊的熔池深度比焊条电弧焊大很多。

3.3.2.2 埋弧焊的焊接材料

埋弧焊的焊接材料有焊丝和焊剂。

埋弧焊时,焊丝的作用相当于焊芯,焊剂的作用相当于焊条药皮。在焊接过程中,焊剂能隔离空气,使焊缝金属免受空气侵害,同时对熔池金属起类似焊条药皮的一系列冶金作用。因此,焊丝和焊剂是决定焊缝金属化学成分和性能的主要因素,应合理选用。

埋弧焊焊剂按照制造方法可分为熔炼焊剂和陶质焊剂两大类。熔炼焊剂是将原材料配好后在炉中熔炼而成,呈玻璃状,颗粒强度大,化学成分均匀,不易吸收水分,适于大量生产。按化学成分又可分为高锰、中锰、低锰、无锰几种,适用于焊接不同的金属。

陶质焊剂是非熔炼焊剂。它是用矿石、铁合金及黏接剂按一定比例配制成颗粒状,经300～400℃干燥固结而成。这类焊剂易于向焊缝金属补充或添加合金元素。但颗粒强度较低,容易吸潮。

常用焊剂的使用范围及配用焊丝见表3-5。

表3-5 国产焊剂使用范围及配用焊丝

牌号	焊剂类型	配用焊丝	用途
HJ130	无锰高硅低氟	$H10Mn_2$	低碳钢及低合金结构钢,如Q345(及16Mn)等
HJ230	低锰高硅低氟	H08MnA,$H10Mn_2$	低碳钢及低合金结构钢
HJ250	低锰中硅中氟	H08MnMoA,$H08Mn_2MoA$	焊接15MnV,14MnMoNb等
HJ260	低锰高硅中氟	Cr19Ni9	焊接不锈钢
HJ330	中锰高硅低氟	H08MnA,$H08Mn_2$	重要低碳钢及低合金钢
HJ350	中锰中硅中氟	H08MnMoA,H08MnSi	焊接含MnMo、MnSi的低合金高强度钢
HJ431	高锰高硅低氟	H08A,H08MnA	低碳钢及低合金结构钢

3.3.2.3 埋弧焊工艺

埋弧焊要求更仔细地下料、准备坡口和装配。

1)焊前准备。埋弧焊的焊接电流大,熔深大,因此,板厚在25 mm以下的工件可不开破口。但实际生产中,为保证工件焊透,通常板厚为12～22 mm,应开Y形坡口;板厚为22～50 mm时,可开双Y形或U形坡口,Y形或双Y形坡口的角度为50°～60°。焊缝间隙应均匀。焊直缝时,应安装引弧板和引出板(图3-15),防止引弧和熄弧时所产生的气孔、夹杂、缩孔、缩松等缺陷进入工件焊缝。

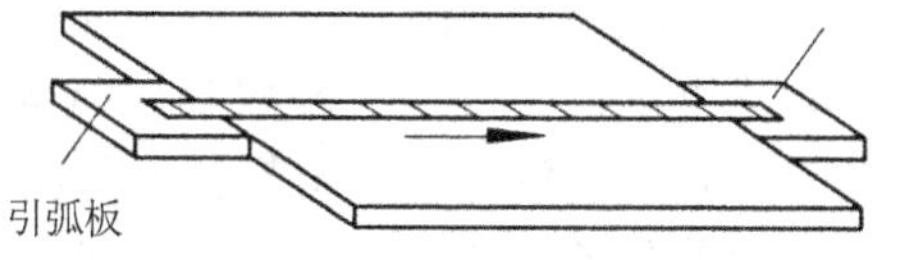

图3-15 自动焊的引弧板与引出板

2)平板对接焊。平板对接焊时,一般采用双面焊,可不留间隙直接进行双面焊接,也可采用打底焊或焊剂垫或焊板。为提高生产率也可采用水冷铜的成型底板进行单面焊双面成形(图3-16)。

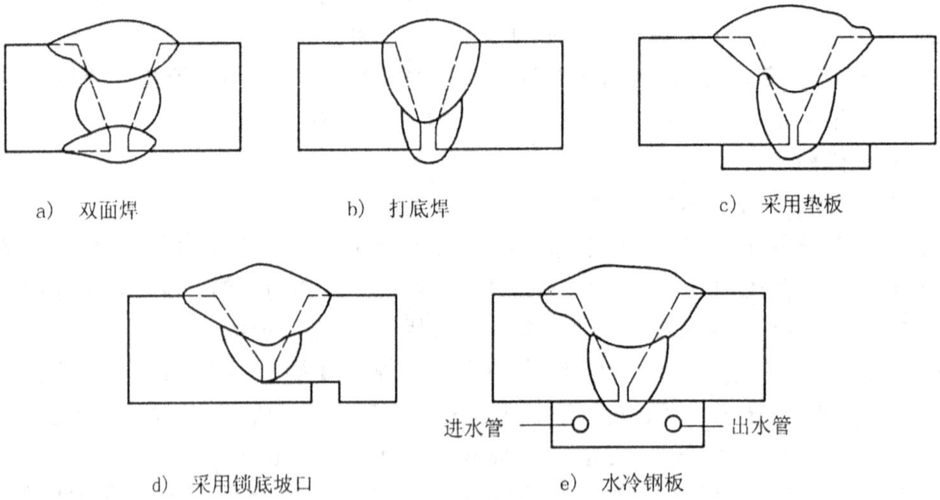

图3-16 平板对接焊接工艺

3)环焊缝。焊接环焊缝时,为防止熔池中液态金属的流失,焊丝位置应逆旋转方向偏离焊件中心线一定距离 a(图3-17),一般 $a=20\sim40$ mm。直径小于250 mm的一般不采用埋弧焊。

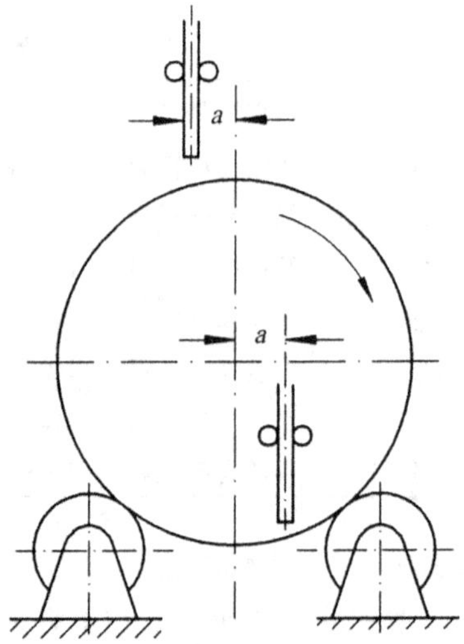

图3-17 环缝自动焊示意图

3.3.2.4 埋弧焊的特点及应用

1)生产率高。埋弧焊的电流常为1 000 A以上,比焊条电弧焊高6～8倍,同时节省了更换焊条的时间,所以埋弧焊能比焊条电弧焊提高生产率5～10倍。

2)焊接质量高而且稳定。埋弧焊焊剂供给充足,电弧区保护严密,熔池保持液态时间较长,冶金过程进行得较为完善,气体与杂质易于浮出。同时,焊接参数能自动控制调整,焊接质量高而且稳定,焊缝成形美观。

3)节省金属材料。埋弧焊热量集中,熔深大,20～25 mm或以下的工件可不开坡口进行焊接,而且没有焊条头的浪费,飞溅很小,所以能节省大量金属材料。

4)改善劳动条件。埋弧焊看不到弧光,焊接烟雾也很少,焊接时只要焊工调整、管理焊机就可自动进行焊接,劳动条件得到很大改善。

埋弧焊在焊接生产中已得到广泛应用,常用来焊接长的直线焊缝和较大直径的环形焊缝。当工件厚度增加和批量生产时,其优点尤为显著。但应用埋弧焊时,设备费用较贵,工艺装备复杂,对接头加工与装配要求严格,只适用于批量生产长的直线焊缝与圆筒形工件的纵、环焊缝。对狭窄位置的焊缝以及薄板的焊接,埋弧焊则受到一定限制。

3.3.3 气体保护焊

用外加气体作为电弧介质来保护电弧区和焊接区的焊接方法,称为气体保护焊(gas

shielded welding)。保护气体通常有氩气和CO_2气体。

3.3.3.1 氩弧焊

氩弧焊(argon-arc welding)是以氩气作为保护气体的电弧焊。氩气是惰性气体,可保护电极和熔池金属不受空气的侵害(图3-18)。在高温下,氩气不与金属起化学反应,也不溶于金属,因此氩弧焊的质量比较高。

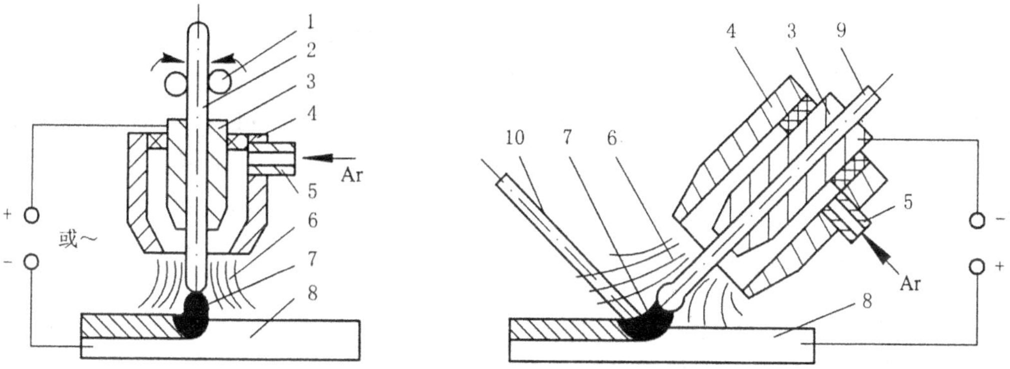

a) 熔化极氩弧焊　　b) 不熔化极氩弧焊

图3-18 氩弧焊示意图

1-送丝轮　2-焊丝　3-导电嘴　4-喷嘴　5-进气管　6-氩气流　7-电弧　8-工件　9-钨极　10-填充焊丝

氩弧焊按所用电极的不同,可分为不熔化极氩弧焊和熔化极氩弧焊。

1)不熔化极氩弧焊。不熔化极氩弧焊以高熔点的铈钨棒作为电极。焊接时,铈钨棒不熔化,只起导电与产生电弧的作用,易于实现机械化和自动化焊接。但因电极所能通过的电流有限,所以只适合焊接厚度6 mm以下的工件。

手工铈钨极氢弧焊的操作与气焊相似。焊接3 mm以下薄件时,常采用卷边(弯边)接头直接熔合。焊接较厚工件时,需用手工添加填充金属(图3-18a)。焊接钢材时,多用直流电源正接,以减少钨极的烧损。焊接铝、镁及其合金时,则希望用直流反接或交流电源。因极间正离子撞击工件熔池表面,可使氧化膜破碎,有利于焊件金属熔合和保证焊接质量。

2)熔化极氩弧焊。熔化极氩弧焊以连续送进的焊丝作为电极(图3-18b)进行焊接。此时可用较大电流焊接厚度为25 mm以下的工件。

焊接用的氩气一般用钢瓶装运。当氩气中含有氧、氮、二氧化碳或水分时,会降低氢气的保护作用,并造成夹渣、气孔等缺陷,因此要求氩气纯度应大于99.7%。由于氩气只起保护作用,焊接过程中没有冶金反应。所以焊接前必须把接头表面清理干净,否则杂质与氧化物会留在焊缝内,使焊缝质量显著下降。

氩弧焊主要有以下特点:

①适于焊接各类合金钢、易氧化的非铁金属及锆、钽、钼等稀有金属材料。

②氩弧焊电弧稳定,飞溅小,焊缝致密,表面没有熔渣,成形美观。

③电弧和熔池区受气流保护,明弧可见,便于操作,容易实现全位置自动焊接。现已开始应用于焊接生产的弧焊机器人,都是实现氩氙弧焊或CO_2保护焊的先进设备。

④电弧在气流压缩下燃烧,热量集中,熔池较小,焊接速度较快,焊接热影响区较窄,因而

工件焊后变形小。

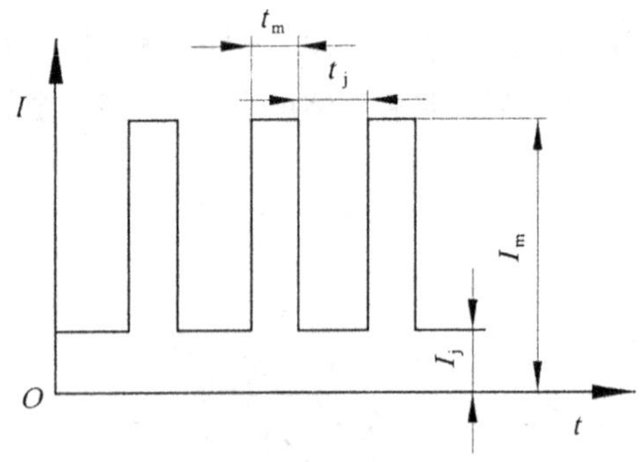

图 3-19 脉冲氩弧焊电流持续时间

I_m-脉冲电流 t_m-脉冲电流持续时间

I_j-基本电流 t_j-基本电流持续时间

由于氩气价格较高，氩弧焊目前主要用于焊接铝、镁、钛及其合金，也用于焊接不锈钢、耐热钢和一部分重要的低合金结构钢焊件。

钨极脉冲氩弧焊焊接时，电流的幅值按一定的频率周期性变换，其电流波形如图 3-19 所示。用脉冲电流焊成的连续焊缝，实质上是许多单个脉冲所形成的熔池连续重叠搭接而成。高值脉冲电流时形成熔池，基值电流时加热少，熔池凝固。

通过对脉冲波形、脉冲电流、基值电流、两电流持续时间的调节与控制，可以准确改变和控制焊接能量，从而控制焊缝的尺寸与焊接质量。

脉冲氩弧焊的特点是：

a. 焊缝是脉冲式的熔化凝固，易于控制，可避免烧穿工件，适合于焊接 0.1～5 mm 的钢材或管材，能实现单面焊双面成形，保证根部焊透。

b. 熔池脉冲式熔化凝固，易于克服因表面张力小或自重影响所造成的焊缝偏浆与塌腰等缺陷，适合于各种空间位置焊接，易于实现全位置自动焊。

c. 容易调节焊接参数、能量和焊缝在高温条件下的停留时间，因而适合焊接易淬火钢材和高强钢，可减小裂缝倾向和焊接变形。

d. 质量稳定、接头力学性能比普通氩弧焊高。

3.3.3.2 CO_2 气体保护焊

CO_2 气体保护焊(carbon-dioxide arc welding)是以CO_2 为保护气体的电弧焊。它用焊丝作电极，靠焊丝和焊件之间产生的电弧熔化工件与焊丝，熔池凝固后成为焊缝。焊丝的送进靠送丝机构实现。

CO_2 气体保护焊的焊接装置如图 3-20 所示。焊丝由送丝机构送入送丝软管，再经导电嘴送出。CO_2 气体从焊炬喷嘴中以一定流量喷出。电弧引燃后，焊丝端部及熔池被CO_2 气体所包围，故可防止空气对高温金属的侵害。

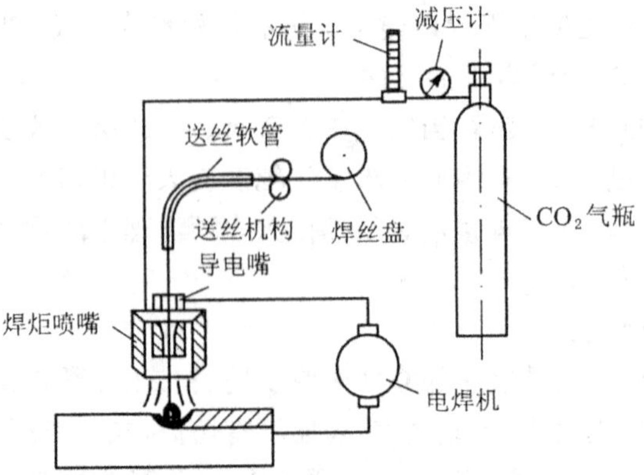

图 3-20 CO_2 气体保护焊示意图

但CO_2是氧化性气体，在电弧热作用下能分解为CO和[O]。[O]与熔池中的铁、碳及其他合金元素作用，易造成气孔和强烈的飞溅，使焊缝含氧量增加，并烧损。为保证焊接质量和焊缝的合金成分，故需采用含锰、硅较高的焊接钢丝或含有相应合金元素的合金钢焊丝。例如，焊接低碳钢常选用H08MnSiA焊丝，焊接低合金结构钢则常选用H08Mn2SiA焊丝。

CO_2气体保护焊的特点是：

1)成本低。因采用廉价易得的CO_2代替焊剂，焊接成本仅是埋弧焊和焊条电弧焊的40%左右。

2)生产率高。由于焊丝送进是机械化或自动化进行，电流密度较大，电弧热量集中，故焊接速度较快。此外，焊后没有渣壳，节省了清渣时间，故其效率可比焊条电弧焊生产率提高1～3倍。

3)操作性能好。CO_2气体保护焊是明弧焊，焊接中可清楚地看到焊接过程，容易发现问题并及时调整处理。保护焊如同焊条电弧焊一样灵活，适合于各种位置的焊接。

4)质量较好。由于电弧在气流压缩下燃烧，热量集中，因而焊接热影响区较小，变形和产生裂纹的倾向性小。

CO_2保护焊目前已广泛用于造船、机车车辆、汽车、农业机械等工业部门，主要用于焊接30 mm以下厚度的低碳钢和部分低合金结构钢焊件，尤其适宜于薄板焊接。

CO_2保护焊的缺点是，由于CO_2的氧化作用，熔滴飞溅较为严重，因此焊缝成形不够光滑。另外，如果控制或操作不当，容易产生气孔。

气体保护焊常用药芯焊丝作焊接材料。药芯焊丝是一种新型的焊接材料，与普通实芯焊丝不同。药芯焊丝是由薄钢带卷成圆形钢管或异形钢管的同时，填进一定成分的药粉料，经拉拔成形而制成的一种焊丝。焊丝断面有O形、E形和T形等各种类型。

药芯焊丝采用气体、焊剂或自保护方式进行保护，可用于结构焊接、堆焊等，近年来在自保护全位置焊接以及埋弧焊方面也得到了进一步应用。

药芯焊丝用途广泛，熔敷效率高，焊缝质量好，对钢材的适应性强。当实芯焊丝无法或很难控制时，药芯焊丝更有其优越性。

3.4 特种焊接和热切割方法

3.4.1 电渣焊

电渣焊(electric slag welding)是利用电流通过熔渣产生的熔渣电阻热加热熔化母材与电极(填充金属)的一种焊接方法。按电极形状分为丝极电渣焊、板极电渣焊、熔嘴电渣焊和熔管电渣焊。电渣焊适用于焊接大厚度的焊件。

3.4.1.1 电渣焊焊接过程

电渣焊焊接前不开坡口，接头处留20～40 mm的间隙，焊件装配时，要焊上引弧板、引出板和Π形铁(图3-21)。Π形铁是为了使接头处在焊接时固定不动；电渣焊时，焊件要处于立焊位置，铜冷却滑块(成形铜板)起强制焊缝冷却成形的作用，要通冷水；焊接开始时，首先要在引弧板处引燃电弧，熔化焊剂和工件，形成渣池和熔池，当渣池达到一定深度时，电弧熄灭进入电渣焊过程。

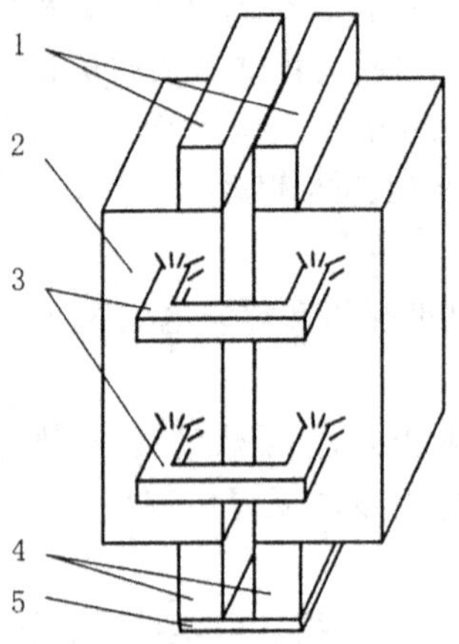

图 3-21 电渣焊工件装配图
1-引出板 2-工件 3-Π 形铁
4-引入板 5-引弧板

电流通过渣池时产生的电阻热，使渣池保持 1 700～2 000℃高温，高温渣池使焊件边缘和焊丝熔化，熔化的金属沉入渣池底部形成金属熔池，金属熔池不断增高，渣池也随之上升，熔池下部逐渐冷却凝固形成焊缝。焊接结束时，要把渣池和熔池引出焊件，以防止焊缝末端产生缩孔和裂纹。

3.4.1.2 电渣焊特点及应用

①焊接厚件，生产率高，成本低。厚大截面不开坡口，焊缝一次焊成，生产率高；同时节省焊接材料和焊接工时，成本低。

②焊缝金属比较纯净。由于渣池机械保护好，空气不易进入；熔池存在时间长，低熔点夹杂物和气体容易排出。

③焊件焊后要热处理。电渣焊时，整个截面一次焊成，焊接速度慢，接头金属在高温停留时间长，过热区大，接头金属组织粗大。因此，电渣焊后要进行正火处理，以改善电渣焊接头组织与性能。

电渣焊适用于板厚 40 mm 以上结构的焊接。一般用于直缝焊接，也可用于环缝焊接，在水压机、轧钢机、水轮机等重型机械制造中得到广泛的应用。

3.4.2 压力焊

压力焊(pressure welding)是焊接过程中，需要加压的一种焊接方法。常用的有电阻焊和摩擦焊。

3.4.2.1 电阻焊

电阻焊(resistance welding)是利用电流通过焊件及其接触面而产生的电阻热，将焊件加热到塑性或局部熔化状态，再在压力下形成接头的一种焊接方法。

电阻焊时，金属的电阻很小，一般要通很大电流(几千至几万安培)才能保证充分的加热，因此电阻电焊机的容量大，用电量很大。电阻焊的特点是生产率高，焊接变形小，焊接时不需用填充金属和焊剂，易于实现自动化，且电阻焊设备复杂，适用于成批大量生产，如汽车制造。

电阻焊分为点焊、缝焊和对焊 3 种。

1)点焊。如图3-22 所示，利用电流通过圆柱形电极和搭接的两焊件产生电阻热，将焊件加热并局部熔化形成熔核，并在压力作用下熔核结晶，形成熔点。

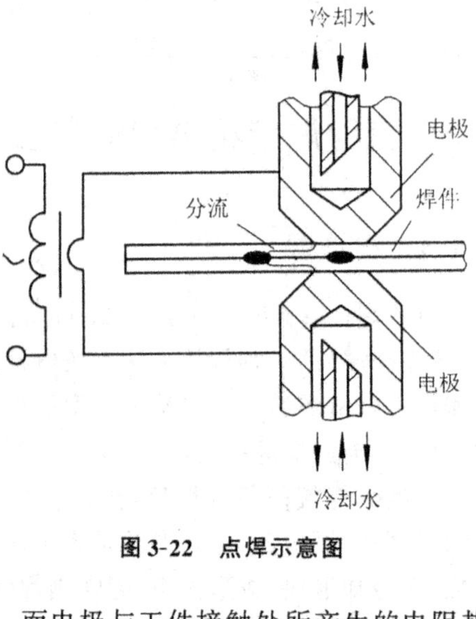

图 3-22 点焊示意图

点焊时，先将两工件加压使之紧密接触，然后接通电流，使接触处产生电阻热，温度迅速升高，接触处金属熔化形成液态熔核。断电后，继续保持或加大压力，使熔核在压力下凝固结晶，形成组织致密的焊点。而电极与工件接触处所产生的电阻热由于被导热性好的铜电极与冷却水带走，因此温升有限，不会焊合。焊点形成后移动焊件，依次形成其他焊点。点焊第二焊点时，有一部分电流会流经已焊好的焊点，这种现象称分流现象。分流将导致焊接处电流减小，影响焊接质量。因此，两焊点之间应有一定距离，其距离大小与材料的厚度有关。一般材料导电性越强，厚度越大，分流现象越严重。

影响点焊质量的主要因素除点焊工艺参数——焊接电流、通电时间、电机电压外，工件表面状态影响很大。因此点焊焊前必须清除焊件表面氧化物和油污等。为使施焊方便，加热可靠，点焊时焊件都采用搭接接头。

点焊主要用于厚度小于4 mm以下的薄板冲压结构及钢筋的焊接，尤其是汽车、飞机的制造，焊接材料可以是碳钢、低合金钢、高合金钢、铜合金等。

2)缝焊。将点焊用的柱状电极改为圆盘电极，焊接时盘状电极既对焊件加压，又导电，同时还旋转。靠摩擦力带动焊件移动，最后在焊件上焊出由许多相互重叠的焊点组成的焊缝。

缝焊时，由于焊缝中的焊点相互重叠约50%以上，因此密封性好。但缝焊分流现象严重，所需焊接电流为点焊时的1.5～2倍，主要适用于制造要求密封性的3 mm以下的薄板结构，如油箱、小型容器与管道等。采用断续送电、连续送进的工艺可节约电能，并使焊件和焊机有冷却时间。

3)对焊。对焊是将焊件装配成对接接头，使其端面紧密接触，利用电阻热加热至塑性状态，然后迅速施加顶锻力完成焊接的方法。根据工艺过程的不同对焊分为电阻对焊和闪光对焊。

电阻对焊时，将焊件夹紧在电极上，加预压力并通电，接触处被迅速加热到塑性状态，然后增大压力，同时断电，使接触处产生塑性变形并形成牢固接头。为使加热均匀，不易产生夹渣，电阻对焊要求焊件表面清理严格。

闪光对焊时，焊件夹紧在电极上，然后接通电源，并使焊件缓慢靠拢接触。强电流通过少数触点，使其迅速熔化、汽化，在磁场作用下，液态金属爆破飞出，造成“闪光”。由于焊件不断送进，旧触点爆破又形成新的触点，闪光现象连续产生，热量传到工件，待加热至两端面全部熔化时，迅速对焊件加压并断电，使熔化金属自接合面挤出，并产生大量塑性变形使焊件焊合。焊接过程中，工件端面的氧化物及杂质一部分随闪光火花带出，一部分在加热时液体金属挤出，故接头中夹渣少，质量高。但金属损耗多，焊后有毛刺需要清理。

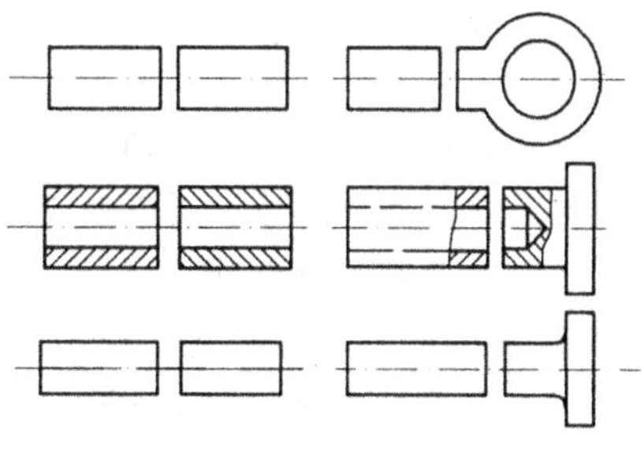

图3-23 对接接头形式

为保证两焊件接触面加热均匀，对焊要求焊件接触处的端面形状尺寸相同或相近，如图3-23所示。

3.4.2.2 摩擦焊

摩擦焊(friction welding)是利用焊件表面相互摩擦产生的热，使端面达到热塑性状态，然后迅速顶锻，完成焊接的一种压焊方法。

如图 3-24 所示，焊接时将一焊件夹持在可以高速旋转的夹头上高速旋转，另一焊件以相当大的压力压向旋转件，使之摩擦加热，当加热到塑性状态时，焊件迅速停转，与此同时保持或增大轴向压力进行顶镦，直到焊接完成。

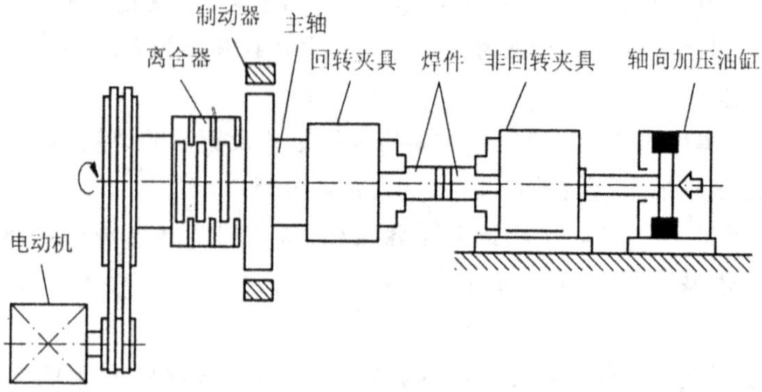

图 3-24 摩擦焊示意图

摩擦焊的特点：

①质量好。摩擦过程中，焊接接触表面的氧化膜与杂质被清除，因此接头组织致密，不易产生气孔、夹杂等缺陷。

②焊接金属范围广。焊接相同金属，也适用于异种金属的对接，如紫铜-不锈钢，铜-铝，中碳钢-高速钢等。

③生产率高。焊接操作简单，不需焊接材料，易实现自动控制。

④电能消耗少。只有闪光焊的 1/15～1/10。

3.4.3 等离子弧焊

近代科学技术的发展，人们发现了物质的第四态——等离子体。它是在一定条件下完全电离了的气体。等离子体中正负电荷相等，外观上呈中性。将自由电弧的弧柱进一步压缩，弧柱中的气体就会完全电离，即得到等离子弧。等离子弧的温度高达 16 000～30 000℃，可用来进行焊接和切割。

图 3-25 是等离子弧发生装置原理图。等离子枪是发射等离子弧的装置，等离子枪的喷嘴要通冷水进行冷却，还要送进氩气使电弧受到压缩，等离子弧与普通焊接电弧不同，是一种被压缩的电弧，因而能量密度非常高。

首先，电弧通过喷嘴小孔时被小孔压缩，称为机械压缩效应；其次当氩气流过时电弧外围受到冷却作用使电弧进一步被压缩，这种压缩称热压缩效应；此外，电弧周围存在着磁场，电磁力使电弧收缩地更加细小，这种作用为电弧收缩效应。以上 3 种压缩作用使等离子弧的能量高度集中，温度大大超过普通焊接电弧。

3.4.3.1 等离子弧的焊接

等离子弧焊接(plasma arc welding)可分为微束等离子弧焊接和大电流等离子弧焊接。电流在30A 以下的等离子弧焊接为微束等离子弧焊接，等离子弧喷射速度和能量密度较小，比较柔和，可用于焊接 0.025～2.5 mm 的箔材及薄板，如 0.5 mm 厚的不锈钢钢板。

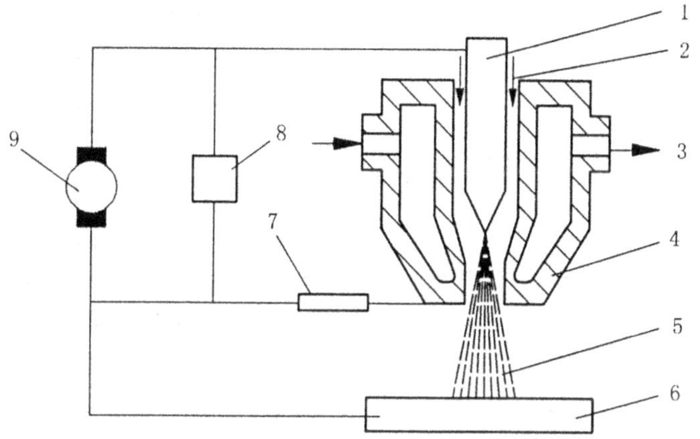

图3-25 等离子弧发生装置

1-钨极 2-Ar或N_2 3-冷却水 4-喷嘴 5-等离子弧 6-工件 7-电阻 8-高频振荡器 9-直流电源

当焊接厚度大于2.5 mm时，采用大电流等离子弧焊接。此时气体流量大，当规范选择适当时，等离子弧能穿透整个工件，焊后的宽度和高度均匀一致，双面成形良好。

3.4.3.2 等离子弧切割

等离子弧用于切割，称为等离子弧切割，比氧气切割提高效率1～3倍，用普通氧气切割方法不能切割的不锈钢、铜、铝及其合金以及难熔的金属和非金属材料都可以采用等离子弧切割。

3.4.3.3 等离子弧焊接的特点及应用

①等离子弧能量密度大，弧柱温度高，穿透能力强。10～12 mm厚度钢材可不开坡口，焊接时不加填充金属，一次焊透双面成形，焊接速度快，生产率高，应力变形小。

②电流小到0.1 A时，电弧仍能稳定燃烧，能保持良好的挺直度与方向性，所以可焊接很薄的箔材。

但等离子弧焊接设备比较复杂，气体耗量大，只宜于室内焊接。

等离子弧焊接在生产中已被广泛应用，等离子弧焊主要用于焊接不锈钢、耐热钢、铜合金、钛合金以及钨、钼、钴等金属材料。

等离子弧除用于焊接和切割外还可以用来喷涂和堆焊。

3.4.4 电子束焊

电子束焊(electron beam welding)是利用加速和聚焦的电子束轰击置于真空或非真空中的焊件所产生的热能进行焊接的方法。电子束轰击焊件时，99%以上的电子动能会转变为热能，焊件被电子束轰击的部位，可被加热至很高的温度。

电子束焊根据焊件所处环境的真空度不同，分为高真空电子束焊、低真空电子束焊和非真空电子束焊。

3.4.4.1 电子束焊原理

图3-26所示为真空电子束焊。焊接时，真空中的电子枪阴极通电加热至高温，发射出大量电子，这些电子在强电场的阴极和阳极间受高压作用而加快至很高速度。高速运动的电子经聚

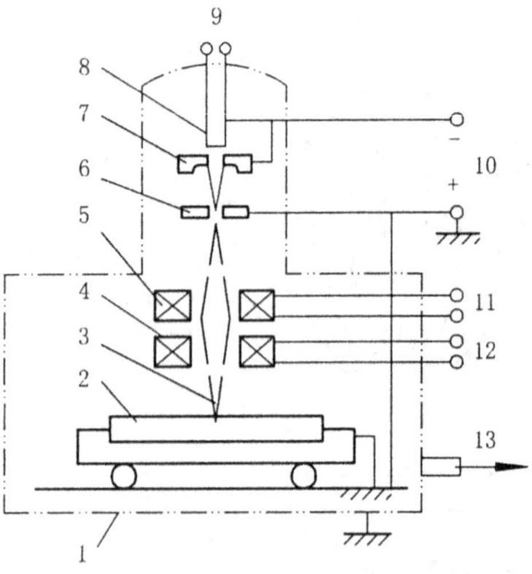

图3-26 真空电子束焊接示意图

1-真空室 2-焊件 3-电子束 4-磁性偏转装置 5-聚焦透镜 6-阳极 7-阴极 8-灯丝 9-交流电源 10-直流高压电源 11,12-直流电源 13-排气装置

束装置(阳极和聚焦线圈)形成高能量密度(10^9 W/cm^2)电子束,以极大速度(16 000 km/s)冲击到焊件极小的面积上,动能转化为热能,使轰击部位迅速熔化甚至汽化。根据焊件的熔化程度,适当移动焊件即可得到所需接头。

电子束焊一般不加填充金属,如要保证焊缝正面和背面有一定堆高,可在焊缝处预加垫片。对接缝隙约为0.1 mm的厚板,但不超过0.2 mm。

3.4.4.2 电子束焊焊接特点及应用

①焊接质量高,焊件在真空中焊接,金属不会氧化、氮化,焊接质量高。

②焊接变形小,可进行装配焊接。焊接时热量高度集中,焊接热影响区小(0.75 mm),基本上不产生焊接变形,可对精加工后的零件进行焊接。

③焊接适应性强。电子束焊工艺参数调节范围宽,可焊接0.1～300 mm的不同厚板。对低合金钢、不锈钢、有色金属、难熔金属、复合材料、异种金属等,均可焊接。

④生产率高,成本低,易于自动化。电子束能量密度大,焊速快,焊厚板不需开坡口。

⑤真空电子束焊焊接设备复杂,造价高,且焊件尺寸受真空室限制。

真空电子束焊适用于各种难熔金属(钛、钼等)、活性金属(除锡、锌等低沸点元素含量多的合金外)以及各种合金钢、不锈钢等的焊接。既可用于焊接薄壁、微型结构,又可焊接厚板结构,如微型电子线路组件、大型导弹外壳、原子能设备的厚壁结构以及轴承、齿轮组合件等。

3.4.5 激光焊与切割

3.4.5.1 激光焊焊接过程

激光焊(laser beam welding)是以聚焦的激光束为能源,轰击焊件产生的热量进行焊接的方法。

激光是一种强度高、单色好、方向性好的相干光,聚焦后的激光束能量密度极高,可达10^{13} W/cm^2,在极短时间内(千分之几秒甚至更短时间)激光能转变为热能,温度可达1万℃以上,极易熔化和汽化各种对激光有一定吸收能力的金属和非金属材料,可以用来焊接和切割。焊接时,激光器受热,产生激光束,通过聚焦系统聚焦为微小焦点,能量进一步集中。当激光束调焦到焊件的接缝处时,光能被焊件材料吸收后转化为热能,在焦点附近产生高温使金属瞬间融化,实现焊接(图3-27)。

3.4.5.2 激光焊焊接特点及应用

1)能量密度大。适于高速加工,且热源作用时间短,因而焊接热影响区极小,焊接尺寸精度高,可进行精密零件、热敏感材料的焊接。由于焊接极快,被焊材料不易氧化,可在大气中焊接,且不需真空和气体保护。

2)操作灵活。激光焊接装置不需要和被焊工件接触,借助偏转棱镜或通过光导纤维引导到难以接近部位进行焊接,也可穿过透明材料进行焊接。

3)设备复杂,造价高。激光焊需要专门的仪器及其装置。

激光焊接适用于绝缘材料、异种金属、金属与非金属的焊接。目前主要用在微型精密、排列密集和热敏感焊件上的焊接。

3.4.5.3 激光切割

激光切割的原理是利用聚焦后的激光束使工件材料瞬间气化而形成割缝。大功率CO_2气体激光发生器所输出的连续激光可以切割钢板、钛板、石英、陶瓷和塑料等。切割金属材料时,采用同轴吹氧工艺,可大大提高切割速度。

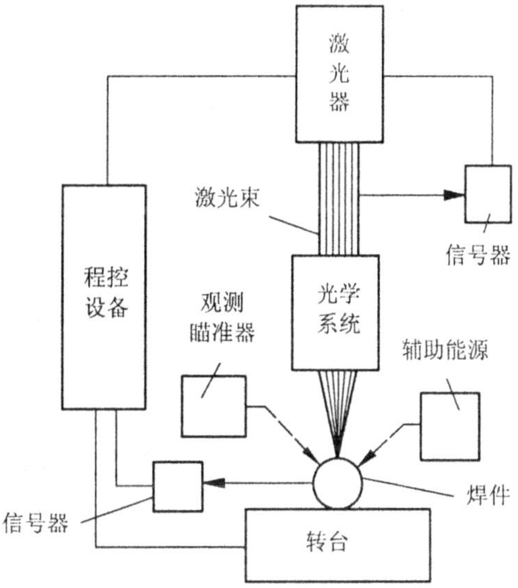

图 3-27 激光焊示意图

3.4.6 钎焊

钎焊(braze welding)是利用熔点比焊件低的钎料作填充金属,适当加热后,钎料熔化而将处于固态的焊件连接起来的一种焊接方法。

钎焊的过程是:将表面清洗好的工件以搭界形式装配在一起,把钎料放在接头间隙附近或接头间隙之间。当工件与钎料被加热到稍高于钎料的熔点温度以后,钎料熔化(此时工件未熔化)并借助毛细管作用被吸入和充满固态工件间隙间,液态钎料与工件金属相互扩散溶解,冷凝后即形成钎焊接头。

根据钎料熔点的不同,钎焊可分为硬钎焊(brazing)与软钎焊(soldering)。

3.4.6.1 硬钎焊

钎料熔点在450℃以上,接头强度较高,都在200 MPa以上,属于这类的钎料有铜基、银基和镍基等。银基钎料钎焊的接头具有较高的强度、导电性和耐蚀性,而且熔点较低、工艺性好,但银钎料较贵,仅用于要求高的焊件。镍铬合金钎料可用于钎焊耐热的高强度合金与不锈钢,工作温度可高达900℃,但钎焊的温度要求高于1 000 ℃以上,工艺要求很严。硬钎焊主要用于受力较大的钢铁和铜合金构件的焊接以及工具、刀具的焊接。

3.4.6.2 软钎焊

钎料熔点在450℃以下,接头强度较低,一般不超过70 MPa,所以只用于钎焊受力不大、工作温度较低的工件。常用的钎料是锡钎合金,所以统称锡焊。这类钎料熔点低(一般低于230℃),渗入接头间隙的能力较强,具有较好的焊接工艺性能。锡铅钎料还有良好的导电性。因此软钎焊广泛用于焊接受力不大的常温工作的仪表、导电元件以及钢铁、铜及铜合金等制造的构件。

钎焊构件的接头形式都采用板料搭接和套件镶接,图3-28给出了几种常见的型式。这些接头都有较大的钎接面,以弥补钎料强度的不足,保证接头有一定的承载能力。接头之间应有良好的配合和适当的间隙。间隙太小,会影响钎料的渗入与润湿,达不到全部焊合。间隙太大,不但浪费钎料，而且会降低钎焊接头强度。因此一般钎焊接头间隙取为0.05～0.2 mm。

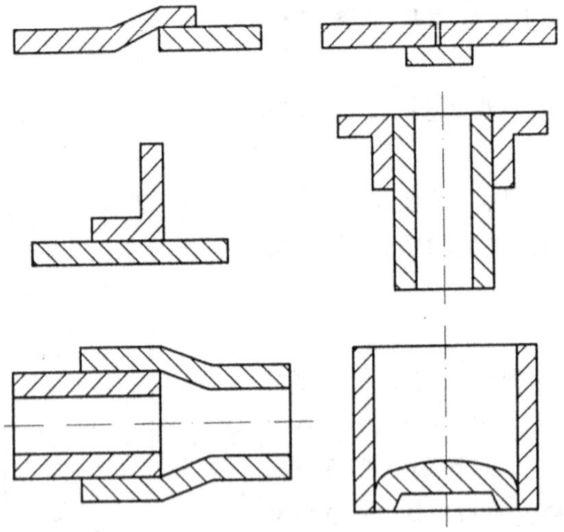

图3-28 钎焊的接头形式

在钎焊过程中，一般都需要使用溶剂，以消除被焊金属表面的氧化膜及其他杂质，改善钎料流入间隙的性能(即润湿性)，保护钎料及焊件不被氧化，因此，溶剂对钎焊质量影响很大。软钎焊时，常用的溶剂为松香或氯化锌溶液。硬钎焊溶剂种类较多，主要由硼砂、硼酸、氟化物、氯化物等组成，应根据钎料种类选择应用。

钎焊的加热方法可分为烙铁加热、火焰加热、电阻加热、感应加热、炉内加热、盐浴(浸沾)加热等，可根据钎料种类、工件形状与尺寸、接头数量、质量要求与生产批量等综合考虑选择。其中烙铁加热温度较低，一般只适于软钎焊。

3.4.6.3 钎焊特点

①钎焊过程中，工件加热温度较低，因此组织和机械性能变化很小，变形也小。接头光滑平整，工件尺寸精确。

②钎焊可以焊接性能差异很大的异种金属，对工件厚度差没有严格限制。

③对工件整体加热钎焊时，可同时钎焊由多条(甚至上千条)接缝组成的复杂形状构件，生产率很高。

④钎焊设备简单，生产投资费用少。

但钎焊的接头强度较低，尤其动载强度低，允许的工件温度不高，焊前清理要求严格，而且钎料价格较贵。因此钎焊不适于一般钢结构和重载动载机件的焊接。钎焊主要用于制造精密仪表、电器零部件以及某些复杂薄板结构，如夹层构件、汽车水箱散热器等，也常用于钎焊各类导线和硬质合金刀具。

3.4.7 超声波焊

3.4.7.1 超声波焊原理

利用超声波的高频振荡能，通过磁致伸缩元件，将超声频转化为高频振动，在上下振动极的作用下，两焊件局部接触产生强烈的摩擦、升温和变形，从而使氧化皮等污物得以破坏或分散，并使纯净金属的原子充分靠近，形成冶金结合(图3-29)。超声波焊接过程中，没有电流流经焊件，也没有火焰或弧光等热源的作用，是一种摩擦、扩散、塑性变形综合作用的焊接过程。超声波焊(ultra sonic welding)分为超声波点焊和超声波缝焊。

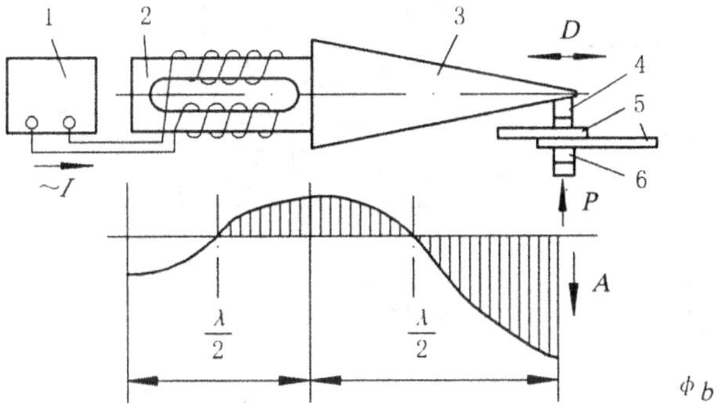

图3-29 超声波焊原理示意图

A-振幅分布 *I*-振荡电流及直流磁化电流 *D*-振动方向 *P*-静压力

1-超声发生器 2-换能器 3-聚能器 4-上声极 5-焊件 6-下声极

3.4.7.2 超声波焊接的特点及应用

①接头中无铸态组织或脆性金属间化合物，也无金属的喷溅。

②接头的机械性能比电阻焊好，且稳定性高。

③焊接的材料范围广，特别适合于高熔点、高导热性和难熔金属的焊接及异种材料的焊接。

④焊接接厚薄悬殊及多层箔片等特殊结构。

⑤工件表面清理简单，电能消耗少，仅为电阻焊的5%。超声波焊目前主要用于微小的薄件焊接(2 μm 的金箔)，焊件变形小，微电子器件中的IC，LSC 等集成电路的引线焊接。

3.4.8 扩散焊

3.4.8.1 扩散焊的原理及分类

将两工件压紧在一起并置于真空或保护气中加热，使两焊件表面微观凹凸不平处产生塑性变形达到紧密接触，经过较长时间的保温和原子扩散而形成固态冶金连接(图3-30)。扩散焊(diffusion welding)分固态扩散焊和瞬时液相扩散焊2种。

3.4.8.2 扩散焊的特点及应用

①焊接温度低(0.4～0.8倍的焊件熔点)，焊接熔化焊难焊接的材料，如高温合金及复合材料。

②焊接结构复杂、精度要求高的焊件。

③焊接各种不同材料。

④焊缝可与母材成分和性能相同，无热影响区。

⑤要求焊件表面十分平整和光洁。

扩散焊可用于高温合金蜗轮叶片，超音速飞机中钛合金构件的焊接，钛-陶瓷静电加速管的焊接，异种钢的焊接，高温合金、铝及铝合金、钛及钛合金、复合材料、金属与陶瓷等的焊接。

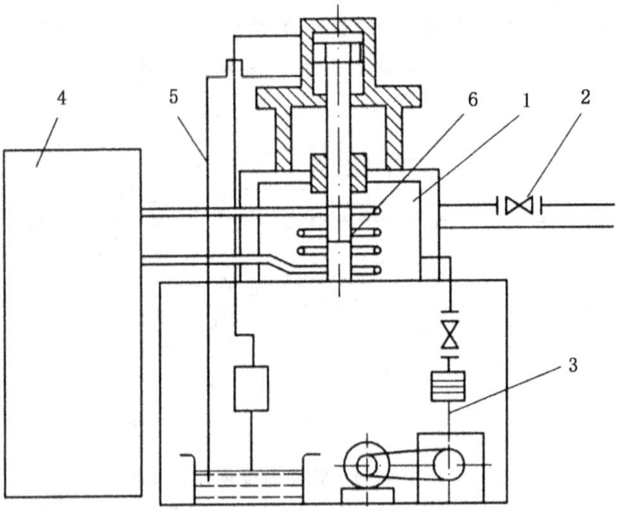

图 3-30 扩散焊装置示意图

1-真空室 2-冷却水系统 3-抽真空系统 4-高压高频设备及加热器 5-液压加压系统 6-焊件

3.4.9 爆炸焊

爆炸焊(explosive welding)是以炸药作能源,将两块或两块以上的金属连接成为双金属或多层金属的焊接方法。

3.4.9.1 爆炸焊焊接过程

利用炸药爆炸时产生的高压(700 MPa)和高温(3 000℃)及高速(500~1 000 m/s)冲击波作用在复材上,使其与基材猛烈撞击,接触处产生射流清除表面氧化物等杂质,并在高压下形成固态接头。

其焊接过程是:根据被焊材料大小和厚度选用自然平整的土地或平坦的砂堆作为爆炸焊接的基地,装配前必须再次清洗基材和复材的被焊表面,布放炸药,其用量根据被焊材料的性质、厚度和面积来确定。基材和复材之间需留有一定的间隙,以便增加冲击压力。在炸药平面的中心或靠边埋上引爆的火源——雷管,为更易于引爆,周围填满黄色炸药,然后接通雷管导线,清理现场,待工作人员和全部物品隐蔽起来后,即可引爆。

引爆后炸药释放出巨大的能量,产生几十万大气压力作用于复材,复材首先受冲击的部位立即产生弯曲,由静止穿过间隙加速运动,同基材倾斜碰撞,随着爆轰波以每秒几千米的速度(V_D)向前传播,两金属碰撞点S便以同样的速度V_{CP}向前推进,直至焊接结束(图 3-31)。

在爆炸焊过程中,接触界面撞击点前方产生金属射流,以及爆炸发生对复板的变形与加速运动,是沿整个焊接接头逐步地连续完成的,是获得爆炸焊牢固接头的基本条件。

由于爆炸焊接的能量很大,不仅有爆炸的威力,还有强大的冲击波和惊天动地的巨响,因此为了安全,把它放在人烟稀少的野外为宜。

3.4.9.2 爆炸焊特点及应用

①由于爆炸焊是瞬间完成,能量集中,热量消失迅速,所以它能焊接热物理性能差别很大

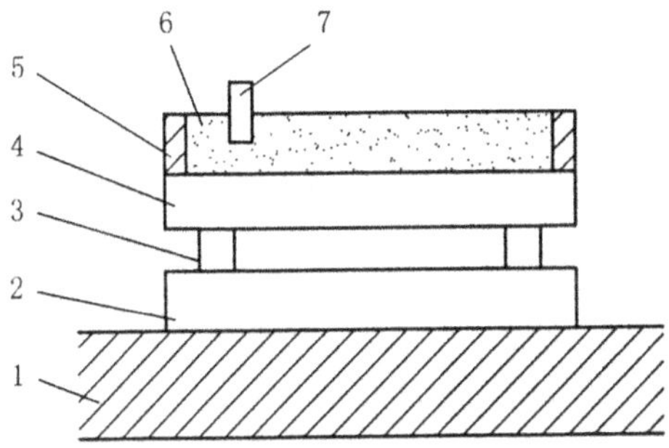

a) 爆炸焊装配示意图

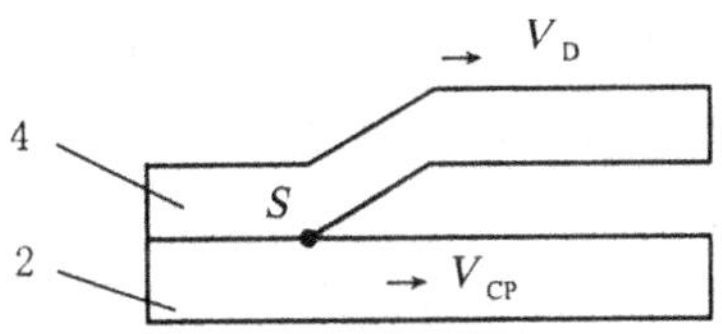

b) 爆炸焊过程示意图

图 3-31 爆炸焊示意图

1-基地 2-基材 3-支撑块 4-复材 5-药框 6-炸药 7-雷管

的金属，如熔点悬殊的铝和钢、铝和钛、钛和铜，膨胀系数相异的钛和不锈钢、锆和不锈钢之间的焊接，还能焊接活性强大的钽、铌、锆等稀有金属。

②可以焊接大面积、大厚度比的材料，并能焊接异种多层金属。

③爆炸焊件除具有一般的冶金连接外，还有波纹状的锁结，向拉链一样咬合在一起，所以连接强度高。

④爆炸焊节省时间，节省水电等能源，特别是节约稀有贵重金属。

由于爆炸焊具有以上优点，所以用它生产的复合材料在现代工业中得到了广泛的应用。

3.5 黏接技术

黏接(cementation)是一门多学科的边缘科学，也是一门新的交叉学科。黏合是指 2 个表面依靠化学力、物理力或两者兼有的力使之结合在一起的状态。被黏物是指准备胶接的物体或胶接后胶层两边的物体。胶黏剂是指通过黏合作用，能使被黏物结合在一起的物质。

3.5.1 胶黏剂

据不完全统计迄今为止已有6 000 多种胶黏剂问世，虽然性能各异，组成不一。然而基本上都以黏料为基料，再配以各种固化剂、溶剂、交联剂、促进剂、增塑剂、增韧剂、增稠剂、稀释剂、补强剂、络合剂、乳化剂、偶联剂、抗氧剂、防老剂、阻燃剂、引发剂、促进剂、填充剂及其他助剂如光敏剂、消泡剂、发泡剂、防腐剂等配置而成。

3.5.1.1 胶黏剂的特点

①胶黏剂密封性能良好，可简化密封结构。结构简单，极易操作，密封性能良好是人们接受它的理由。在许多情形中，需要产生连接、密封 2 种效果，选用黏接剂则可一举两得。

②合理地采用黏接技术能取得很好的省工、省料、省时、省能耗效果。

③由于胶黏剂质量轻，使用时一般都不用动火，不用电，是在常温或低温中进行，因此操作起来与传统的其他技术相比，就显示了劳动强度低、节能、安全及无毒害的优点。

④黏接不仅可以胜任焊接等传统的连接工艺不易或不能胜任的工作，而且还能解决化学

热处理、表面处理、防腐、防火等传统工艺不能或不易解决的技术难题。

3.5.1.2 胶黏剂的用途

严格说来，胶黏剂的用途就是用胶黏剂进行黏接的用途。随着科技与经济的发展，胶黏剂的用途也越来越广，概括起来，主要有如下几个方面：

①各种材料产品的黏接、组合；

②各种设施的密封或绝缘；

③设施的维护修理；

④材料、设施的防护；

⑤热处理、表面处理等领域的特殊用途，如防电镀、防渗碳、防渗氮、防碳氮共渗、防淬火、防淬裂、防高温气流腐蚀和防火等；

⑥完成各种黏接工程，如人体材料的黏接，取代传统工艺的黏接等。

3.5.2 黏接修理技术

应用于设施修理领域的黏接技术，统称黏接修理技术。黏接修理技术是黏接工程技术的组成部分。

3.5.2.1 黏接修理技术的特点

黏接修理技术的特点可以用多、快、好、省 4 个字来概括。

①多。用途多，应用范围广，几乎各行各业都有它的用武之地，几乎每个人都离不开黏接修理技术。

②快。见效快，是黏接修理技术特别见长之特点。在许多情况下，往往涂胶一粘便解决问题。尤其在解决带压黏接堵漏等修理问题时，往往数秒钟内便可立即止漏止裂。闻名于世的三秒胶，更是脍炙人口，深受人们的喜爱。

③好。“收旧利废效果好，变废为宝效益高”，这两句评价基本上概述了黏接修理技术的好处。这项修理技术，还能解决许多传统的修理技术不能够或者不容易解决的技术难题。

④省。指省工、省时、省料、省钱、省能耗等。

3.5.2.2 黏接修理技术的用途

黏接修理技术早已渗透到各行各业，用途很广泛。现将黏接修理技术可以解决的一些常见的问题列举如下。

①各种机械设备、设施断裂、磨损的修理，如柴油机缸体破裂的修补，壳体类零件腐蚀穿孔、裂损、裂漏的修补等。

②各工矿企业的气罐、油箱、变压器等设备及管道的跑、冒、滴、漏的修理及防护。尤其是采用特种黏接技术，可在不停车、不停电、不降压、不动火、不用电的情形下进行快速修理，边漏边粘补，安全可靠，效果明显。

③各种建筑设施、家用电器、家具、生活用品等的修理。

3.5.2.3 黏接修理技术的分类

黏接修理技术通常可分为一般的黏接修理技术和特种的黏接修理技术。根据黏接修理技术的一些基本特点，将其划分为单纯的黏接修理技术和复合的黏接修理技术。

1)单纯的黏接修理技术。单纯的黏接修理技术，是指单纯地依靠胶黏剂的性能，按照其基本使用方法完成黏接修理工作的黏接技术。

单纯的黏接修理技术,一般注重选胶、施(涂)胶和黏接修理的工作环境的条件等因素,便可顺利地完成黏接修理工作。选胶要根据黏接的目的及被黏物的特点来酌选。施胶方法,常采用刷涂、喷涂、点涂的方法,要根据实际的需要而择之。黏接修理工作环境的条件,主要是指被修理物件所处于或者能处于的环境的温度、湿度、清洁度等条件,黏接修理人员应审时度势,优选、利用它,才能取得良好的黏接修理效果。

2)复合的黏接修理技术。复合的黏接修理技术,指依靠单纯的黏接修理技术与其他技术结合构成的使用方法,完成黏接修理工作的复合技术。

实践证明,黏接修理技术也存在局限性,当黏接修理技术满足不了实际的要求时,就应该考虑如何选择与其他技术结合使用的方案,以便解决更多的实际问题。例如,当黏接面积受到限制,单一的黏接方案不能获得较理想、较可靠的黏接强度时,当被黏处要承受较大的冲击载荷时,就可选择复合的黏接方案,即选择黏接与铆接结合,黏接与焊接结合或黏接与机械连接结合的方案。或者先黏后焊,或者先焊后黏,或者先黏后铆,或者先铆后黏,或者边黏边铆。黏接借用焊接、铆接的作用提高黏接处的承载能力,特别是抗冲击能力。焊接和铆接则依赖黏接的作用,不仅增加了连接处的结合力,而且有效地避免了应力集中问题,从而大大提高或改善了焊接和铆接的效果。许多事实证明,单一的焊接、铆接或黏接方案的连接效果,无论是连接强度或者是使用寿命,都没有复合的连接效果好。

目前复合的黏接修理技术,已发展了以下几种常用的方法:黏接与黏接接头设计技术复合的黏接修理技术;黏接与机械连接技术复合的黏接修理技术;黏接与焊接技术复合的黏接修理技术;黏接与铆接技术复合的黏接修理技术;黏接与其他技术复合的黏接修理技术等。

3.5.2.4 黏接修理技术的基本工艺

无论胶黏剂性能怎么优良,它也无法完全保证黏接修理工作的绝对成功和完美,只有按照能够满足胶黏剂的各种工艺条件去使用胶黏剂,才能完成预期的较完美效果的黏接修理工作。“各种工艺条件”,指的就是黏接修理技术的基本工艺。

1)黏接前处理工艺。

①选择合理的黏接修理技术。首先应根据被修理物的损坏情况、受力情况、使用情况及其他相关条件和要求,来选择合理的黏接修理方法,是选择单纯的黏接修理技术,还是复合的黏接修理技术。

②选择合理的胶黏剂。应该从黏接的实际需要和经济成本的角度选择不同性能的胶黏剂。

③选择合理的接头形式。一般来说应该选择套接头、槽接头及平面搭接头形式,尽量回避对接接头形式。

④选择有关工具。其中包括对清理工具、调胶、施胶、加压区化、加热固化工具的选择。选择好的工具能提高效率,保证质量。

⑤选择合理的表面处理技术。黏接前应该用各种表面处理手段和技术,将被涂胶表面的油、水、污垢及氧化膜全部清理干净,使胶黏剂能涂覆在很清洁的被黏接材料的基体上,才能收到很好的黏接效果。此外,利用表面处理技术将被黏物表面按实际需要处理至不同的光亮度和粗糙度,才能得到不同的黏接强度和黏接应用效果。

2)黏接工艺。选择合理的黏接环境、配胶工艺、施胶工艺、露置时间、黏接操作手法。一般的黏接操作手法是对黏接面施以适当的挤压、旋转、搓动、定位。

3)黏接后处理工艺。黏接后处理工艺包括选择合理的固化压力、固化温度和固化时间。焊接技术应用于黏接修理技术中,可明显提高修理处的承载能力,特别是抗冲击能力。铆接技术应用于黏接修理技术中,可起到定位黏接、增加固化压力、控制胶层厚度及增加黏接强度等多重作用。机械连接技术应用于黏接修理技术中,可带来联动的连接效果,既能提高连接强度,又能分散应力,增大应用价值。

3.5.2.5 黏接修理技术的发展趋势

黏接技术与胶黏剂两者是相辅相成、缺一不可的关系,但是总的来说,黏接技术是为胶黏剂服务的。不难看出,胶黏剂的发展趋势也应该是黏接技术的发展趋势。黏接技术的发展趋势,也就是黏接修理技术的发展趋势。

随着科技的进步和社会的发展,胶黏剂、黏接技术和黏接修理技术都在朝着高新技术化、横向化、环保化、纳米化、人性化、国际化的发展趋势迈进。

①高新技术化。主要表现为向高性能、高功能、高强度、高节能等高技术难度、高科技含量水平发展。

②横向化。主要表现为向跨学科、跨专业、跨领域的横向综合,转移速度越来越快,难度越来越高,效果越来越好。

③环保化。主要表现为对无毒、无害、无污染、绿色环保的要求越来越高。

④纳米化。纳米科技号称是21世纪的主体科技,纳米科技介入黏接领域,显然是会得到创造性的发展和提高。有迹象表明纳米胶黏剂的问鼎,已经把黏接修理技术推向了一个崭新的水平。在电子信息、生物工程、宇宙科学等尖端领域许多不能解决的修理难题,都因纳米化的胶黏剂及黏接修理技术迎刃而解了。

3.6 常用金属材料的焊接

3.6.1 金属材料的焊接性

3.6.1.1 焊接性概念

金属材料的焊接性(metal material weldability),是指被焊金属在采用一定的焊接方法、焊接材料、工艺参数及结构形式条件下,获得优质焊接接头的难易程度,即金属材料在一定的焊接工艺条件下,表现出“好焊”和“不好焊”的差别。

金属材料的焊接性不是一成不变的,同一种金属材料,采用不同的焊接方法、焊接材料与焊接工艺(包括预热和热处理),其焊接性可能有很大差别。例如,化学活泼性极强的钛的焊接是比较困难的,曾一度认为钛的焊接性很不好,但从氩弧焊应用比较成熟以后,钛及其合金的焊接结构已在航空等工业部门得到广泛应用。由于新能源的发展,等离子弧焊接、真空电子束焊接、激光焊接方法相继出现,钨、钼、钽、铌、锆等高熔点金属及其合金的焊接都已成为可能。

焊接性包括2个方面:一是工艺焊接性,主要是指焊接接头产生工艺缺陷的倾向,尤其是出现各种裂缝的可能性;二是使用焊接性,主要是指焊接接头在使用中的可靠性,包括焊接接头的机械性能及其他特殊性能(如耐热、耐蚀性能等)。金属材料这两方面的焊接性通过估算和试验方法来确定。

根据目前的焊接技术,工业上应用的绝大多数金属材料都是焊接的,只是焊接时的难易程度不同而已。当采用新材料(指本单位以前未应用过的材料)制造焊接结构时,了解及评价新材料的焊接性,是产品设计、施工准备及正确制定焊接工艺的重要依据。

3.6.1.2 估算钢材焊接性的方法

实际焊接结构所用的金属材料绝大多数是钢材,影响钢材焊接性的主要因素是化学成分。各种化学元素加入钢中以后,对焊缝组织性能、夹杂物的分布以及对焊接热影响区的淬硬程度等影响不同,产生裂缝的倾向也不同。在各种元素中,碳的影响最明显,其他元素的影响可折合成碳的影响,因此可用碳当量(carbon equivalent)方法来估算被焊钢材料的焊接性。硫、磷对钢材焊接性能影响也很大,在各种合格钢材中,硫、磷都要受到严格地限制。

碳钢及低合金结构钢的碳当量($C_{当量}$)经验公式为:

$$C_{当量}=C+\frac{Mn}{6}+\frac{Cr+Mo+V}{5}+\frac{Ni+Cu}{15}$$

式中C,Mn,Cr,Mo,V,Ni,Cu为钢中该元素含量。

根据经验:

$C_{当量}<0.4\%$时,钢材塑性良好,淬硬倾向不明显,焊接性良好。在一般的焊接工艺条件下,焊件不会产生裂缝,但对厚大工件或低温下焊接时应考虑预热。

$C_{当量}=0.4\%\sim0.6\%$,钢材塑性下降,淬硬倾向明显,焊接性较差。焊前工件需要适当预热,焊后应注意缓冷,要采取一定的焊接工艺措施才能防止裂缝。

$C_{当量}>0.6\%$时,钢材塑性较低,淬硬倾向很强,焊接性不好。焊前工件必须预热到较高温度,焊接时要采取减少焊接应力和防止开裂的工艺措施,焊后要进行适当的热处理,才能保证焊接接头质量。

利用碳当量法估算钢材焊接性是粗略的,因为钢材焊接性还受结构刚度、焊后应力条件、环境温度等影响。例如,当钢板厚度增加时,结构刚度增大,焊后残余应力也较大,焊缝中心部位将出现三向拉应力,这时实际允许的碳当量值将降低。因此,在实际工作中确定材料焊接性时,除粗步估算外,还应根据情况进行抗裂试验及焊接接头使用焊接性试验,为制定合理工艺规程与规范提供依据。

3.6.1.3 小型抗裂试验法

小型抗裂试验法的试样尺寸较小,应用简便,能定性评定不同拘束型式的接头产生裂缝的倾向。常用的试验方法有刚性固定对接试验法、Y形坡口试验法(小铁研法)、十字接头试验法等。

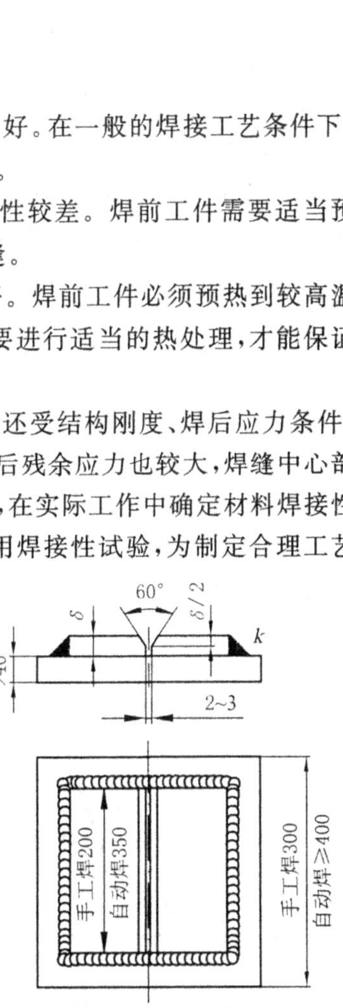

图3-32 刚性固定对接抗裂试验简图

图3-32是刚性固定对接试验法的试件简图,切制一个厚度大于40 mm的方形刚性底板,手工焊时取边长为300 mm,自动焊时取边长大于400 mm。再将待试焊接性的钢材按原厚度切制两块长方形试板,按规定开坡口后,将其焊在刚性底板之上。试板厚度$\delta\leqslant12$ mm时,取焊角$k=\delta$;试板$\delta>12$ mm时,焊角k取为12 mm,待周围固定焊缝冷到常温以后,按实际产品的焊接工艺进行单层焊或多层焊。焊完后在室温放置24 h,先检查焊缝表面及热影响区表面有无裂缝,再从垂直

方向切取厚度为15 mm 的金相磨片两块，进行低倍放大的裂缝试验。

从应用一般焊接工艺焊后无裂缝或裂缝多少，可初步评定试板材料的焊接性好坏；而后调整工艺（如预热、缓冷等）再焊接试板，使达到不裂，从而可参考抗裂试验制定出合理的焊接工艺规程与规范。

3.6.2 碳钢的焊接

3.6.2.1 低碳钢的焊接

低碳钢含碳量≤0.25%，塑性好，一般没有淬硬倾向，对焊接热过程不敏感，焊接性良好。焊这类钢时，不需要采取特殊的工艺措施，通常在焊后也不需要进行热处理（电渣焊除外）。

厚度＞50 mm 的低碳钢结构，需用大电流多层焊，焊后应进行消除应力退火。低温环境下焊接较大刚度结构时，由于焊件各部分温差较大，变形又受到限制，焊接过程容易产生大的内应力，可能导致构件开裂，因此应焊前预热。

低碳钢可以用各种焊接方法进行焊接，用得最广泛的是手工电弧焊、埋弧焊、电渣焊、气体保护焊和电阻焊。

采用各种熔化焊法焊接低碳钢结构时，焊接材料及工艺的选择主要应保证焊接接头与母材等强度。用手工电弧焊焊接一般低碳钢结构，根据情况可选用结421、结422 或结424 焊条，焊接承受动载结构、复杂结构或厚板结构时，应选用结426、结427 或结507 焊条。应用埋弧自动焊时，一般采用H08A 或H08MnA 焊丝配焊剂431 进行焊接。

低碳钢结构也不许用强力进行组装，装配点固焊应使用选定的焊条，点固后应检查焊道是否有焊缝与气孔。焊接时，应注意焊接规范，多层焊的熄弧和引弧处应相互错开。

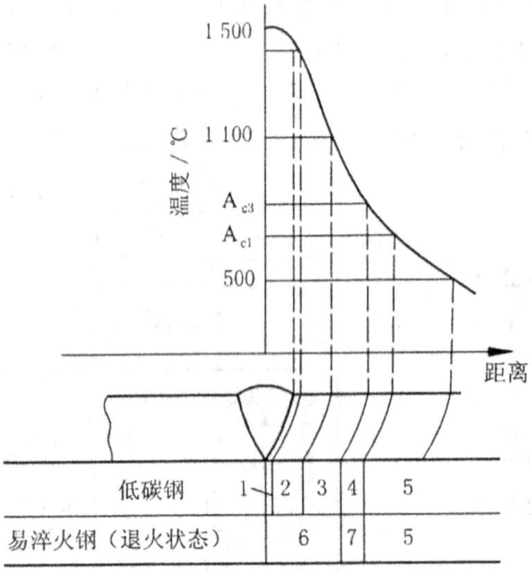

图 3-33 低碳钢与易淬火钢热影响区组织比较

1-熔合区 2-过热区 3-正火区 4-部分相变区 5-未受影响区 6-淬火区 7-部分淬火区

3.6.2.2 中、高碳钢的焊接

中碳钢含碳在0.25%～0.6%之间，随含碳量的增加，淬硬倾向愈发明显，焊接性逐渐变差。在实际生产中，主要是焊接各种中碳钢的铸钢件与锻件。中碳钢的焊接特点：

1）热影响区易产生淬硬组织和冷裂缝。中碳钢属于易淬火钢，热影响区被加热超过淬火温度的区段时，受工件低温部分的迅速冷却作用，将出现马氏体等淬硬组织。图3-33 为易淬火钢与低碳钢的热影响区组织比较。如焊件刚性较大或工艺不恰当时，就会在淬火区产生冷裂缝，即焊接接头焊后冷却到相变温度以下或冷却到常温后产生裂缝。

2）焊缝金属热裂缝倾向较大。焊接中碳钢时，因母材含碳量与硫、磷杂质远远高于焊条钢芯，母材熔化后进入熔池，使焊缝金属含碳量增加，塑性下降，加之硫、磷低熔点杂质的存在，焊缝及熔合区在相变前就可能因内应力而产生裂缝。

因此，焊接中碳钢件，焊前必须进行预热，使焊接时工件各部分的温差减小，以减小焊接应力，同时减慢热影响区的冷却速度，避免产生淬硬组织。一般情况下，35 号钢和45 号钢的预热温度可选为150～250℃，结构刚度较大或钢材含碳量更高时，可将预热温度再提高些。

焊接时，应选用抗裂能力较强的低氢型焊条。要求焊缝与母材等强度时，可根据钢材强度选用结506、结506、结606 或结607 焊条，如不要求等强度，可选择结427 型强度低些的焊条，以提高焊缝的塑性。不论用哪种焊条焊接中碳钢，均应选用细焊条小电流，开坡口进行多层焊，以防止母材过多地熔入焊缝，同时减小焊接热影响区的宽度。

焊接中碳钢一般都采用手工电弧焊，但厚件可考虑应用电渣焊，因电渣焊焊接过程可减轻焊接接头的淬硬倾向，能提高生产效率，但焊后要进行相应的热处理。

高碳钢的焊接特点与中碳钢基本相似，由于含碳量更高，使焊接性变得更差，应采用更高的预热温度，更严格的工艺措施（包括焊接材料的选配）才可进行焊接。实际上，高碳钢的焊接只限于修补工作。

3.6.3 合金结构钢的焊接

合金结构钢分为机械制造用合金结构钢和普通低合金结构钢两大类。

用于机械制造的合金结构钢零件（包括调质钢、渗碳钢），一般都采用轧制或锻制的坯料，焊接结构较少。如需焊接，因其焊接性与中碳钢相似，所以用于保证焊接质量的工艺措施与焊接中碳钢基本相同。

焊接结构中，用得最多的是普通低合金结构钢（以下简称低合金结构钢）。

低合金结构钢一般按屈服强度 σ_S 分级，几种常用的低合金钢钢号及其平均的碳当量可参看表3-6。我国低合金钢含碳量都较低，但因其他合金元素种类与含量不同，所以性能上的差异很大，焊接性的差别比较显著。强度级别较低的低合金钢，含合金元素较少，碳当量低，具有良好的焊接性；但强度级别高的低合金钢，碳当量较高，焊接性较差，焊接时应采取严格的工艺措施。

表 3-6 常用普通低合金结构钢的焊接材料、预热温度选用表

强度等级/MPa	钢号	碳当量/%	手弧焊焊条	埋弧自动焊 焊丝	埋弧自动焊 焊剂	预热温度
300	$09Mn_2$ $09Mn_2Si$	0.36 0.35	结422、结423 结426、结427	H08 H08MnA	431	
350	16Mn	0.39	结502、结503 结506、结507	H08A H08MnA $H10Mn_2$	431	
400	15MnV 15MnTi	0.40 0.38	结506、结507 结556、结557	H08MnA H10MnSi $H10Mn_2$	431	厚板 ≥100℃
450	15MnVN	0.43	结556、结557 结606、结607	$H08Mn_2MoA$ $H10Mn_2$	431 350	≥150℃
500	18MnMoNb 14MnMoV	0.55 0.50	结607 结707	$H08Mn_2MoA$ $H08Mn_2MoVA$	250 350	≥200℃
550	14MnMoVB	0.47	结607 结707	$H08Mn_2MoVA$	250 350	≥200℃

低合金钢的焊接特点：

1)热影响区的淬硬倾向。低合金钢的焊接时，热影响区可能产生淬硬组织，淬硬程度与钢材的化学成分和强度级别有关。钢中含碳及合金元素越多，钢材强度级别越高，焊后热影响区的淬硬倾向也越大。如300 MPa 级的09Mn 钢淬硬倾向也不大，但当含碳量接近允许上限或焊接规范不当时，16Mn 钢过热区也可能出现马氏体等淬硬组织。强度级别大于450 MPa 级的低合金钢，淬硬倾向增加，热影响区容易产生马氏体组织，形成淬火区，硬度明显增加，塑性、韧性则下降。

2)焊接接头的裂缝倾向。随着钢材强度级别的提高，产生冷裂缝的倾向也加剧。影响产生冷裂的因素一般认为有3个方面：一是焊缝及热影响区的含氢量；二是热影响区的淬硬程度；三是焊接接头的应力大小。冷裂缝是在这3种因素综合作用下产生的，而氢常常是重要因素。由于液态合金钢容易吸收氢，凝固后氢在金属中扩散、集聚和诱发裂缝需要一定时间，因此冷裂缝常具有延迟现象，故又称延迟裂缝。我国低合金钢系统含碳量较低，且大部分含有一定量的锰对脱硫有利，因此产生热裂缝的倾向不大。

根据低合金钢的焊接特点，生产中可以分别采取以下措施：

对于16Mn 等强度级别较低的钢材，在常温下焊接时与对待低碳钢一样。在低温或在大刚度、大厚度构件上进行小焊角、短焊缝焊接时，应防止出现淬硬组织。要适当增大焊接电流，减慢焊接速度，选用抗裂性强的低氢型焊条。是否需要预热应根据工件厚度及环境温度综合考虑，表3-7 所列典型条件可供参考。对锅炉、受压容器等重要工件，当厚度大于20 mm 时，焊后必须进行退火以消除应力。

表3-7 焊接16Mn 钢的预热条件

工件厚度/mm	不同环境温度的预热条件
<16 以下	不低于−10℃不预热，−10℃以下预热100～150℃
16～24	不低于−5℃不预热，−5℃以下预热100～150℃
25～40	不低于0℃不预热，0℃以下预热100～150℃
>40	均应预热100～150℃

对强度级别高的低合金钢，焊接前一般均需进行预热。焊接时，应调整焊接规范以控制热影响区的冷却速度，焊后还应及时进行热处理以消除内应力。如生产中不能立即进行焊后热处理，可先进行消氢处理，即将工件加热到200～350℃保温2～6 h，以加速氢的扩散逸出，防止产生冷裂缝。焊接这类钢时，应根据钢材强度等级选用相应的焊条(应尽量使用低氢型焊条)或使用碱度高的焊剂配合适当焊丝施焊。应注意焊前烘干焊条、焊剂，对工件进行认真清理。表3-6 列出了几种常用低合金钢的焊接材料选配与预热要求，如工件厚度较大，环境温度较低，预热温度还应适当提高。强度等级相同的其他合金结构钢也可参照此表选用。

3.6.4 铸铁的焊补

铸铁含碳量高，组织不均匀，塑性很低，属于焊接性很差的金属材料，因此不应该考虑铸铁的焊接构件。但铸铁生产当中出现的铸造缺陷，铸铁零件在使用过程中发生的局部损坏或断裂，如能焊补，其经济效益是很大的，因此铸铁的焊接主要是焊补工作。

3.6.4.1 铸铁的焊接特点

1)熔合区易产生白口组织。由于焊接是局部加热,焊后铸铁焊补区冷却速度比铸造时快得多,因此很容易产生白口组织和淬火组织,硬度很高,焊后很难进行机械加工。

2)易产生裂缝。铸铁强度低、塑性差,当焊接应力较大时,就会在焊缝及热影响区产生裂缝,甚至沿焊缝整个断裂。此外,当采用非铸铁组织的焊条或焊丝冷焊铸铁时,因铸铁含碳及硫、磷杂质高,如母材过多熔入焊缝中,则容易产生热裂缝。

3)易产生气孔。铸铁含碳量高,焊接时易生成CO与CO_2,铸铁凝固时由液态变为固态所需时间较短,熔池中气体往往来不及逸出而造成气孔。

另外铸铁流动性好,立焊时熔池金属容易流失,所以一般只适于平焊。

3.6.4.2 焊补铸铁件方法

根据铸铁的焊接特点,一般都采用气焊、手工电弧焊(个别大件可采用电渣焊)来焊补铸铁件。按焊前是否预热可分为热焊法与冷焊法两大类。

1)热焊法。热焊法是焊前将工件整体或局部预热到600～700℃,焊后缓慢冷却。热焊法可防止工件产生白口组织和裂缝,焊补质量较好,焊后可以进行机械加工。但热焊法成本较高,生产率低,焊工劳动条件差。一般用于焊补形状复杂焊后需要加工的重要铸件,如床头箱、汽缸体等。

用气焊进行铸铁热焊比较方便,气焊火焰可以用于预热工件和焊后缓冷,填充金属应使用专制的铸铁焊芯,并配以硼砂或硼砂和碳酸钠组成的焊剂以保证焊接质量。也可用涂有药皮的铸铁焊条进行手工电弧焊焊补,药皮成分主要是石墨、硅铁、碳酸钠等,以补充焊接处碳和硅的烧损,并造渣清除杂质。

2)冷焊法。焊补之前,工件不预热或只进行400℃以下低温预热的焊补方法统称为冷焊法,主要依靠焊条来调整焊缝化学成分以防止或减少白口组织和避免裂缝。冷焊法方便灵活生产率高、成本低、劳动条件好,但焊接处切削加工性能较差。生产中多用于焊补要求不高的铸件以及怕高温预热引起变形的工件。焊接时,应尽量采用小电流、短弧、窄焊缝、短焊道(每段不大于50 mm),并在焊后及时轻轻锤击焊缝以松弛应力,防止焊后开裂。

冷焊法一般是用手工电弧焊进行焊补的,应根据铸铁材料性能、焊后对切削加工的要求及工件的重要性考虑选择焊条,常用的有下列3种:

①钢芯铸铁焊条。焊丝为低碳钢,一种是药皮有强氧化性成分。能使熔池中的硅、碳大量烧损,以获得塑性较好的低碳钢焊缝,但熔合处为低碳低硅的白口组织,焊后不能进行机械加工,只适于一般非加工面焊补。另一种是在药皮中加入大量钒铁,能使焊缝金属成为高钒钢,因此具有较好的抗裂性及加工性,可用于高强度铸铁及球墨铸铁的补焊,这类焊条统称为高钒铸铁焊条,已在生产中得到应用。

②镍基铸铁焊条。焊丝是纯镍或镍铜合金,焊补后焊缝为塑性好的镍基合金。由于镍和铜是促进铸铁石墨化的元素,所以熔合处不产生白口组织,具有良好的抗裂性与加工性。但这种焊条的价格昂贵,应控制使用,一般只用于重要铸件的加工面焊补。

③铜基铸铁焊条。用铜丝作焊芯或用铜芯铁皮焊芯,外涂低氢型涂料。焊后焊缝金属为铜铁合金,铜在焊缝中占80%左右,能保持韧性,减小应力,抗裂性好,焊后可以加工,可用于一般灰口铸铁件的焊补。

对铸件加工后出现的小气孔、缺肉或小裂纹,如受力不大,也可采用黄铜钎焊修复。

3.6.5 有色金属的焊接

3.6.5.1 铜及铜合金的焊接

铜及铜合金的焊接比低碳钢困难得多，其原因是：

①铜的导热性很高（紫铜约为低碳钢的8倍），焊接时热量极易散失。因此，焊接工件要预热，焊接时要选用较大电流或火焰，否则容易造成焊不透缺陷。

②铜在液态易氧化，生成的Cu_2O与铜组成低熔点共晶，分布在晶界形成薄弱环节；又因铜的膨胀系数大，凝固时收缩率也大，容易产生较大的焊接应力。因此，焊接过程中极易引起开裂。

③铜在液态时吸气性强，特别容易吸收氢，凝固时气体从溶液中析出，来不及逸出就会生成气孔。

④铜的电阻极小，不适于电阻焊接。

⑤铜合金中的合金元素有的比铜更容易氧化，使焊接的困难增大。例如，黄铜（铜锌合金）中的锌沸点很低，极易烧蚀蒸发并生成氧化锌（ZnO）。锌的烧损不但改变接头化学成分、降低接头性能，而且形成氧化锌烟雾易引起焊工中毒。铝青铜中的铝，焊接时易生成难熔的氧化铝，增大熔渣黏度，生成气孔和夹渣。

铜及铜合金可用氩弧焊、气焊、碳弧焊、钎焊等方法进行焊接。

采用氩弧焊是保证紫铜焊接质量的有效方法。氩弧焊能保护熔池不被氧化和不溶入气体，由于热量集中还能减少变形和保证焊透。氩弧焊时，焊丝应选用特制的紫铜焊丝和磷青铜焊丝，此外还必须使用溶剂来溶解氧化铜与氧化亚铜以保证焊接质量。焊接紫铜和锡青铜所用的溶剂主要成分是硼砂和硼酸，焊接铝青铜时应采用由氯化盐和氟化盐组成的溶剂。

气焊紫铜及青铜时，应采用严格的中性焰。如果氧气过多，铜氧化剧烈；如果乙炔过多，会使熔池中吸收过多的氢。气焊用的焊丝及溶剂与氩弧焊相同。

黄铜的焊接，目前最常用的方法仍是气焊，因为气焊火焰温度较低，焊接过程中锌的蒸发较少，气焊黄铜一般用轻微氧化焰，采用含硅的焊丝，使焊接时在熔池表面形成一层致密氧化硅薄膜，以阻碍锌的蒸发和防止氢的溶入，可避免气孔的产生。焊接黄铜用的溶剂也是由硼砂和硼酸配制而成的。

3.6.5.2 铝及铝合金的焊接

工业上用于焊接的主要是纯铝（熔点658℃）、铝锰合金、铝镁合金及铸铝。铝和铝合金的焊接也比较困难，其焊接特点是：

①铝与氧的亲和力很大，极易氧化生成氧化铝（Al_2O_3）。氧化铝组织致密，熔点高达2 050℃，它覆盖在金属表面，能阻碍金属熔合，此外，氧化铝体积质量大，易使焊缝夹渣。

②铝的导热系数较大，要求使用大功率或能量集中的热源，厚度较大时应考虑预热。铝的膨胀系数也较大，易产生焊接应力与变形，并可能导致裂缝的产生。

③液态铝能吸收大量的氢，铝在固态时又几乎不溶解氢，因此在溶解凝固时易生成气孔。

④铝在高温时强度及塑性很低，焊接时常由于不能支持熔池金属而引起焊缝塌陷，因此常需采用垫板。

目前焊接铝及铝合金的常用方法有氩弧焊、气焊、点焊、缝焊和钎焊。

氩弧焊是焊接铝及铝合金较好的方法，由于氩气的保护作用和氩离子对氧化膜的阴极破碎作用,焊接时可不用溶剂,但氧气纯度要大于99.9%。

要求不高的工件也可采用气焊,但必须使用溶剂以去除氧化膜和杂质,常用的溶剂是氧化物与氟化物组成的专用铝焊剂。

不论采用哪种焊接方法焊接铝及铝合金,焊前必须彻底清理焊件的焊接部位和焊丝表面的氧化膜与油污,清理质量的好坏将直接影响焊缝性能。此外,由于铝溶剂对铝有强烈的腐蚀作用,使用溶剂的焊件,焊后应进行仔细冲洗,以防止溶剂对焊件继续腐蚀。

3.7 现代焊接技术的发展

世界现代焊接技术以高效、节能、优质及其工艺过程数字化、自动化、智能化控制为特征。焊接过程正由宏观向微观、由简单控制向系统的智能控制发展。

焊接技术已经从简单的构件连接方法和毛坯制造手段发展成为制造行业中一项基础工艺和生产尺寸精确的制成品的生产手段。保证焊接产品质量的稳定性和提高劳动生产率已成为焊接生产发展亟待解决的问题。使得实现对焊接过程的自动控制、焊接工艺制造的自动化的需求越来越迫切。另外,计算机技术、控制理论、人工智能、电子技术及机器人技术的发展为焊接过程自动化提供了十分有利的技术基础,并已渗透到焊接的各领域中,取得了很多成果,焊接过程自动化已成为焊接技术的生长点之一。从焊接技术发展来看,焊接自动化、机器人化以及智能化已成为趋势。

总结焊接的智能经验并把它们运用到高科技中,能够快速、灵活、安全地实现自动化焊接,现在在发达国家焊接自动化控制已经获得了满意的效果,对于宏观焊接质量(如熔透控制,接头尺寸等)的控制已取得了较大的进展,对于微观焊接质量(焊缝的金相组织及机械性能)的控制也已经起步。

思考题

3-1 什么是焊接热影响区?低碳钢焊接时热影响区又分为哪些区段?各区段对焊接接头性能有什么影响?减小热影响区的办法是什么?

3-2 产生焊接应力和变形的原因是什么?在焊接过程中和焊接以后,焊缝区纵向受力是否一样?焊接应力是否一定要消除?消除的措施是什么?

3-3 氩弧焊分哪几种?

3-4 电渣焊的热源是什么?电渣焊时引入板和引出板有什么作用?焊后为什么需要进行热处理?

3-5 等离子弧是怎样产生的?它与电弧有什么区别?

3-6 等离子弧焊接与普通手弧焊接比较有什么异同?各自的应用范围是什么?

3-7 电子束焊和激光焊的特点和适用范围各是什么?

3-8 什么叫扩散焊?说明扩散焊的应用范围。

3-9 什么叫超声波焊?超声波焊有什么特点?说明其应用范围。

3-10 试比较电阻对焊和摩擦焊的焊接过程特点有什么异同?说明各自的应用范围。

3-11 钎焊与熔化焊的过程实质有什么差别?说明钎焊的主要适用范围。

3-12 熔化焊、压力焊及钎焊各是怎样实现原子间结合而达到焊接目的的？

3-13 焊接接头是由哪几个部分组成？各部分的组织和性能特点是什么？

3-14 什么是焊接热影响区？说明低碳钢焊接热影响区中的组织和性能。

3-15 焊接应力与焊接变形产生的原因是什么？消除和减少焊接应力有哪些措施？

3-16 常见焊接缺陷有哪几种？其中对焊接接头性能危害最大的是什么？

3-17 什么是焊接性？怎样评定或判断材料的可焊接性？

3-18 试述热裂纹及冷裂纹的特征、形成原因及防止措施。

3-19 综合考虑应采取哪些措施来防止高强度低合金结构钢焊后产生冷裂缝？

3-20 铸铁补焊主要困难有哪些？为什么？

4 非金属及粉末冶金材料成形

本章要点：

①塑料的性能与成形方法之间的关系及塑料的主要成形工艺过程。

②陶瓷的生产过程及主要成形工艺方法。

③复合材料及粉末冶金的成形工艺。

4.1 塑料的成形

塑料(plastics)是以合成树脂(synthetic resin)为主要成分，加入填料、增塑剂、固化剂、润滑剂、稳定剂、着色剂等组成的高分子材料。合成树脂是由各种单体经聚合反应合成的高聚物。合成树脂在一定的温度、压力下可软化并塑造成形，它决定着塑料的基本属性，并起到黏结剂的作用。其他添加剂起改善塑料某些性能的作用。

4.1.1 塑料的性能

塑料性能可概括为使用性能和工艺性能 2 个方面。

4.1.1.1 塑料的使用性能

1)密度小比强度高。塑料的密度一般为钢的 1/8～1/4，铝的 1/2。其强度虽不如金属高，但其比强度较一般钢材高。

2)耐腐蚀性好。多数塑料具有较好的化学稳定性，对酸、碱、盐及大气有良好的抗腐蚀能力。

3)电绝缘性好。绝大多数塑料都有良好的电绝缘性，是理想的绝缘材料。

4)耐磨性和自润滑性好。塑料的摩擦系数小，耐磨性好，有自润滑能力，传动噪声小，可在无润滑条件下有效工作。

5)防水、防潮、防透气、防辐射等功能良好。着色范围广，色彩多样。

塑料的主要不足之处是耐热性差、刚性和尺寸稳定性差，易老化，其使用受到一定限制。

4.1.1.2 塑料的工艺性能

1)流动性。塑料在一定温度与压力下填充模具型腔的能力称为塑料的流动性。

塑料成形时一般需加热到其黏流态温度范围内，此时高聚物开始黏性流动，其变形是不可逆的。流动性对模具的设计、塑料制品的质量以及成形工艺影响很大。流动性太大，易造成溢料，产生较大的飞边，易粘模使脱模清理变得困难；流动性太小，易产生充不满缺陷。生产中应根据制品的结构、尺寸，模塑方法等选择流动性适当的塑料。

常用塑料按其流动性的好坏，大致可分为 3 类。流动性好的有聚酰胺、聚乙烯、聚苯乙烯、聚丙烯、醋酸纤维等；流动性中等的有聚甲基丙烯酸甲酯、ABS、聚甲醛、酚醛塑料等；流动性差的有聚碳酸酯、硬聚氯乙烯、聚苯醚、聚砜等。

为提高塑料的流动性，常采用加增塑剂和润滑剂、改善模具结构、减小型腔表面粗糙度、适当提高成形压力和成形温度等措施。

2)收缩性。塑料通常是在高温熔融状态下充满模具型腔,当塑料制品从模具中取出冷却到室温后,其尺寸发生收缩的特性称为塑料的收缩性。收缩性的大小用收缩率表示:

$$k = \frac{L_m - L_1}{L_1} \times 100\%$$

式中:k 为收缩率;L_m 为模具室温时的尺寸(mm);L_1 为塑料制品室温时的尺寸(mm)。

塑料的收缩率是塑料成形加工和模具设计的重要工艺参数,它对塑料制件的尺寸精度和质量有重要的影响。

影响塑料收缩的因素很多。热固性塑料在成形过程中,树脂分子要发生交联反应,反应前后密度发生变化,故而产生收缩。塑料的膨胀系数比钢大 3～10 倍,冷却收缩率比模具大,因此塑料件冷却到室温时的尺寸比模具型腔尺寸要小。当开摸时,塑料所受的压力降低但模壁仍紧压塑料件四周,能使塑件局部变形,形成局部收缩。

由于塑料在成形时高分子是按流动方向取向的,故而塑料件的收缩实际上具有方向性。平行于流动方向和垂直于流动方向的收缩是不同的,这就是收缩的各向异性。此外,若塑料件各部位添加剂分布不均匀,密度不均匀,也会造成收缩的不一样。这些收缩的不均匀性势必会造成塑件翘曲、变形甚至开裂。

3)热敏性。热敏性是指塑料对热降解的敏感性。有些塑料对温度比较敏感,如果成形时温度过高容易变色、降解,为防止热敏性塑料在成形过程中产生分解现象,需要在塑料中加入热稳定剂,并正确控制成形工艺条件等。

4)水敏性。水敏性是指塑料对水降解的敏感性,也称吸湿性。水敏性高的塑料中水分和挥发物含量如果过多,塑料流动性增大,易产生溢料,成形周期延长,收缩率大。在成形过程中由于高温高压,塑料件易产生气泡、组织疏松、翘曲变形等缺陷。因此对吸湿性强的塑料,在成形前必须进行干燥除湿处理,严格控制水分。

5)毒性、刺激性和腐蚀性。有些塑料在加工时会分解出毒性、刺激性和腐蚀性的气体。例如,聚甲醛会分解产生刺激性气体甲醛,聚氯乙烯及其衍生物或共聚物分解出既有刺激性又有腐蚀性的氯化氢气体。成形加工这一类塑料时,必须严格掌握工艺规程,防止有害气体危害人体和腐蚀模具及加工设备。

除上述工艺性能外,塑料还有吸气性、粘模性、可理性、压缩性、均匀性和交联倾向等。

4.1.2 塑料的注射成形

4.1.2.1 塑料注射成形原理

塑料注射成形(injection forming)又称为注塑成形,是热塑性塑料制品的主要生产方法。目前,几乎所有的热塑性塑料(thermoplastics)及部分热固性塑料(thermosetting plastics),都用注射成形的方法来生产制品。注射成形是通过注射机来实现的,注射机的种类很多,按用途分为通用型、热固塑料专用型、结构泡沫专用型等;按外形可分为立式、卧式、直角式、旋转式等;按注射方式分为螺杆式、柱塞式等,应用较多的是螺杆式注射机,其工作原理如图 4-1 所示。当注射机开始工作时,首先将动模 1 与定模 2 闭合,然后液压缸活塞带动螺杆 3 以一定的压力和速度,将已熔融并积存于料筒端部的塑料射入模具型腔。此时螺杆不转动,当熔融塑料

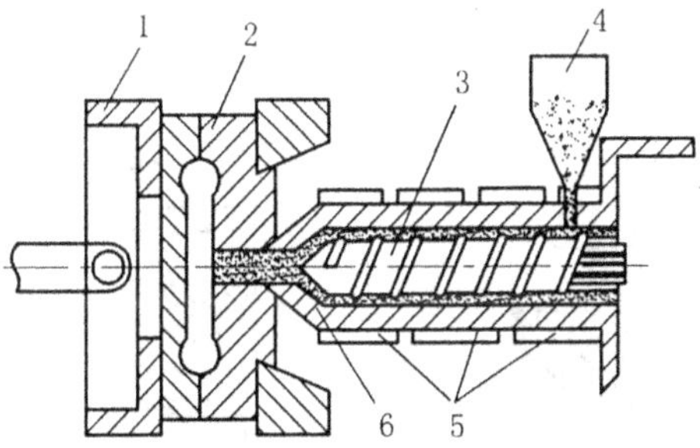

图 4-1 螺杆式注塑机原理图

1-动模 2-定模 3-螺杆 4-加料斗
5-加热器 6-喷嘴

充满模具型腔后，螺杆对融体仍保持一定压力(即保压)，阻止塑料的倒流，并向型腔内补充因制品冷却收缩所需要的塑料。经一定时间的保压后，活塞的压力消失，螺杆开始转动。此时由料斗 4 落入料筒的塑料，随着螺杆的转动沿着螺杆向前输送。在塑料向料筒前端输送的过程中，塑料受加热器 5 加热和螺杆剪切、摩擦热的影响而逐渐升温直至熔融成黏流状态，并产生一定的压力。当螺杆头部的融体压力达到能够克服注射液压缸活塞退回的阻力时，螺杆在转动的同时，逐步向后退回，料筒前端的融体逐渐增多，当螺杆退到预定位置时，即停止转动和后退，此即预塑过程。此后，已成形的塑料件在模具内冷却硬化。当塑料件完全冷却硬化后，模具打开，在推出机构作用下，塑料制品被推出模具，完成一个工作循环。

注塑成形具有生产周期短，生产率高的特点，并可成形空间几何形状复杂、尺寸精度高的塑料制品，对成形塑料的适应性强，易于实现自动化。

4.1.2.2 塑料注射成形工艺过程

注射成形工艺过程一般包括注射成形前的准备工作、注射过程和制品的后处理等。

1)注射成形前的准备。注射成形前的准备工作包括：检验原料的色泽、粒度及均匀性、流动性、收缩性、水分含量等。对于吸水性强的塑料，成形前应进行干燥处理。对于带有活动镶块的注射模，若嵌件较大时一般要进行预热。若使用的塑料不同或颜色不一致时，在注射成形之前，一般都要清洗注射机料筒，喷涂脱模剂。

2)注射过程。注射过程包括加料、塑化、注射、保压、冷却和脱模几个阶段。塑料在注塑机料筒中经过加热，由固态粒子转变为黏流态称为塑化。经塑化后的塑料流体在柱塞或螺杆的推动下进入料筒的前端，经喷嘴、模具浇注系统压入模具型腔。塑料充满型腔后柱塞和螺杆继续保持加压状态，使冷却中的制品得到补缩，在其冷却、硬化、定型过程中得到轮廓清晰的制品。卸除压力后通往冷却介质进一步冷却模具，然后开模，利用注塑机的推出机构使制品脱模。

3)制品的后处理。经脱模或机加工后的塑料制品需进行后处理以改善其性能，塑料制品的后处理主要是退火和调湿处理。为消除制品内应力，稳定制品尺寸一般采用退火处理。退火处理是把塑料制品放在一定温度的烘箱中或液体介质中保温一段时间后缓慢冷却。退火的温度一般在高于塑料制品使用温度 10～20℃或低于塑料热变形温度 10～20℃的范围。退火时间取决于塑料的品种、加热温度、制品的形状和壁厚等因素。调湿处理主要用于高温易于氧化变色和吸水膨胀的塑料制品。将刚脱模的制品放入 100～120℃热水中，起到隔绝空气，防止氧化，消除内应力，而且达到吸湿平衡，稳定尺寸的作用。

4.1.2.3 塑料注射成形模具

塑料注射成形模具是注射成形工艺的主要工艺装备。注射模按其总体结构特征可分为：单分型面注射模、双分型面注射模、带活动镶块的注射模、侧向分型抽芯注射模等。图 4-2 所示为一单分型面注射模，由定模部分和动模部分组成。动模安装在注射机移动模板上，定模安装在注射机固定模板上。按各零部件的作用不同，注射模包括以下几部分：由凸模、凹模、型芯、嵌和镶块等组成的成形部分；由主流道、分流道、浇口等组成的浇注系统；由导柱、导套等组成的导

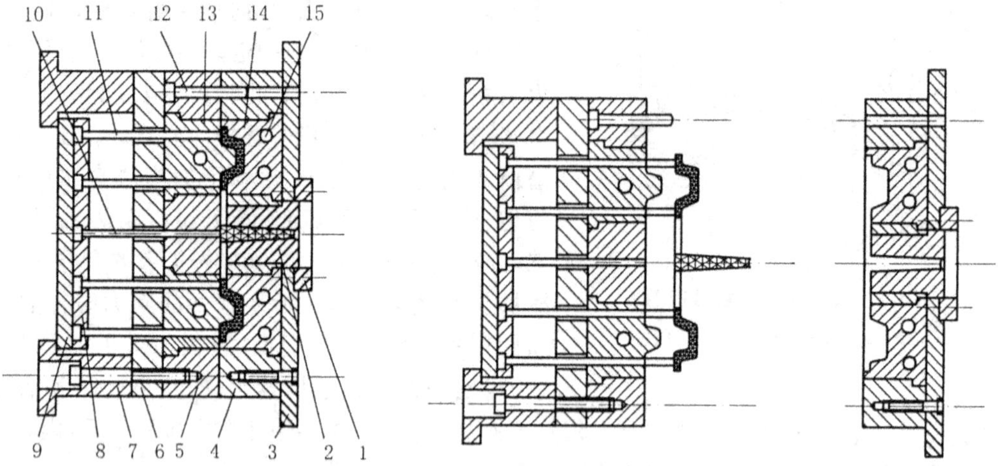

图 4-2 单分型面注射模

1-定位环 2-主流道衬套 3-定模底板 4-定模板 5-动模板 6-动模垫板 7-模脚 8-推杆固定板 9-推杆固定底板 10-拉料杆 11-推杆 12-导柱 13-凸模 14-凹模 15-冷却水道

向机构；由活动型芯、锁紧楔、斜导柱等组成的侧向抽芯机构；由推板、推杆等组成的推出机构。此外，注射模具上还设有加热、冷却、排气系统和装配定位零件及模具安装用的支撑零件等。

注射时动模与定模闭合构成型腔，在定模上设有浇注系统，熔融塑料经喷嘴至浇注系统进入型腔。形成制品后，动模与定模分开，脱模机构推出制品。在模具型腔和型芯上设有冷却通道，以调节模具温度。带有侧凹或侧孔的塑料制品，在推出之前，需进行侧向分型，抽出侧型芯，然后推出制品。所以这类注射模具设有侧向分型与抽芯系统。

注射模的结构一般较复杂，成本较高。

4.1.3 塑料的挤出成形

4.1.3.1 塑料挤出成形原理

挤出成形(squeeze-out forming)也称为挤塑成形，是塑料重要的成形方法之一，绝大多数热塑性塑料及少数热固性理料均可用此法成形。主要应用于生产连续的型材，如管、棒、板、薄膜、异型材加工等，能生产各种截面形状的塑料制品。

挤出成形的主要设备是挤出机，此外还有机头、口模、冷却定型系统，牵引、切割、卷取等不同产品的不同附属设备。挤出机按其加压方式可分为螺杆式和柱塞式 2 种。前者的特点是，借助螺杆旋转时螺纹所产生的推动力将物料推向口模。这种挤出机中通过螺杆强烈的剪切作用，促进物料的塑化和均匀分散，同时使挤出过程连续进行，因此可提高挤出制品的质量和产量，它适用于绝大多数热塑性塑料的挤出。柱塞式挤出机通过料筒加热塑化的物料，由柱塞推向口模。这种挤出机能够产生较大的压力，但其操作是间歇进行的，物料的塑化程度和均匀性不如螺杆式挤出机，因此应用范围受限制。挤出机可以一机多用。一台挤出机只要更换螺杆和机头，就可以加工不同的塑料制品。

螺杆挤出机基本结构如图 4-3 所示。它是由传动系统、加料系统、挤压系统、加热系统、冷却系统以及机头、口模等组成。当挤出机开始工作时，螺杆在传动系统驱动下转动，将塑料由

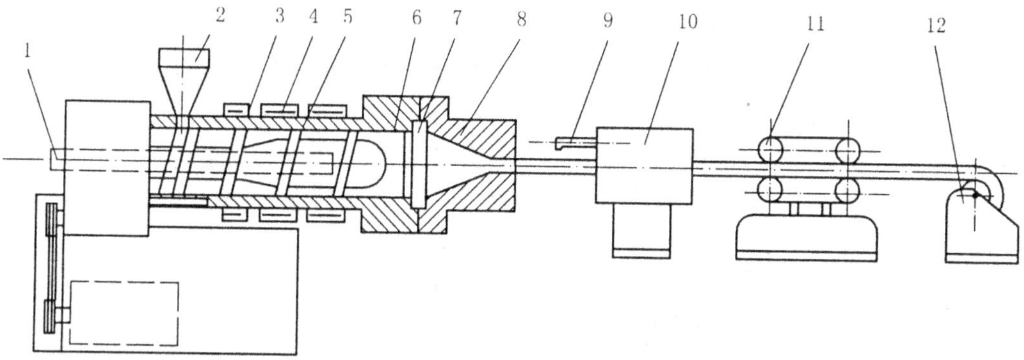

图 4-3 实心型材挤出示意图

1-冷却水孔 2-料斗 3-料筒 4-加热器 5-螺杆 6-滤网 7-过滤板
8-机头 9-喷水装置 10-冷却装置 11-索引装置 12-卷取装置

料斗推入料筒,在旋转着的螺杆作用下,通过料筒内壁和螺杆表面的摩擦作用向前输送和压实。塑料在加料段内呈固态向前输送,当进入压缩段后,由于螺槽逐渐变浅,以及滤网、分流板和机头的阻力,塑料所受的压力逐渐升高,进一步被压实。同时在料筒外加热和螺杆、料筒对物料的混合及剪切作用所产生的内摩擦热的作用下,塑料逐渐升温至黏流温度,开始熔融,大约在压缩段处全部物料熔融为黏流态并形成很高的压力。塑料进入均化段后将进一步塑化和均化,最后螺杆将物料定量、定压地挤入机头。机头中口模是成形部件,塑料通过它便获得一定截面的几何形状和尺寸,再通过冷却定型、切断等工序就得到成形制品。

4.1.3.2 塑料挤出成形工艺条件

1)温度。温度是塑料成形的重要条件之一,一般挤出机的温度控制,由机身的加料段到挤出段逐渐增加,物料由固态逐渐熔化,由玻璃态逐渐变为黏流态。机头温度一般控制在流动温度和分解温度之间。口模定型处比机头温度略低。温度太低则塑化不好,温度太高则可能导致塑料分解。具体操作温度要根据机台的性能、塑料的配方以及制品的质量来决定。

2)螺杆转速。增加螺杆的转速,对提高产量是比较有利的。随着转速的提高,剪切速率增大,物料的黏度下降,有利于物料的均化。但若调节不好,对塑料制品内外观质量会有影响,容易使表面毛糙。所以螺杆的转速应根据实际情况调节。

3)机头压力。塑料熔融物料在通过挤出机机头时的压力,对产量和制品质量有密切关系。通常增加机头的压力,将降低产量,但有利于提高塑料制品质量。

4)螺杆的冷却。在挤出生产过程中,为了减少摩擦热,得到光滑优质的塑料制品,并能正常操作,螺杆内部应通冷却水。但螺杆冷却温度过低,会影响产品的产量和质量。因此必须严格控制冷却水的温度。

4.1.4 塑料的其他成形方法

4.1.4.1 压塑成形

压塑成形(compress forming)又称为压缩成形或模压成形,是塑料成形工艺中较传统的成形方法之一,主要用于热固性塑料的成形生产。

压塑成形的主要设备是压机和塑模。模压前先将塑料加入敞开的模具内,随后压缩活塞向下(或向上)运动,进行闭模,将液压机产生的力传递给模具并作用在塑料上。模具内的塑料在热的作用下熔融,借助压机的压力充满模具型腔,塑料在温度和压力作用下进行交联反应,为了排出塑料在交联反应中放出的水分及其他挥发物,模具需要进行短暂卸压排气,随即闭模升压并保持一定时间,待交联反应形成坚硬固体,即开模推出制品。

塑模是模压成形所用的模具,按其结构特征可分为溢式、不溢式和半溢式3类。其中以半溢式用得最多,如图4-4所示。塑模没有浇注系统,只有一段加料室(图中B段)。

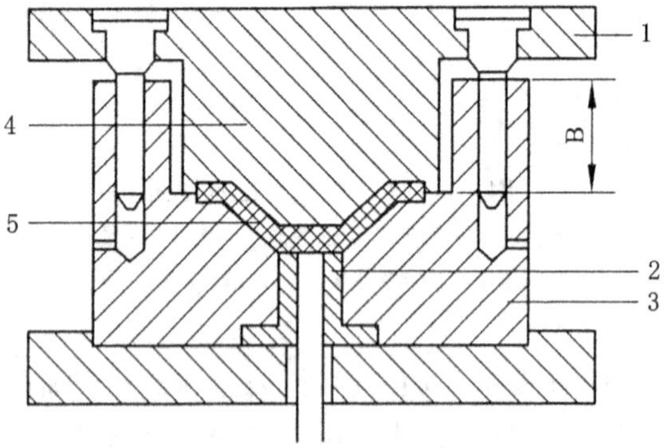

图4-4 半溢式塑模示意图

1-阳模 2-制品 3-阴模 4-溢料刻槽 5-支承面

压缩模塑工艺过程主要包括加料、闭模、排气、固化、脱模和清理模具等。当制品有嵌件时,应在加料前将嵌件安放在模腔内相应位置。

向模具型腔内加入一次模压所需要的塑料量称为加料。加料时应适当控制加料量,加料过多制品易产生毛边,厚度尺寸不准确,难以脱模,甚至损坏模具。料少则制品不紧密,光泽性差,造成缺料,产生废品等。

闭模指加料完后阳模和阴模相闭合。合模时先用快速,待阴阳模块接触时变为慢速。先快后慢的操作有利于缩短生产周期,防止模具擦伤,避免模槽中原料因合模过快而被空气带出,甚至移动嵌件。

热固性塑料模压时发生交联反应,并有水分和低分子物释放,待交联反应进行适当时间后,应短暂时间卸压松模,排除水分、低分子物和挥发物等。排气操作除排放上述反应中的气体外,也排除型腔深处的空气,有利于缩短固化时间,防止制件内部出现分层、裂纹和气泡,提高制品的性能。

固化是指热固性塑料应在模压温度下保持一段时间。固化时间的长短直接影响成形周期和交联度,也影响制品的性能。

固化后使制品与模具分离的工序称为脱模。通常脱模是靠推出杆来完成的,带有成形杆或嵌件的制品,应先用特种工具将成形杆取出,再进行脱模。

制件脱模后应对模具进行清理,通常用压缩空气吹洗模腔和模面,模具上的固着物,可用钢刀或铜刷清理。

热固性塑料制品脱模后通常还需要进行后处理,其目的是使制品固化完全,减少制品的水分和挥发物等。有利于提高制品的电性能,减少或消除制品的内应力,一般后处理是在烘箱内进行,后处理的温度和时间取决于制品的形状、塑料的种类及成形条件等。

4.1.4.2 浇铸成形

浇铸成形(moulding forming)工艺与金属铸造工艺基本相似,主要用于热固性塑料的成形。按其模具结构不同可分为开式浇铸、水平式浇铸、侧立式浇铸、倾斜式浇铸等。图 4-5 为水平式浇铸模具。

浇铸工艺过程可分为模具准备、原料配制和浇注、固化等几个步骤。模具准备包括清洗模具、涂脱模剂、安放嵌件等。原料配制是按照制品的性能和铸塑成形工艺要求,在液态树脂中加入适量的固化剂、催化剂及其他添加剂并混合均匀。将配制好的活性原料灌入经预热已涂好脱模剂的模具中,在一定的温度压力,通过化学反应塑料固化成形,获得所需形状和性能的制品。

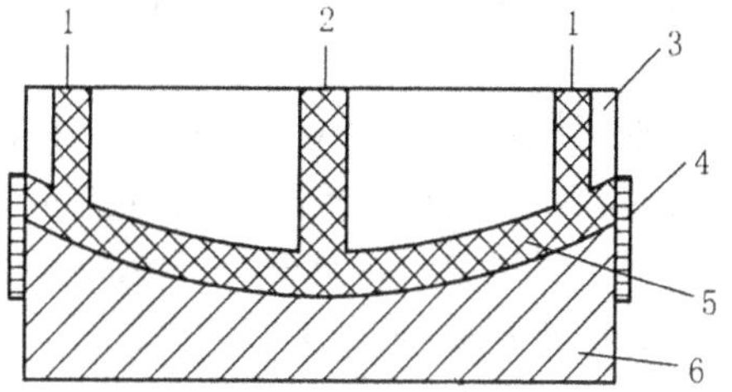

图 4-5 水平式浇铸模具

1-排气口 2-浇口 3-基体 4-密封板 5-环氧塑料 6-阴模

浇铸成形工艺简单,成本低,可用于生产体积较大的制件,但生产率较低,制件形状不宜太复杂。

4.1.4.3 吹塑成形

吹塑成形(blow forming)也称为中空吹塑,又称为吹塑模塑,是主要用于制造空心塑料制品的成形工艺,它源于历史悠久的玻璃容器吹制工艺。在吹塑模塑方法和成形机的种类方面已大大超过挤出和注射模塑。

吹塑是借助流体压力使闭合在模具中的热熔塑料型坯吹胀形成空心制品的工艺。根据型坯的生产特征不同,中空吹塑包括挤出吹塑、注射吹塑和拉伸吹塑等。其生产过程都是由型坯的制造和型坯的吹胀组成。

如图 4-6 所示,挤出吹塑是先挤出管状型坯,由上而下进入开启的两瓣模具之间,当型坯达到预定的长度后,闭合模具,切断型坯,封闭型坯的上端及底部,向管坯中心吹入压缩空气,型坯在空气的胀力下紧贴模具型腔成形,待冷却后开模取出制品。

图 4-6 挤出中空吹塑

注射吹塑是注塑机向模具内注射形成有底的型坯,然后开模将此型坯移至吹塑模内进行吹胀成形,冷却后开模脱出制品。

吹塑制品包括塑料瓶、塑料容器及各种形状的中空制品。除应用于食品、药品、日用品包装及儿童玩具等领域外,随着吹塑技术的发展,现已广泛应用到形状复杂、功能独特的办公用品、家用电器、家具、文化娱乐用品及汽车工业用零部件,如保险杠、汽油箱、燃料油罐等。

4.2 陶瓷的成形

陶瓷(ceramics)可分为普通陶瓷(也称为传统陶瓷)和工业陶瓷(也称为新型陶瓷)两大类。传统的陶瓷是陶器和瓷器的总称,后来发展到泛指所有硅酸盐材料(包括玻璃、水泥、耐火材料)和氧化物类陶瓷材料,现在陶瓷的概念可泛指所有无机非金属材料。

普通陶瓷(ordinary ceramics)是以天然的硅酸盐矿物为原料,经成形、烧结而成,主要用于日用品、建筑、电器件等场合。工业陶瓷是采用氧化物、氮化物、碳化物等人工合成原料,沿用普通陶瓷的制作工艺而制成的新型陶瓷。这种陶瓷具有独特的力学、物理、化学性能,可满足工程结构的特殊要求,主要用于机械、冶金、化工、能源、航空航天等领域。

4.2.1 陶瓷的生产过程

陶瓷的生产工艺过程主要包括配料、成形、烧结及后续加工等工序。

4.2.1.1 配料

制作陶瓷制品时,首先要按一定的配方称量好各种陶瓷粉料以及添加剂(烧结助剂)、压制润滑剂、成形剂、着色剂等。将配制好的物料放入球磨机内,进行球磨混合,在球磨机中,各种物质相互作用,既达到混合均匀,又同时进行球磨破碎,使原粉末的颗粒尺寸进一步细化。

4.2.1.2 成形

陶瓷成形是将配制好的坯料,用各种不同的方法制成一定形状和尺寸的坯件。由于陶瓷制品种类繁多,其形状、规格、性能、产量各不相同,成形方法也多种多样。常用的成形方法有注浆成形、压制成形等。

4.2.1.3 烧结

陶瓷烧结是生产工艺过程中的重要工序,是决定制品显微组织和综合性能的关键工序。从工艺上看,烧结常被看作是一种热处理。即把粉末或粉末压坯加热到低于其中基体成分熔点的温度下保温,然后冷却到常温。在这个过程中,发生一系列物理化学变化。粉末颗粒的聚集体变成晶粒的聚结体,从而获得具有所需物理机械性能的制品或材料。

4.2.1.4 后续加工

陶瓷经成形、烧结后,还应根据制品的需要进行加工,使之达到形状、尺寸、精度要求。常用的加工方法有磨削加工、研磨加工、抛光加工、超声波加工、激光加工、电子束加工等。陶瓷制品的精加工是制造技术中不可缺少的重要环节,但由于陶瓷材料具有特殊的性质,要对烧结后制品进行精加工是非常困难的,有时加工一件陶瓷制品的费用比其烧结制品的总成本还高。

4.2.2 陶瓷的成形方法

陶瓷的成形目的是为了得到内部均匀和密度高的素坯。陶瓷成形技术主要可分为压制成形(干压成形、等静压成形)、可塑法成形(挤出成形和注射成形)、悬浮体浆料凝固成形(注浆成形和流延成形)等。

4.2.2.1 干压成形

干压成形(dry press forming)也称为模压成形,是将一定量的粉料填充模具内,在一定载荷下压制成形。压制前需按一定的配方秤好各种陶瓷助料以及添加剂、润滑剂、成形剂等。为了增加粉料间黏接性可加入适量的水，如果颗粒间黏着力不够，则应加少量的黏结助剂。将上述物料一起放入球磨机进行球磨混合，使各种物料混合均匀，并使原粉末的颗粒尺寸进一步细化。

干压成形按压模结构和压坯受力的不同，可分成单向压制和双向压制 2 种。在干压成形中，由于存在粉末相互间摩擦损耗、粉末与模壁间的摩擦损耗造成压力的损耗，从而使压坯各部位受力不均匀造成压坯密度不均匀。单向压制时，这种压力不均匀现象更为明显，坯体高度与直径的比值愈大，压坯内部密度愈不均匀。一般压坯上部较下部密度大，如图 4-7 a 所示。

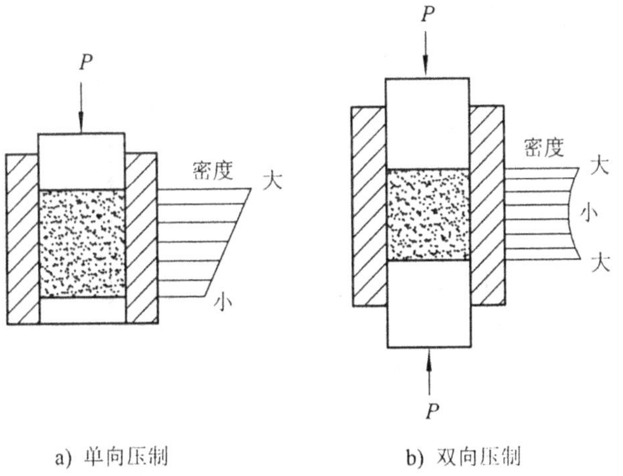

图 4-7 干压成形示意图

在压制形状较复杂或高度较大的制品时，压力损耗造成的压坯内部密度不均匀现象更为明显。因此，在设计或选定工艺方案时，尽可能地考虑双向压制或等静压制。图 4-7 b 所示为双向压制，是由上下 2 个压头从两个方向向模套内施压，较之单向压制，压力不均匀现象得到改善。

压坯的密度与压制压力的大小直接有关，一般来说，压制力越大，压坯的密度也就越大。但压制力过高会引起压坯的分层，而且会造成设备寿命缩短。在生产中，一般不通过压制力来控制压坯的密度，往往采用控制粉末重量和压坯体积、对模具涂以润滑剂等办法来保证压坯密度的均匀性。压坯脱模时速度应尽可能快。如出模速度过慢或出模过程有停顿情况时，压坯先出模的部分可能明显膨胀，而未出模的部分可能仍受较大压力，在交界线上易产生横向裂纹等缺陷。

干压成形操作方便，工艺简单，生产周期短，生产效率高，易于实现自动化生产。适合于大批量生产形状简单，尺寸较小的制品，是新型陶瓷生产常用的成形工艺。

4.2.2.2 等静压成形

等静压成形(equal pressure forming)是利用介质(液体或气体)均匀传递压力的性能，向装有陶瓷粉末的弹性软模均衡地施加压力，从而使陶瓷成形的压制成形方法。等静压压制成形能压制具有凹形、空心、细长件以及其他复杂形状的零件，摩擦损耗小，成形压力较低，压坯密度分布均匀，压坯强度高，模具成本低廉。

等静压成形可分为冷等静压成形和热等静压成形 2 种，其中，冷等静压成形又分为干袋式和湿袋式2种。

1)冷等静压成形。冷等静压成形是在室温下由液体传递压力的等静压成形方法。其模具一般用天然橡胶、氯丁橡胶、聚氨基甲酸酯、聚氯乙烯等制作而成。

如图4-8所示,湿袋式等静压成形是将坯料装入由塑料或橡胶制成的弹性模具内,然后置于高压容器中,并通过高压液体介质向弹性模具施加各向均匀的压力,使坯料加压成形,在压制过程中模具与高压液体是直接接触的。压制过程结束后,将装有坯体的湿袋从容器内取出。湿袋式等静压成形技术具有成本较低,制品成形灵活性大等优点。

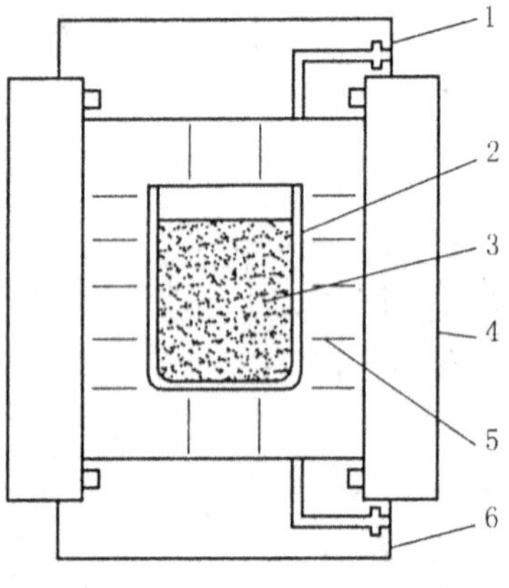

图4-8 湿袋式等静压制成形

1-顶盖 2-橡胶模 3-粉料 4-高压圆筒
5-压力传递介质 6-底盖

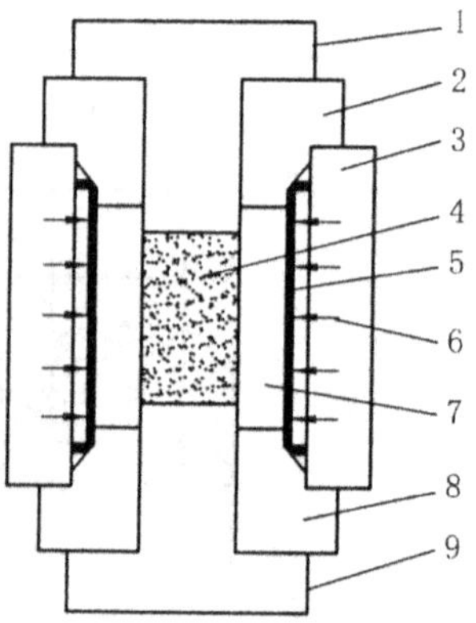

图4-9 干袋式等静压制成形

1-上活塞 2-顶盖 3-高压圆筒 4-粉料 5-加压橡皮
6-压力传递 7-成形橡皮 8-底盖 9-下活塞

如图4-9所示,干袋式等静压成形是将坯批量地装入弹性预成形模具内,然后施以等静压。由于干袋被固定在设备中,当压制完后,成形制品退出。在压制过程中,添加坯料和取出坯体都是在干燥状态下进行的,且模具不与高压液体直接接触。干袋式等静压成形技术具有成形周期短,模具寿命长,便于进行大规模生产等优点。如陶瓷火花塞元件的生产。

2)热等静压成形。热等静压成形是在高温下,通过惰性气体向密封容器内的粉末传递压力的等静压成形方法。由于它的成形和烧结是同时完成的,又称为热等静压烧结。其模具一般用金属箔制作而成。

热等静压的成形过程是在加热状况下,各个方向同时受压,所以所得制品密度极高,晶粒微细,孔隙度为普通烧结的1%~5%。抗弯强度比冷压烧结提高1~2.5倍,比普通热压提高10%~25%。由于热等静压成形方法的上述优点,已在新型陶瓷的生产中得到广泛应用。其缺点是设备投资大,成本较高,不易操作且难以实现自动化生产。

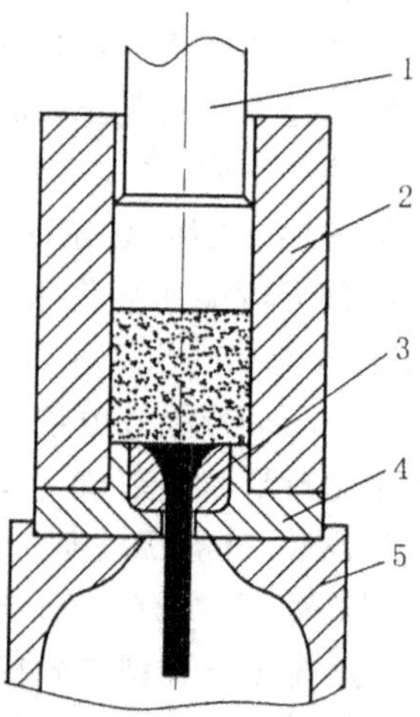

图4-10 挤压成形示意图

1-上冲模 2-套模

4.2.2.3 注射成形

陶瓷注射成形原理及所用设备与塑料注射成形基本相同,注射成形机可分为柱塞式和螺杆式 2 种类型。其成形过程为：首先将陶瓷粉料与热塑性材料进行混合，混合后的物料颗粒通过料斗装入注射机内，由螺旋（以螺杆式注射成形机为例）输送至加热区，物料受热后熔融，然后注射进入相对冷的模具中。由于模具温度远低于熔融物料的温度，模腔内熔体很快凝固成形。稍后将已凝固成形的制品顶出脱模。注射成形后的坯体，其内部有机物必须排除，可通过化学萃取或加热方法完成。

注射成形的优点是可制成形状复杂的部件，产品尺寸精确，光洁度高，并且具有致密、均匀的显微结构。其缺点是模具成本和有机物排除过程的成本比较高，工艺周期较长。主要适用于批量大，昂贵陶瓷部件的生产。

4.2.2.4 挤压成形

挤压成形(extrusion forming)也叫挤塑成形。如图 4-10 所示，它是将已塑化的坯料在压力的作用下，使粉料或粉末与增塑剂的混合料从带有一定形状的模腔中挤出所要求尺寸的制品的工艺。挤压成形工艺常用于生产形状简单的管件、棒件等不同截面形状的制品。

4.2.2.5 注浆成形

注浆成形(injection forming)是将制备好的陶瓷浆料倒入多孔模具，通过毛细管力或外加压力使溶剂排出而成形的工艺。其工艺过程主要分为浆料制备、模具制备、浆料浇注 3 部分。

将陶瓷原料粉体和液体（通常是水）及分散剂经湿法球磨制成具有良好的流动性、较小的黏度、足够的悬浮性和稳定性的流体，注入模具后，模壁从浆料中吸取水分从而沿模壁形成固化的坯体。经过一段时间当模壁坯体达到足够厚时，排出剩余的浆料，干燥后脱模制成空心坯体，即为空心注浆。浆料被注入模具后，浆料中的水分被模具全部吸收，没有多余的浆料排出称为实心注浆。

普通注浆成形技术经改进，形成了用外加压力来替代毛细管力的压力注浆(pressure casting)，使得注浆厚度更容易控制；模具周围被抽真空，对浆料产生一个物理压缩力的真空注浆(vacuum casting)；类似于离心铸造的离心注浆(centrifugal casting)，常用于复杂形状制件的成形；利用超声作用增加密度、改善浆料的流变行为的超声注浆(ultrasonic casting)，有助于促进气泡排除，使制件均匀性得到改善。

常用的注浆模具为石膏模和多孔塑料模。注浆成形成本较低，可制备出形状相当复杂的制品，但生产效率较低。

4.2.2.6 流延成形

流延成形(doctor blade casting process)是将制成的料浆置于流延机料斗中，经料斗流至传送带上，用刮刀控制膜的厚度，料浆带在传送带上加热烘干，得到膜坯。

流延成形适于制造厚度 0.05 mm 以下的薄膜。这种薄膜常用于小体积、大容量的电子器件。由于要制造超薄的制品，因此要求粉料细、粒形圆润，这样才能得到良好流动性的料浆。

流延成形设备简单，工艺稳定，可连续操作，便于自动化，生产效率高。但由于黏结剂含量高，制品收缩率很大。

4.2.3 陶瓷的各种成形方法比较

陶瓷成形的目的是将粉料制成一定形状的半成品。陶瓷的各种成形工艺不同，其成形用料、制品均匀性、生产效率和成本各不相同。表4-1为几种常用陶瓷成形技术的比较。

表4-1 陶瓷成形技术的比较

成形方法	成形用料	均匀性	效率	成本
模压成形	粉料	差	中等	低
等静压成形	粉料	中等	中等	中等
挤出成形	塑性料	中等	高	中等
注射成形	塑性料	好	中等	高
注浆成形	悬浮体	合理的	低	低
流延成形	悬浮体	好	高	中等

4.3 复合材料的成形

复合材料(complex material)的性能主要取决于增强材料和基体材料的性能、分布和含量，以及它们之间的结合情况。其最大特点是性能具有可设计性。同时，复合材料制品的成形特点是材料生产和制品成形同时完成。所以，复合材料成形工艺水平直接影响其制品的性能。

复合材料成形方便，树脂在固化前具有一定的流动性，纤维较柔软，依靠模具容易成形。但是在成形中若制品出现缺陷，一般不可修复，材料不能回收利用。成形过程中有化学药剂和粉尘污染，操作人员要采取防护措施。

复合材料的成形工艺的实质和特点主要取决于复合材料的基体。

4.3.1 树脂基复合材料成形

树脂基复合材料(resin matrix complex material)常用成形方法有手糊成形、喷射成形、树脂传递模塑成形、模压成形、缠绕成形等。树脂基复合材料的基体材料一般采用热固性树脂如环氧树脂(epoxide resin)、不饱和聚酯树脂(unsaturated polyester resin)和热塑性树脂，如聚乙烯(polythene[PE])、尼龙(nylon)；增强材料一般采用玻璃纤维(glassfiber)、碳纤维(borofil/carbon fiber)、芳纶纤维(kevlar)等。

4.3.1.1 手糊成形

以手工作业为主的成形方法。先在经清理并涂有脱模剂的模具上均匀刷上一层树脂，再将纤维增强织物按要求裁剪成一定形状和尺寸，直接铺设到模具上，并使其平整。多次重复以上步骤逐层铺贴，制成坯件，然后固化成形(图4-11)。

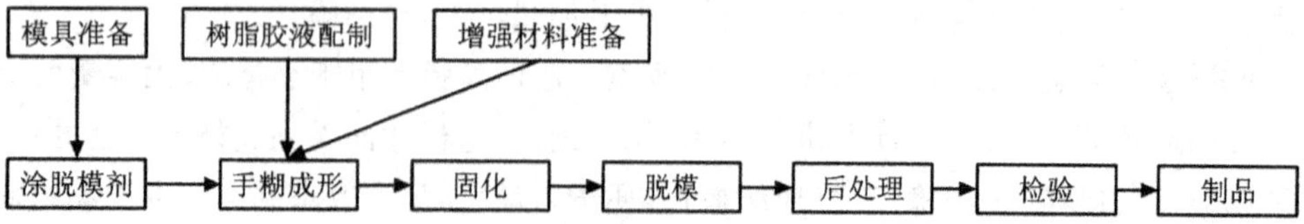

图4-11 手糊成形工艺流程

手糊成形主要用于不需加压、室温固化的不饱和聚酯树脂和环氧树脂为基体的复合材料成形。特点是不需专用设备，工艺简单，操作方便；但劳动条件差，产品精度较低，承载能力低。一般用于使用要求不高的大型制件，如船体、储罐、大口径管道、汽车部件等。

手糊成形还用于热压罐、压力袋、压机等模压成形方法的坯件制造。

手糊成形的工序是先涂表面胶，再在胶层上铺放按照制品尺寸裁好的增强材料，用刮刀、毛刷或压辊迫使树脂胶液均匀地浸入织物，并排除气泡。待增强材料被树脂胶液完全浸透后，再铺下一层，且每铺一层就刷一次树脂，反复数次直到所需要的层数为止。固化是树脂的线性分子交联为体型结构的过程，必须加入引发剂。引发剂是一种活性较大的共价键化合物，在一定条件下，可以分解产生游离基。游离基的活性大，能够打开其双键，进行聚合，以实现交联固化。产生游离基的最低温度一般为 60～130℃，室温下须加入促进剂以降低固化温度。固化属放热反应，聚酯树脂从黏流态转变为不能流动的凝胶态，最后成为坚硬固体。

4.3.1.2 模压成形

模压成形(compression moulding)是将一定量的模料放入金属对模中，在一定温度和压力下固化成形。它与前述的热固性塑料(酚醛塑料)成形有类似之处。但其不同之处是，在模腔内流动的不仅是树脂而且还有增强材料，所以，成形压力较高。

模压成形生产率较高，制品尺寸准确、精度高，可以一次成形较复杂的结构，且重复性好，易于实现机械化、自动化。在各种成形工艺中所占比例仅次于手糊或喷射成形和树脂传递模塑成形，居第三位。尤其是近年来各种新型塑料的出现，使其应用更加广泛。模压成形的主要缺点是模具设计、制造复杂；压机和模具投资大；制品尺寸受到模具限制，只适宜于大批量生产中、小型制品。

4.3.1.3 喷射成形

喷射成形(reaction-injection moulding)是为改进手糊成形而创造的一种半机械化成形工艺。其工艺过程是：将混合好的树脂从喷枪两侧喷出，同时将增强纤维用切割机切断并由喷枪中心喷出，与树脂一起均匀沉积到模具上，待到一定厚度，用手辊滚压，使纤维浸透树脂，然后压实、除气泡，最后固化成形，如图 4-12 所示。

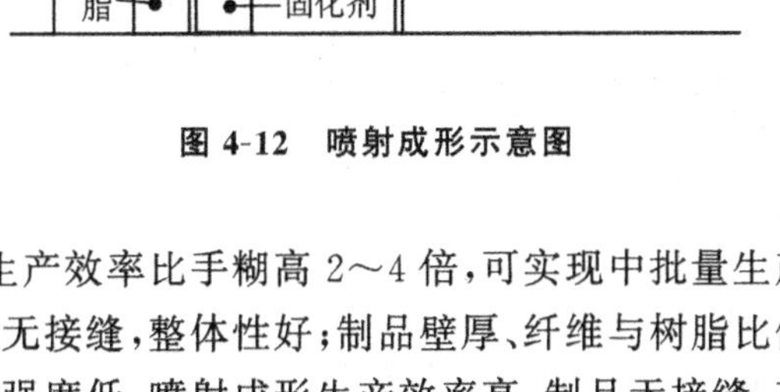

图 4-12 喷射成形示意图

喷射成形的特点是：生产效率比手糊高 2～4 倍，可实现中批量生产；采用玻璃纤维无捻粗纱代替织物，成本低；制品无接缝，整体性好；制品壁厚、纤维与树脂比例可自由调节；但是现场污染大，树脂含量高，制品强度低。喷射成形生产效率高，制品无接缝，其形状和尺寸受限制小，适于异形制品的成形。但场地污染大，制件承载能力不高，适于制造船体、汽车车身、浴盆等大型部件。

4.3.1.4 树脂传递模塑

树脂传递模塑(resin transfer molding)是一种闭模成形工艺,其基本过程是:将液态热固性树脂和固化剂,由计量设备从储备桶内抽出,经静态混合器混合均匀,注入事先铺有玻璃纤维增强材料(连续毡或短切纤维毡)的密封模内,经固化、脱模、后加工而成制品。图 4-13 为一个用树脂传递模塑生产汽车零件的过程示意。

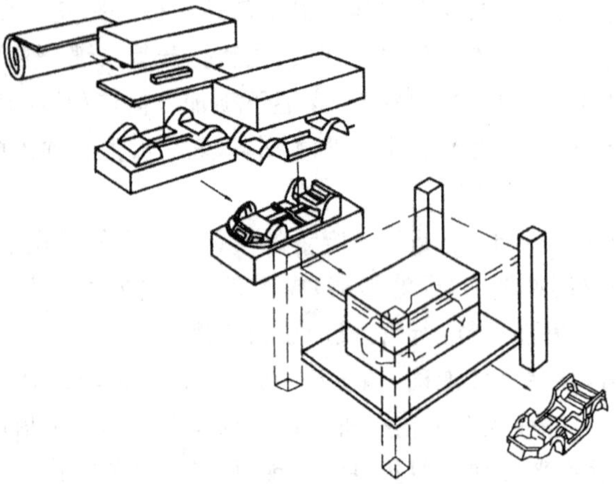

图 4-13 树脂传递模塑法生产汽车零件示意图

4.3.1.5 缠绕成形

将浸过树脂胶液的连续纤维或布带,按照一定规律缠绕在芯模上,经固化脱模成形为增强塑料制品的工艺过程,称为缠绕成形(lapping moulding)。图 4-14 是长纤维缠绕成形示意图。缠绕成形可分为环向缠绕、螺旋缠绕和平面缠绕 3 类,如图 4-15 所示。

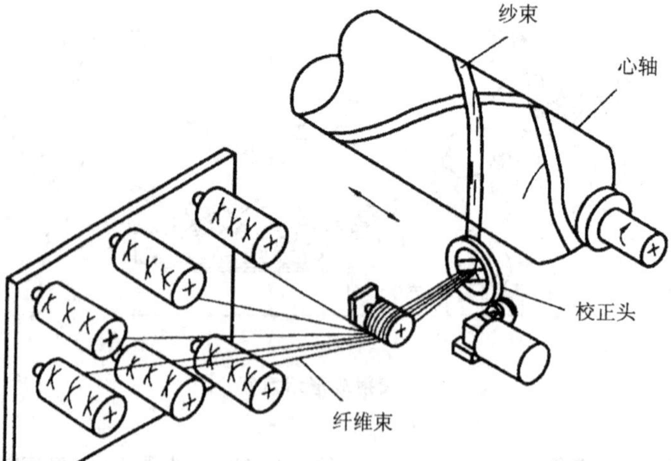

图 4-14 长纤维缠绕成形

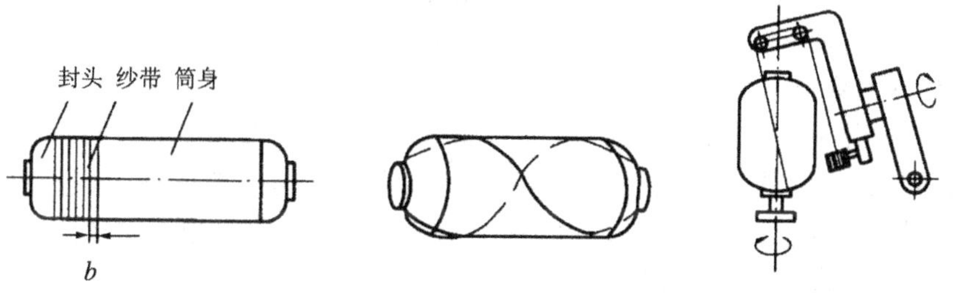

a) 环向缠绕　　b) 螺旋缠绕　　c) 平面缠绕（纵向缠绕）

图 4-15 缠绕成形种类

缠绕成形的特点如下。

1)比强度高,是钛合金的 3 倍、钢的 4 倍。美国阿特拉斯导弹原采用合金钢,质量达 79 t,改用缠绕玻璃钢,质量仅有 59 t,减少了 25%。缠绕玻璃钢压力容器比同体积钢瓶,质量减轻 40%～60%。

2)制品呈各向异性,强度的方向性比较明显,可以按照承载要求确定纤维排布、方向、层次,以实现制品的强度及结构设计。

3)纤维按照规定方向排列,精度高、质量好,易于生产自动化。

4)缠绕机、高质量芯模和专用固化炉等缠绕设备,投资大。

缠绕成形主要用于缠绕圆柱体、球体及某些回转体制品。

在缠绕过程中,应注意下述工艺问题。一是缠绕张力,即缠绕中纤维所受的张紧力。由于缠绕张力的作用,后绕上的一层纤维会对先绕上的纤维产生径向压力,使其压缩变形而造成内松外紧,纤维不能同时受力,严重影响制品的强度和疲劳性能。工艺措施是采用张力逐层递减制度,使内外各层纤维的初始应力状态相同,以保证容器充压后,各层纤维同时承载。二是分层固化,即待前一层固化后再缠绕第二层,从力学角度看,分层固化是把一个厚壁容器变成几个紧套在一起的薄壁容器组合体,对容器的强度等性能有利。

4.3.2 金属基复合材料成形

金属基复合材料(metallic matrix complex material)是以金属为基体,以纤维、颗粒、晶须等为增强体的复合材料。其成形过程往往也是复合过程。复合工艺主要有固态法(如粉末冶金、扩散结合)和液相法(如压铸、精铸、液态搅拌复合铸、真空吸铸、共喷射铸等)。由于这类材料的加工温度高,工艺复杂,界面反应控制困难,成本较高,故应用的成熟程度远不如树脂基复合材料,应用范围较小,目前主要应用于航空、航天领域。

4.3.2.1 热压扩散结合法

热压扩散结合法是连续增强金属基复合材料最具代表性的一种常用的固相复合工艺。它是在较高温度下施以一定的压力让纤维与基体金属扩散结合而成形的方法。即按照制件形状、纤维体积密度及增强方向要求,将金属基复合材料预制条带及基体金属箔或粉末布,经裁剪、铺设、叠层、组装,然后在低于复合材料基体金属熔点的温度下加压并保持一定时间;基体金属产生蠕变与扩散,使纤维与基体间形成良好的界面结合,得到复合材料。

与其他制造工艺相比，该方法易于精确控制，制件质量好。但由于型模加压的单向性，使得该法限于制作较为简单的板材、某些型材及叶片等制件。

4.3.2.2 粉末冶金法

粉末冶金法是制备金属复合材料，尤其是非连续增强体金属基复合材料的方法之一，广泛应用于各种颗粒、片晶、晶须及短纤维增强的铝、铜、钛、高温合金等金属基复合材料。其工艺是首先将金属粉末或合金粉末和增强体均匀混合，制得复合坯料，经用不同固化技术制成锭块，再通过挤压、轧制、锻造等二次加工成形。

粉末冶金法制备的金属基复合材料可以通过传统的金属加工方法进行二次加工，得到所需形状的零件。

4.3.2.3 压铸、离心铸及熔模精铸

压铸、离心铸及熔模铸均属液相法复合工艺。

压铸是在高压下将液态金属基复合材料注射进入铸型凝固后成形的铸造工艺方法。可制造高尺寸精度、高表面质量的复合材料铸件，是一种适合大批量生产条件的方法，主要用于汽车、摩托车等零件生产。

离心铸造仍然是利用铸型旋转产生的离心力使熔液中密度不同的增强体和基体合金分离至内层或外层形成复合铸件的工艺方法。例如，用这种方法生产石墨/铝复合材料作为贵重的铜、锡和铅基合金的代用品来制造轴承，效果很好。石墨/铝轴承在使用时，希望其内表面含有较多的石墨颗粒，以提高轴承的润滑性，由于石墨与铝合金的密度不同，使用离心铸造方法可使较重的铝液以较快的速度远离液体圆筒的内表面，最后石墨颗粒偏聚到内表面上。因此，待冷却凝固后，可获得富石墨的内层和无石墨的外壳区，即得到石墨/铝轴承铸件。该方法应用限于管状、环状零件。

熔模精铸是应用传统的熔模精铸技术制取高表面质量和高尺寸精度的金属基复合铸件的工艺方法。该方法生产工艺较复杂，生产成本相对较高，主要用于制造复杂薄壁零件。

4.3.2.4 等离子喷涂法

此法是利用等离子电弧的高温将金属熔化并喷涂到所要涂的物体表面，喷涂时为防止金属氧化，一般是在惰性气体保护下进行的，所用金属以粉末状送入等离子射流喷枪。等离子喷涂不仅用于纤维复合材料的成形，也可以把高熔点合金或陶瓷喷涂于金属的表面，因此也是层复合材料的一种成形方法。

4.3.3 陶瓷基复合材料成形

陶瓷基复合材料(ceram matrix complex material)的成形方法分为 2 类，一类是针对短纤维、晶须、晶片和颗粒等增强体，基本采用传统的陶瓷成形工艺，即热压烧结和化学气相渗透法；另一类是针对连续纤维增强体，有料浆浸渍后热压烧结法成形和化学气相渗透法成形。下面简单介绍后 2 种方法。

4.3.3.1 料浆浸渍热压烧结法成形

将纤维置于制备好的陶瓷粉体浆料里，纤维粘附一层浆料，然后将含有浆料的纤维布成一定结构的坯体，经干燥、排胶、热压烧结成制品。

该方法广泛用于陶瓷基复合材料的成形，其优点是不损伤增强体，不需成形模具，能制造大型零件，工艺较简单；缺点是增强体在基体中的分布不太均匀。

4.3.3.2 化学气相渗透法成形

先将纤维做成所需形状的预成形体，预成形体的骨架上具有开口气孔，然后将预成型体置于一定温度下，源气从低温侧进入，到高温侧后发生热分解或化学反应沉积出所需陶瓷基质，直至预成型体中各空穴被完全填满，获得高致密度的复合材料。

该方法又称 CVI 工艺，可获得高强度、高韧性的复合材料制件。

4.4 粉末冶金的成形

粉末冶金(powder metallurgy)是将几种颗粒或粉末状的金属或金属与非金属材料均匀混合后，通过压制成形、烧结、后处理等工序，获得所需的金属材料或制品的工艺方法。由于粉末冶金的生产工艺与陶瓷的生产工艺在形式上相类似，故这种工艺方法又称为金属陶瓷法。

粉末冶金和金属的熔炼及铸造方法有本质的不同。它是先将均匀混合的粉料压制成形，借助于粉末原子间吸引力与机械咬合作用，使制品结合为具有一定强度的整体；然后再在高温下烧结，由于高温下原子活动能力增强，使粉末接触面积增多，同时通过原子扩散，进一步提高了粉末冶金制品的强度，并获得与一般合金相似的组织。

粉末冶金生产工艺过程包括制粉、混配料、压制、烧结等工序，以及整形、复压和复烧等后续工序。压制和烧结是粉末冶金材料成形的基本工序。

4.4.1 压制

压制(pressing/extrude)是将松散的粉末置于封闭的模具型腔内加压，使之成为具有一定形状、尺寸、密度与强度的型坯，以便烧结。在加压状态下，粉末微粒密集在一起而发生塑性变形，从而被压实。由于塑性变形，微粒被“焊”在一起，获得了足够的强度，从而使之能接受后续处理。压实后的密度通常为固体材料的 80%左右。

压制不仅使粉末成形，而且还决定制品的密度及其均匀性，进而对其最终性能起决定性影响。密度越大，粉末冶金制品强度越高。压制的比压一般为 150～600 MPa。粉末的压制可在普通机械式压力机或油压机上进行，常用的压力机吨位为 500～5 000 kN(50～500 t)。国外生产的 30 MN(3 000 t)高速机械压力机每分钟可生产 8～14 kg 的零件 20 件。

由于粉末的流动性不好，压坯各向的密度是不均匀的。单向压制时，与上冲模接近的压坯部分密度大，远离上冲模的部分密度小。采用双向压制时，则可减少压坯密度分布上的差异。

4.4.2 烧结

烧结(sintering)是将型坯按一定的规范加热到规定温度并保温一段时间，使型坯获得一定的物理与力学性能的工序。它是粉末冶金制品压制成形后的固化成形工艺过程，其目的是进一步提高压坯的强度和密度。烧结温度一般在基体金属熔点的 70%～80%的范围内，某些耐火材料的烧结温度达到其熔点的 90%。烧结过程应在还原性气氛或真空的连续式烧结炉内进行，以防止型坯发生氧化和脱碳。

烧结过程中应严格控制温度、加热时间、升温速度与冷却速度等工艺参数。温度过高，加热时间过长，会使型坯歪曲变形、晶粒粗大，产生“过烧”废品；温度过低，加热时间过短，会降低型坯的结合强度，产生“欠烧”废品；升温过快，型坯会出现裂纹，氧化物还原不完全；冷却速度不同，会得到不同的显微组织，制品的强度与硬度亦不相同。铁基粉末冶金制品的烧结温度为1 000～1 200℃，烧结时间为0.5～2 h。

大部分粉末冶金制品烧结后即成为成品。但有些零件的使用要求高或有特殊性能要求，烧结后还需通过整形、浸渍、渗透、复压与复烧等后续工序处理。

4.4.3 粉末冶金制品设计要点

由于粉末的流动性不好，有些形状不易在模具内压制成形；有的虽然能成形，也因型坯各处的密度不均匀而导致各处强度不够均匀，影响成品质量；另外，所需压制的比压较大，模具的薄弱部位易损坏。为此，在设计时必须充分考虑其结构工艺性。总的原则是：零件结构应尽量简单，方便压制、脱模；利于粉末均匀填充，压坯致密且密度均匀；有利于简化压模结构，提高使用寿命。具体来说，应注意以下几点。

1)零件的长度与直径之比要尽可能小，最好是$L/D<2$，不能超过3 。

2)零件上沿压制方向最好是均匀一致的截面。

3)阶梯圆柱形制件每级直径之差不宜大于3 mm，每级的长度与直径之比应在3以下，否则不易压实。应尽可能避免多级阶梯形结构。

4)零件应避免内、外尖角，圆角半径应不小于0.5 mm；或设计出45°倒角，以避免模具上出现尖锐刃边。

5)零件上应避免狭长槽和细长臂，这些结构导致压模制造困难，寿命也低。

6)零件上不应设计与压制方向垂直的孔、槽等结构；零件上也无法压出网状花纹、内、外螺纹。

思 考 题

4-1 试比较热塑性塑料和热固性塑料在性能和成形工艺上的区别。

4-2 塑料的注射成形、挤出成形、压塑成形、浇铸成形、吹塑成形各有什么特点？各适合于哪些塑料及哪类制品的加工？

4-3 陶瓷的生产过程主要包括哪些工序？

4-4 陶瓷的主要成形方法有哪些？

4-5 复合材料原材料和成形工艺之间存在什么关系？

4-6 说明下列成形方法各适用于何类复合材料的成形：料浆浸渍热压成形、热压扩散结合法喷射成形、手糊成形、压力袋成形、离心铸造成形。

4-7 铸造法与粉末冶金法相比，在生产金属复合材料制品方面有哪些优点？

4-8 粉末冶金和金属的熔炼及铸造方法有何本质的不同？

4-9 陶瓷制品的成形方法有哪些？试述各自的应用范围。

4-10 陶瓷注浆成形与金属铸造成形有哪些相似之处？

4-11 金属基复合材料成形的困难有哪些？如何解决？

5 毛坯制造结构工艺性与工艺设计

本章要点：

①从如何尽量避免铸造缺陷的角度考虑铸件结构与合金的铸造性能的关系；从如何尽量简化铸造工艺的角度考虑铸件结构与铸造工艺的关系。

②铸件浇注位置、分型面的选择及铸造工艺参数的确定。

③在熟悉各种锻造、板料冲压方法及主要变形规律的基础上，掌握锻件结构与锻造、冲压工艺的关系。

④焊接材料、焊接方法的选择及焊接接头的工艺设计。

⑤了解塑料件结构工艺性的一般要求。

5.1 铸件结构工艺性与工艺设计

5.1.1 铸件结构工艺性

设计铸件结构时，不仅要保证其使用性能和力学性能的要求，还必须要考虑铸造工艺、合金铸造性能以及铸造方法等对铸件结构的要求。正确的铸件结构应使铸造生产工艺过程简便，能减少和避免产生缺陷，并应考虑到机械加工、装配和运输方面的要求，使零件全部生产过程能做到技术上合理、制造上经济。铸件结构是否合理，即结构工艺性是否好，对铸件质量、生产率及成本有很大影响。

5.1.1.1 合金铸造性能对铸件结构的要求

铸件的结构，如果不能满足合金铸造性能的要求，将可能产生浇不足、冷隔、缩松、气孔、裂纹和变形等缺陷。

1)铸件壁厚的设计

①铸件的壁厚应合适。铸件壁厚应选择适当，既能保证铸件的力学性能，又能便于铸造生产、减少缺陷。

减小铸件壁厚虽可以减轻重量，但过小的壁厚往往不易浇满，如图 5-1 所示结构。为保证能获得轮廓清晰的铸件，铸件有最小壁厚允许值，表 5-1 为不同合金铸件允许的最小壁厚。

提高铸件的承载能力不能仅靠增加壁厚。铸件壁不宜过厚，否则会在铸件壁的中心处形成粗大晶粒，易产生缩孔、缩松等缺陷。超过某一壁厚，铸件的承载能力不再按壁厚的增加而成比例增加。最大临界壁厚大约是其最小壁厚的 3 倍。因此铸件结构设计应选用合理的截面形状(如空心、工字形、丁字形和槽形等)。

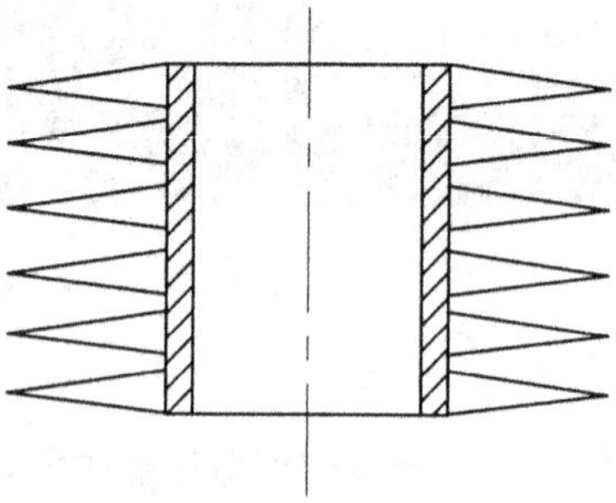

a) 不合理　　b) 合理

图 5-1　铸件的壁厚应合适

表 5-1　铸件最小壁厚 δ　mm

铸型种类	铸件尺寸	铸钢	灰铸铁	球墨铸铁	可锻铸铁	铝合金	铜合金
砂型	<200×200 200×200～500×50 >500×500	6～8 10～12 15～20	5～6 6～10 15～25	6 12 —	4～5 5～8 —	3 4 5～7	3～5 6～8 —
金属型	<70×70 70×70～150×150 >150×150	5 — 10	4 5 6	— — —	2.5～3.5 3.5～4.5 —	2～3 4 5	3 4～5 6～8

②铸件的壁厚应均匀。如图 5-2 所示，如果铸件壁厚不均匀，将在局部厚壁处形成金属积聚的热节，导致铸件产生缩孔、缩松缺陷；减小厚大部分，防止形成热节，避免形成缩孔、缩松和裂纹等缺陷。

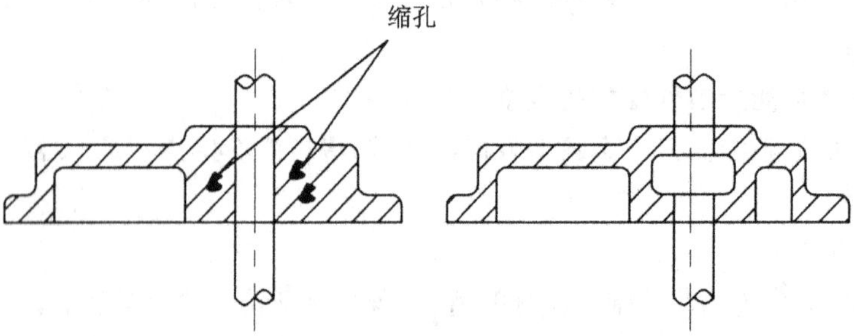

a) 不合理　　b) 合理

图 5-2　铸件的壁厚应均匀

③铸件内壁厚度应略小于外壁厚度。内壁散热条件差，如图 5-3 所示铸件各部分的冷却速度不同，冷却收缩时各部分相互阻碍，产生热应力，严重时将导致铸件变形或开裂。减薄内壁厚度可使整个铸件均匀冷却。

④铸件的壁厚应符合顺序凝固原则。如图 5-4 所示，铸件侧壁应成倒锥状，上厚下薄，以利于补缩。

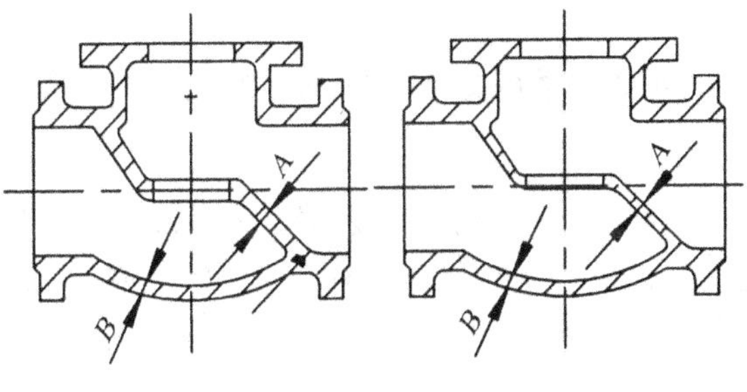

a) 不合理($A=B$)　　b) 合理($A<B$)

图 5-3 铸件的内外壁厚应不同

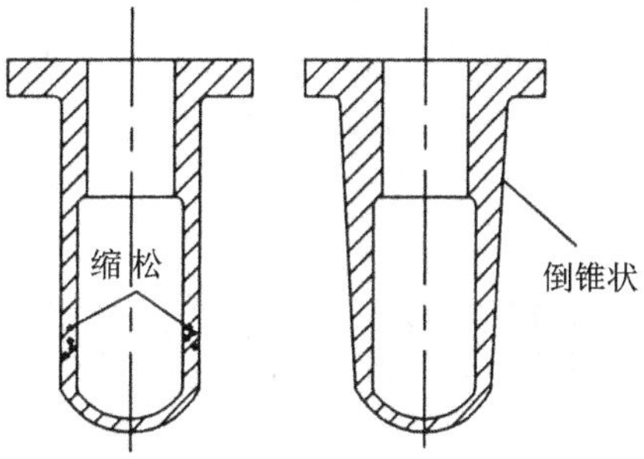

a) 不合理　　b) 合理

图 5-4 铸件的壁厚应符合顺序凝固原则

2)铸件壁的连接

① 结构圆角。如图 5-5 所示,铸件壁的连接处应有结构圆角,不允许转角处无圆角,否则会产生金属积聚的热节,导致铸件产生缩孔、缩松缺陷,产生应力集中。

铸件结构圆角的大小必须与其壁厚相适应。其大小可参考表 5-2。

表 5-2 铸件结构圆角与壁厚的关系　　mm

	$\frac{a+b}{2}$	<8	8～12	12～16	16～20	20～27	27～35	35～45	45～60
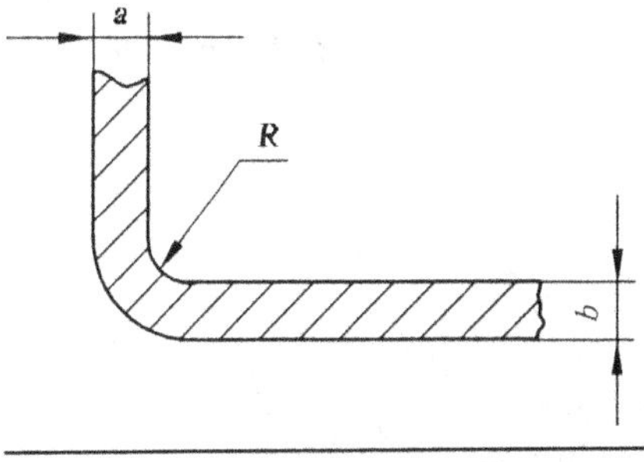	铸铁	4	6	6	8	10	12	16	20
	铸钢	6	6	8	10	12	16	20	25

②两壁斜向相交时,应避免锐角接头,以防应力集中,产生裂纹缺陷。如图 5-6 所示锐角连接采用 T 形过渡形式的直角接头。

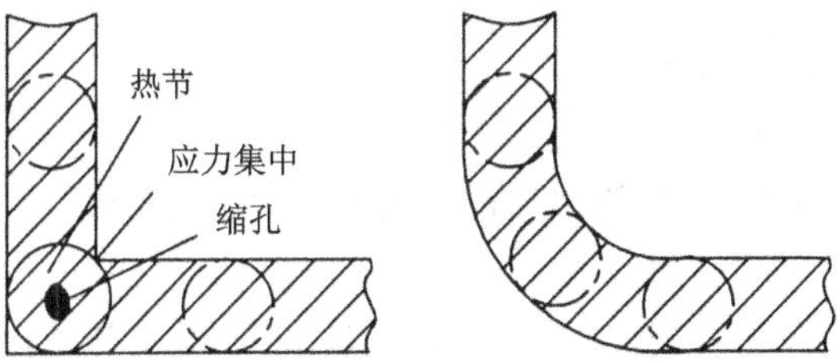

a) 不合理　　b) 合理

图 5-5 铸件壁的连接应有结构圆角

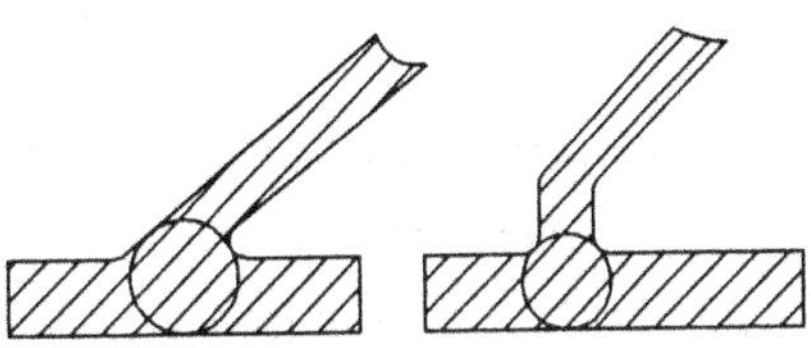

a) 不合理　　b) 合理

图 5-6 壁的连接应避免锐角

③厚壁与薄壁间的连接要逐步过渡。为了减少铸件中的应力集中现象，防止产生裂纹，厚壁与薄壁的过渡的形式如图 5-7 所示。

④壁的连接应避免十字交叉。如图 5-8 所示，小铸件采用交错接头，大件采用环形接头。

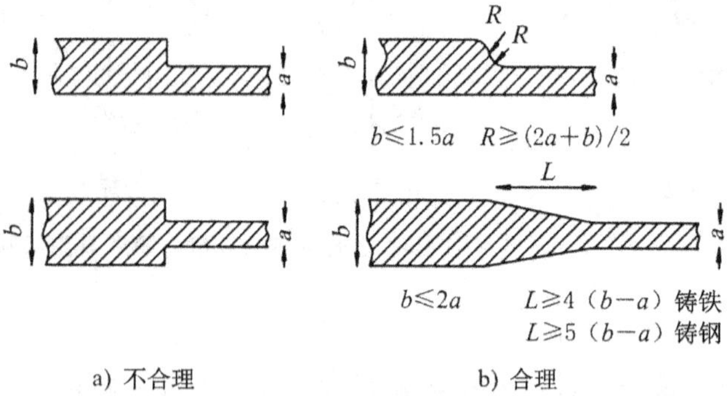

图 5-7　不同壁厚的过渡形式

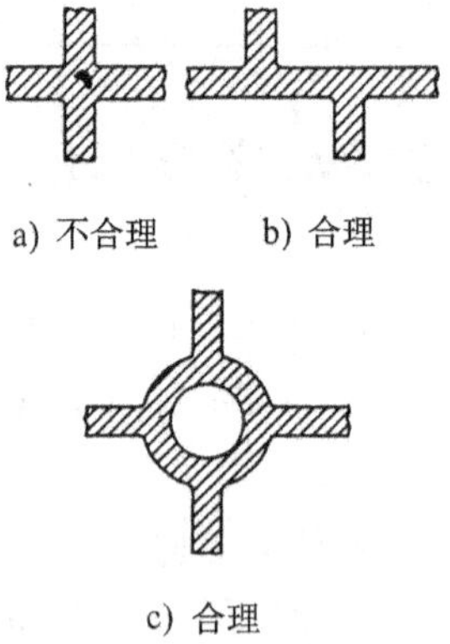

图 5-8　十字交叉壁的连接形式

3)避免变形和裂纹的结构

①铸件结构应尽量减小铸件收缩受阻和有利于减小变形。

a. 尽量使铸件能自由收缩以减少其铸造应力。铸件在浇注后的冷却凝固过程中，其体积和长度都将减小。如果其收缩受阻，铸件内部将产生应力，导致变形、裂纹的产生。设计铸件结构时，应尽量使其能自由收缩，以减少应力，避免裂纹。如图 5-9 所示的弯曲轮辐和奇数轮辐设计，可使铸件能较好地自由收缩。

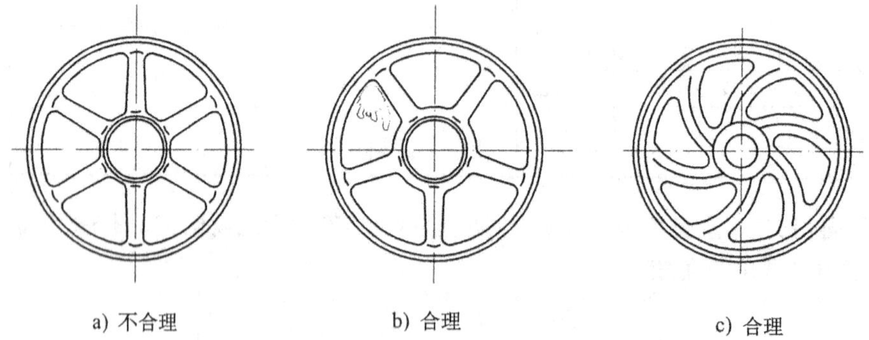

图 5-9　轮辐结构的设计

b. 采用对称结构，防止变形。如图 5-10 所示的细长易挠曲的铸件应设计为对称截面。

②合理设计加强筋。

a. 增加铸件的刚度和强度，防止铸件变形。如图 5-11 所示合理设置加强筋，以提高平板铸件的刚度，防止变形。

b. 减小铸件壁厚，防止铸件产生缩孔、裂纹等，如图 5-12 所示结构。

③尽量避免过大的水平壁。在铸件浇注位置上有过大的水平面，不利于金属液的充填，容易产生浇不到等缺陷；同时较大的水平面不利于金属液中气体和熔渣的上浮，易造成气孔、夹

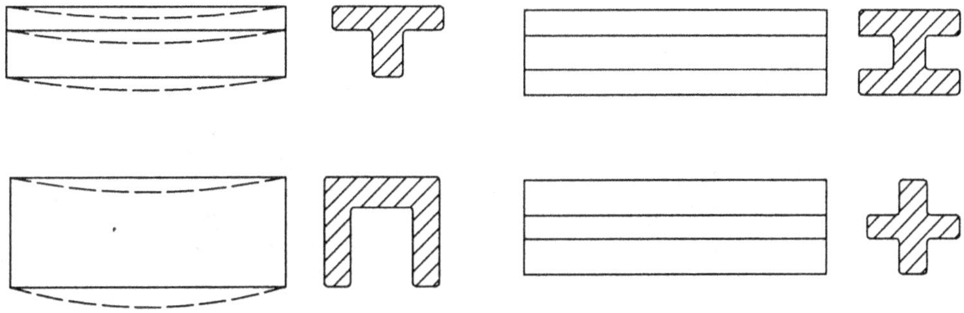

a) 不合理　　b) 合理

图 5-10 细长易挠曲的铸件截面形式

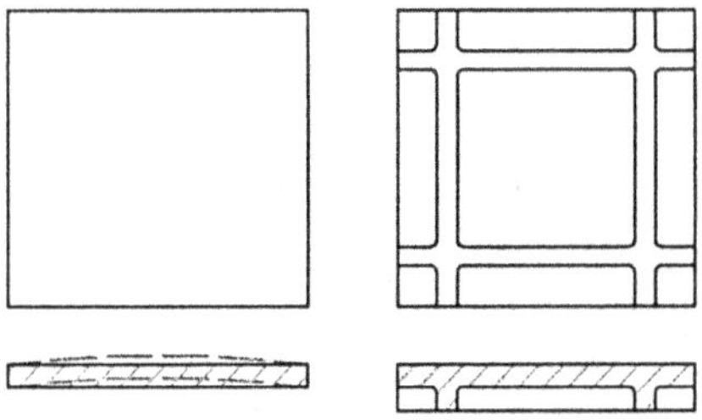

a) 不合理　　b) 合理

图 5-11 平板铸件的结构

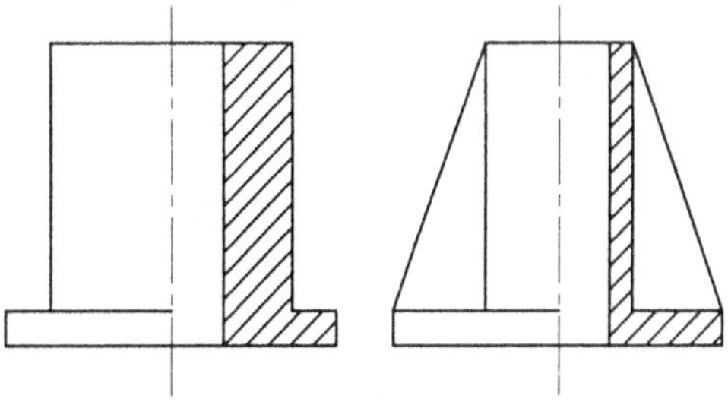

a) 不合理　　b) 合理

图 5-12 合理设计加强筋

渣缺陷；另外，大平面型腔的上表面受高温金属液烘烤的时间较长，极易造成夹砂缺陷。因此，在进行铸件结构设计时，应尽量将水平面设计成倾斜形状，如图 5-13 所示结构。

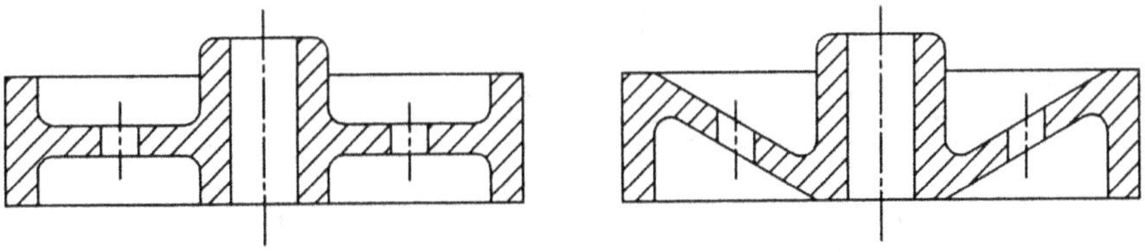

a) 不合理　　b) 合理

图 5-13 避免大水平面的结构

5.1.1.2 铸造工艺对铸件结构的要求

铸件结构设计，除了满足零件的使用要求外，还应使其铸造工艺过程尽量简化。以提高生产效率，降低废品率，为生产过程的机械化创造条件。

1)铸件外形设计。

①避免外部的侧凹。铸件在起模方向上若有侧凹，如图 5-14 a 所示，就必须在造型时增加

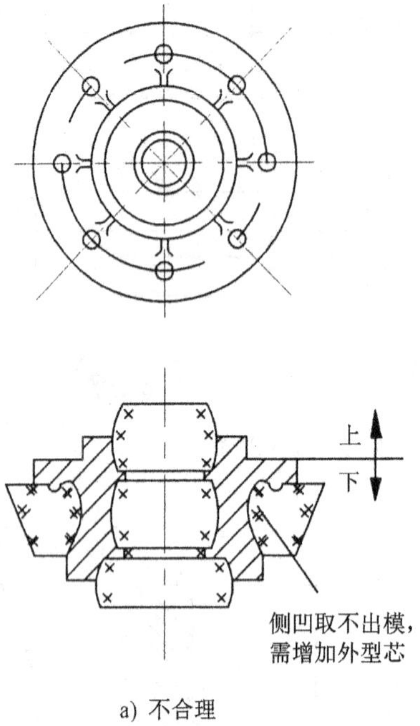

图 5-14　避免外部有侧凹的结构

较大的外壁型芯才能起模。若将其改成图 5-14 b 所示结构，则可省去外型芯，是一种合理的结构。

②分型面应平直。平直的分型面可避免操作费时的挖砂造型或假箱造型，同时，铸件的毛边少，便于清理，因此应尽力避免弯曲的分型面。如图 5-15 所示结构。

③凸台和肋的结构应便于起模。设计铸件上的凸台、凸缘和肋条结构时，应考虑便于造型起模，尽力避免使用活块或外壁型芯。如图 5-16 所示的凸台和肋条。

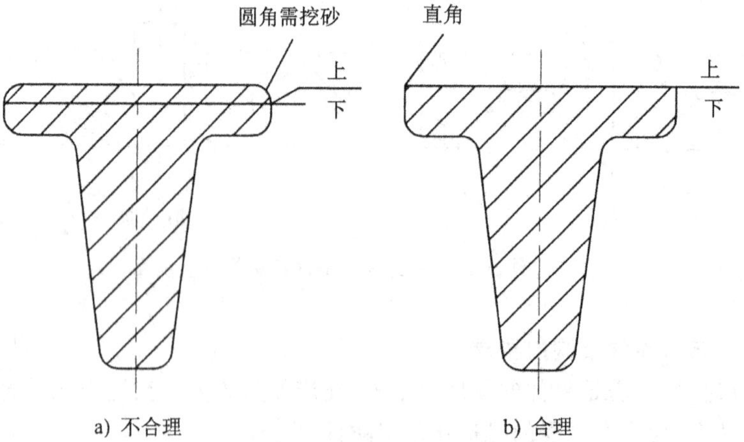

图 5-15　分型面应平直

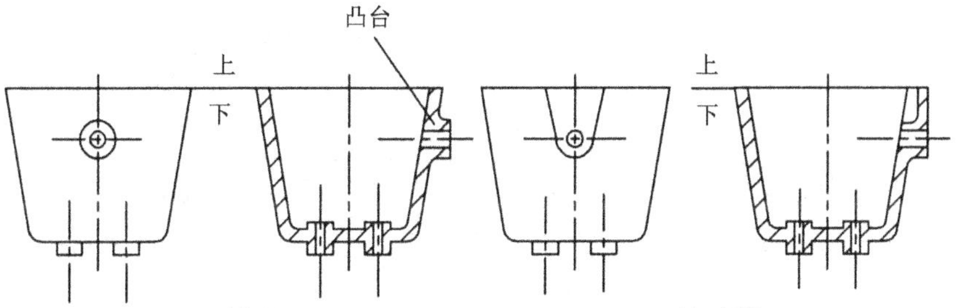

图 5-16 合理的凸台结构

④减少分型面的数目。减少铸件分型面的数量，不仅可以减少砂箱的用量，降低造型工时，而且可以减少错箱、偏芯等缺陷，提高铸件的尺寸精度。图 5-17 所示铸件，由于图 5-17 a 法兰上部有凸缘，不能采用简单的两箱造型。若改成图 5-17 b 的结构，取消上部的凸缘，使铸件仅有一个分型面，则将大大简化造型操作。

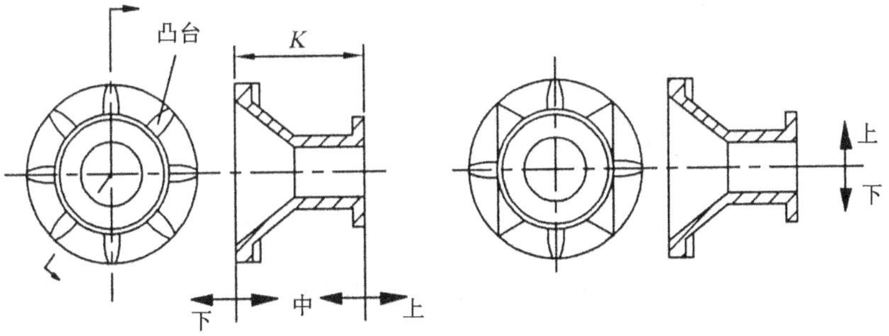

图 5-17 减少铸件的分型面

⑤铸件应具有结构斜度。铸件上垂直于分型面的不加工表面应设计出一定的斜度，称为结构斜度。结构斜度便于起模，并可延长模具的使用寿命，如图 5-18 所示结构；具有结构斜度内腔，在一定条件下还可以减少型芯的数量，便于用砂垛代替型芯，如图 5-19 所示结构。铸件结构斜度的大小和许多因素有关，如铸件的高度、造型的方法及模样的材质等，高度越低，斜度应越大。凸台的结构斜度可达 30′～45′。

2)铸件内腔设计。铸件的内腔通常由型芯形成，型芯处于高温金属液的包围之中，工作条件恶劣，极易产生各种铸造缺陷。故在铸件内腔的设计中，尤其是单件小批量生产时，尽可能地避免或减少型芯，从而节约芯盒、制芯、烘干等工序的工时及材料消耗，以降低成本，同时亦可提高铸件质量。

①尽量少用或不用型芯。图 5-20 a 所示结构，为形成其内腔和外形，必须使用 2#、3# 型芯；若改进为图 5-20 b 所示结构截面，则可避免 2#、3# 型芯的使用，简化了造型，同时，亦可保证铸件的质量，后者的设计是合理的。

②应使型芯安放稳定、排气通畅、清理方便。型芯在铸型中的支撑必须牢固，否则型芯经不

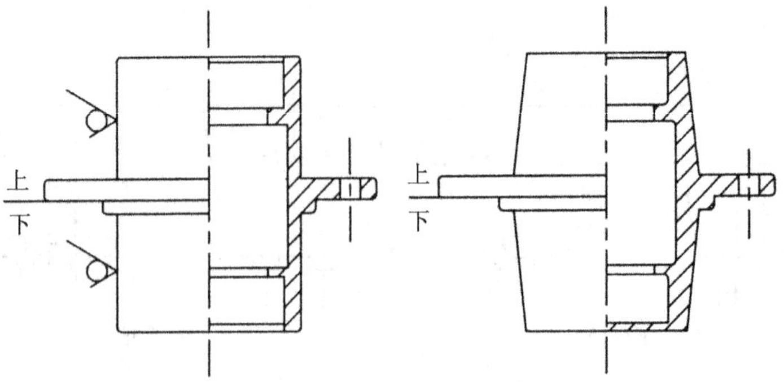

a) 不合理　　b) 合理

图 5-18　铸件应具有结构斜度

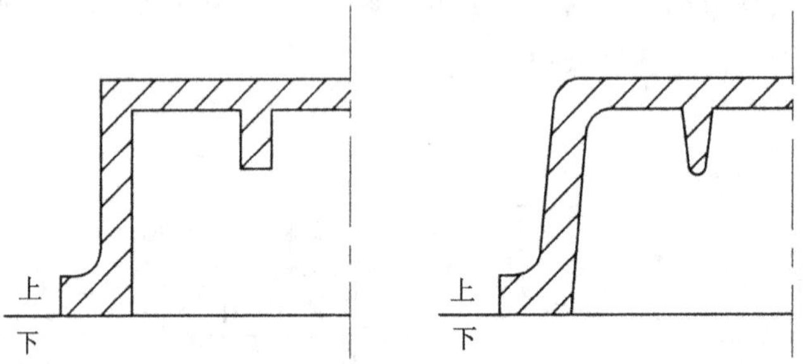

a) 不合理　　b) 合理

图 5-19　能够减少型芯的结构

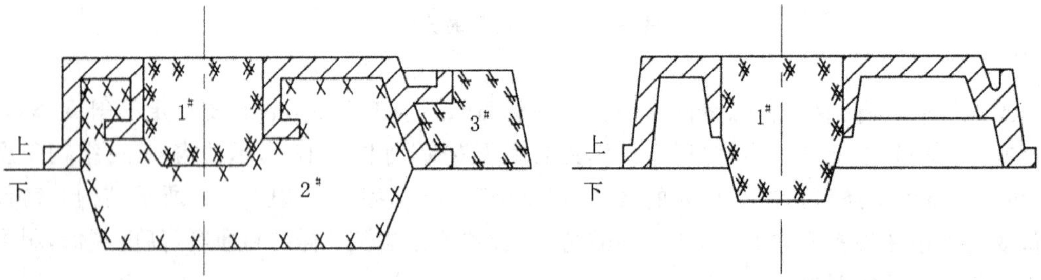

a) 不合理　　b) 合理

图 5-20　尽量不用和少用型芯的结构

住浇注时金属液的冲击而产生偏芯缺陷，造成废品。型芯的固定主要依靠芯头来保证，如图 5-21 所示轴承支架铸件，若采用图 5-21 a 结构，则需 2 个型芯，且其中大的型芯呈悬臂状态，装配时必须用芯撑做辅助支撑，下芯操作费工、费时，且不稳固，另外型芯的通气性不好；如将此铸件的 2 个空腔打通，改成图 5-21 b 所示结构，则可采用一个整体型芯来形成铸件的空腔，或者采用图 5-21 c 所示的工字形结构，这样既可增加型芯的稳固性，又改善了型芯排气和清理条件，因此后面的 2 种结构比较合理。

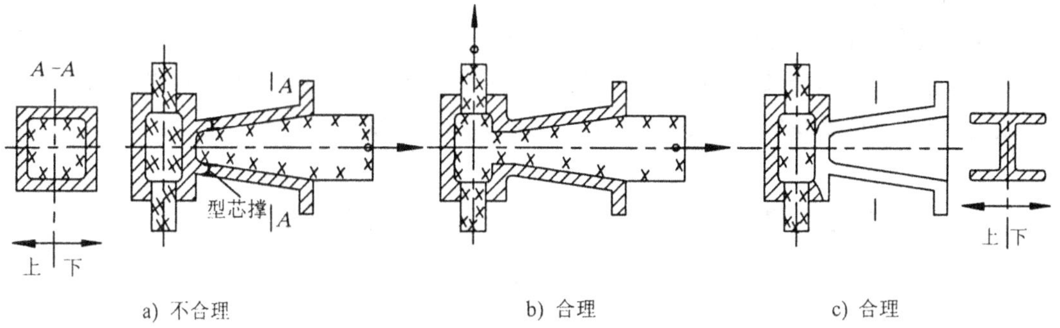

图 5-21　芯头的合理安放应利于排气和稳定结构

对于因芯头不足而难于固定型芯的铸件，在不影响使用功能的前提下，可设计出适当大小和数量的工艺孔，用以增加芯头的数量，稳固型芯，如图 5-22 所示。如果零件上不允许有此孔，及加工后可用螺钉或柱塞堵住。

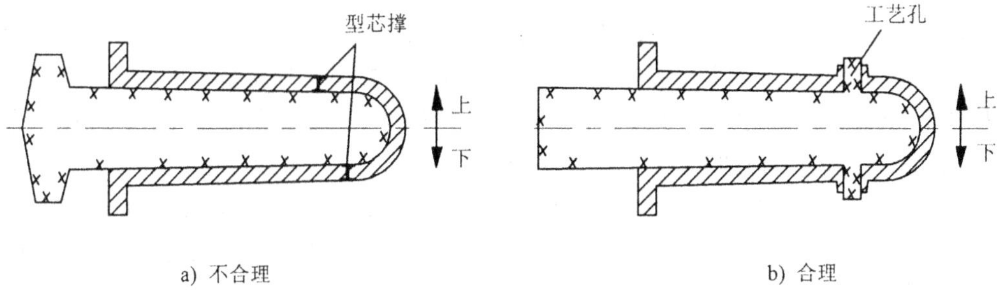

图 5-22　芯头安放应稳固

③铸件结构设计中应避免封闭空腔。图 5-23 a 所示铸件为封闭空腔结构，其型芯安放困难、排气不畅、无法清砂，故其结构工艺性极差；若改成图 5-23 b 所示结构，上述问题迎刃而解，是一合理的设计。

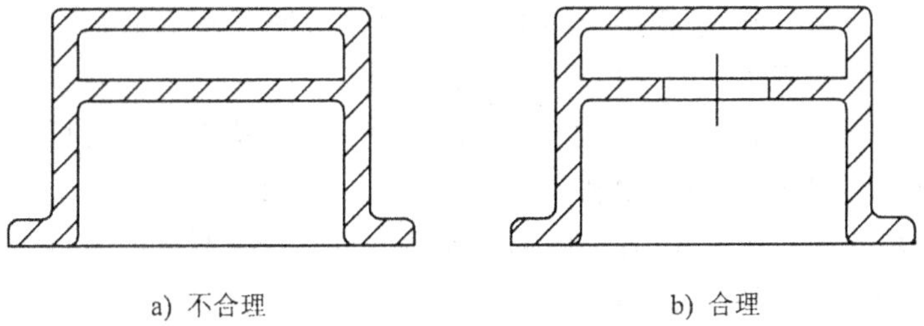

图 5-23　铸件结构应避免封闭空腔

5.1.1.3 铸造方法对铸件结构的要求

设计铸件结构时，除考虑上述工艺和合金所要求的一般原则外，对于采用特种铸造方法的铸件，还应根据其工艺特点考虑一些特殊要求。

1)熔模铸件的结构特点。

①便于从压型中取出蜡模和型芯。如图 5-24 a 所示铸件，注蜡后不易从压型中抽出型芯，蜡模制造困难，改成图 5-24 b 所示的结构，则能够克服上述缺点。

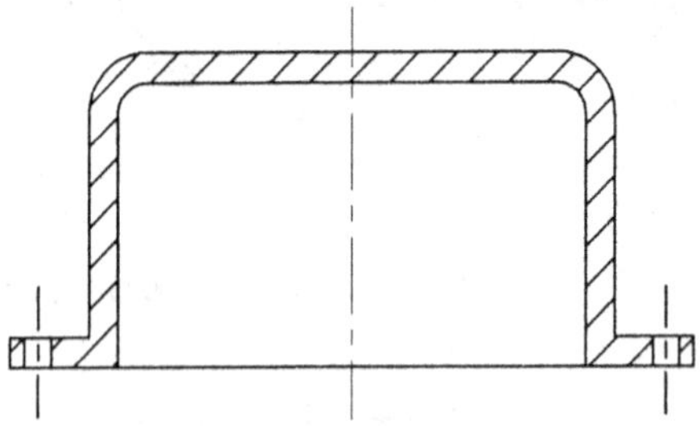

a) 原结构　　b) 改进后的结构

图 5-24 便于抽出蜡模型芯的结构

②为了便于浸渍涂料和撒砂，孔、槽不宜过小或过深。过小或过深的孔、槽，不利于制壳时涂料和砂粒顺利地充填熔模上相应的孔洞，形成合适的型腔；同时，过深的孔、槽也给铸件的清砂带来困难。通常，槽宽应大于 2 mm，槽深不超过槽宽的 2～6 倍。孔径应大于 2mm。通孔时，孔深/孔径≤4～6 mm；盲孔时，孔深/孔径≤2 mm。

③壁厚尽可能满足顺序凝固要求。熔模铸造一般不单独设置冒口，而是利用加粗的直浇道作为冒口直接补缩，为与此工艺相适应，应尽量采用薄壁结构，并使壁厚分布符合顺序凝固的原则，以便利用浇口补缩。

④避免大平板结构。由于熔模型壳的厚度较薄，高温时强度低，型壳易变形，而平板型壳的变形更甚。因此设计铸件结构时，应尽力避免大的水平面。当必须有大的平面时，可通过增设必要的工艺孔或工艺肋，以加强整体的刚度，稳定壁厚尺寸，如图 5-25 所示结构。

⑤可将几个零件合并为一个零件。如图 5-26 所示结构，可以节约一定量的加工工时，降低成本。

2)金属型铸件的结构特点。金属型的型芯一般采用金属制成。不具有退让性，且导热性好，铸件冷却速度快。金属型铸件的结构应具有以下特点。

①铸件的外形和内腔应力求简单。尽可能加大铸件的结构斜度，避免采用直径过小或过深的孔，以便于抽出型芯和保证铸件顺利取出。如图 5-27 所示。

②铸件的壁厚差别不能太大，且壁厚不能太薄。铸件的壁厚要均匀，避免出现缩松和裂纹缺陷；壁厚不能太薄，尽量避免大的水平壁，以防浇不到、冷隔等缺陷。如铝硅合金铸件的最小壁厚为 2～4 mm，铝镁合金的最小壁厚为 3～5 mm。

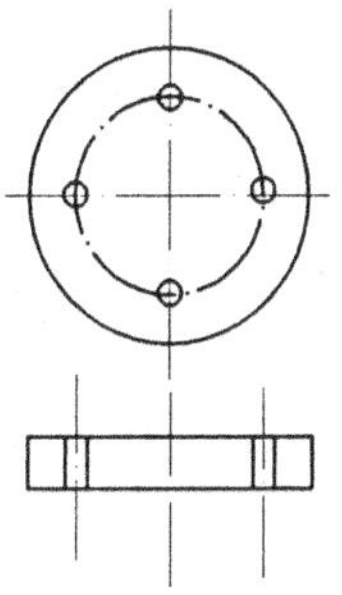

a) 工艺孔

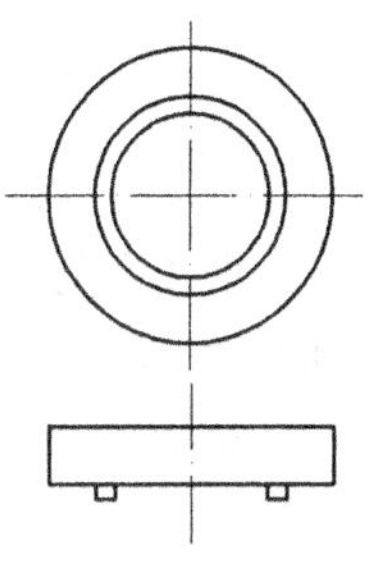

b) 工艺肋

图 5-25　熔模铸件平面上的工艺孔和工艺肋

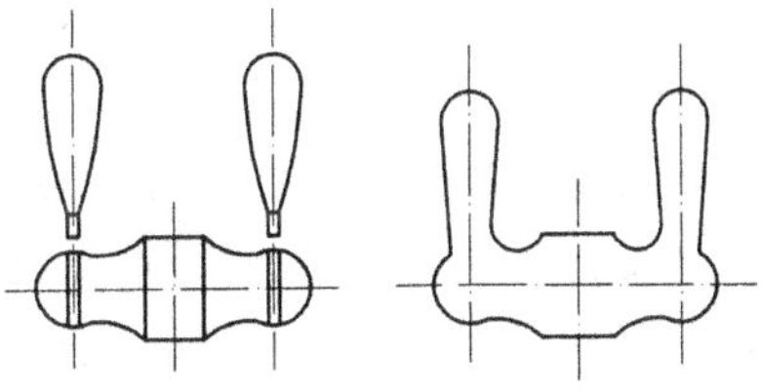

a) 组合式　b) 整体式

图 5-26　车床手轮手柄

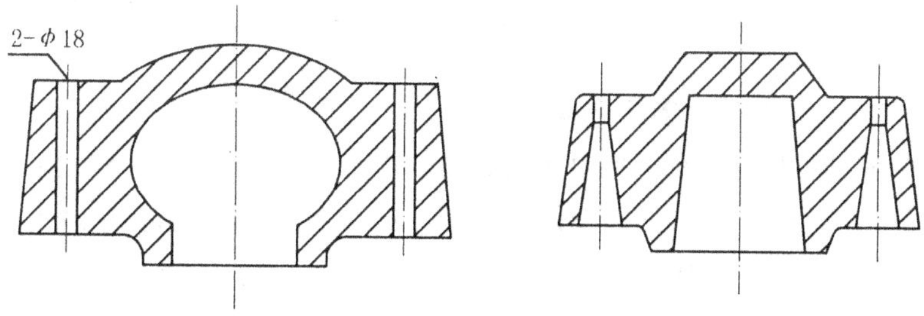

a) 不易抽芯　b) 便于抽芯

图 5-27　金属型铸件结构

3)压铸件的结构特点。

①压铸件的内腔、外形应使铸件便于从压型中取出。铸件的设计应充分考虑铸件的出型和抽芯问题。压铸件应尽量消除侧凹和深腔。如图 5-28 所示的压铸件 2 种设计方案中，图5-28 aB 处为内部侧凹，芯子不易抽出，铸件无法取出；改为图 5-28 b 的结构，使侧凹朝外，开型时先从压型侧面抽出外型芯，则铸件便可从压型中顺利取出。

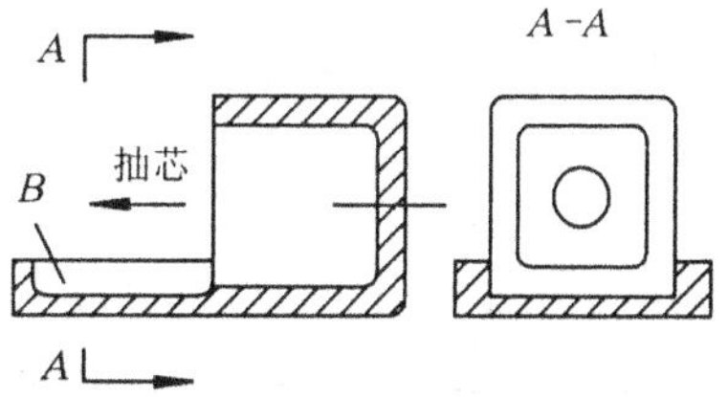

a) 不合理

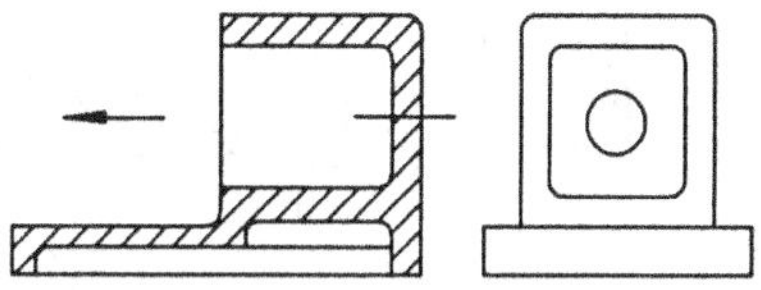

b) 合理

图 5-28　利于抽芯的结构

②压铸件壁厚应尽量均匀一致，且不宜太厚。压力铸造的金属液充型是在压力下进行的，不会产生浇不到、冷隔缺陷。设计压铸件时，则在保证铸件强度和刚度的前提下，尽量采用壁厚均匀的薄壁结构。压铸件适宜的壁厚一般为：锌合金 1～3 mm，铝合金1.5～5 mm，铜合金 2～5 mm。

③充分发挥镶嵌件的优越性，以便制出复杂件。充分发挥镶嵌件的优越性，制出复杂件，改善压铸件局部性能和简化装配工艺。为使镶嵌件在铸件中的连接可靠，应将镶嵌件镶入铸件部分制出凹槽、凸台或滚花等。

4)离心铸件的结构特点。

①离心铸造件的内外直径不宜相差太大。离心铸造时由于离心力的作用,铸造合金会产生密度偏析,造成成分不均匀现象降低零件的机械性能。因此铸件的壁厚就不宜太厚。

②立式浇注,铸件的直径应大于高的3倍。立式浇注时由于抛物等压面的存在,铸件沿高度方向的壁厚差很大。铸件的直径偏大就会增加机械加工的费用。

5)组合铸件。对于大型或形状复杂的铸件可采用组合件,简化铸造工艺,解决铸造、机械加工和运输设备能力不足等问题。

5.1.2 铸造工艺设计

铸造工艺设计(mold design)是根据铸件结构特点、技术要求、生产批量、生产条件件等,确定铸造方案和工艺参数,绘制图样和标注符号,编制工艺卡和工艺规范等。其主要内容包括制定铸件的浇注位置、分型面、浇注系统,确定加工余量、收缩率和起模斜度,设计砂芯等。

5.1.2.1 铸件浇注位置和分型面的选择

浇注位置是指浇注时铸件在铸型中所处的空间位置。浇注位置选择得正确与否,对铸件质量影响很大,必须认真考虑。首先应保证铸件质量要求,其次应使操作尽量简化,还要考虑具体生产条件。选择时应考虑以下原则。

1)浇注位置的选择。

①铸件的重要加工面应朝下或位于侧面。因为铸件的上表面容易产生砂眼、气孔、夹渣等缺陷。组织也不如下表面致密。如果这些加工面难以做到朝下,则应尽力使其位于侧面。当铸件的重要加工面有数个时,则应将较大的平面朝下。

图5-29所示为车床床身铸件的浇注位置方案。由于床身导轨面是关键表面,不允许有明显的表面缺陷,而且要求组织致密,因此通常都将导轨面朝下浇铸。

图5-30为起重机卷扬筒的浇注位置方案。因为卷扬筒的圆周表面质量要求高,不允许存

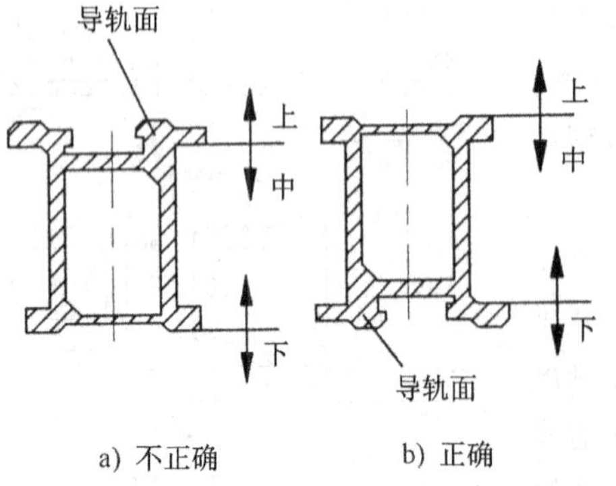

图5-29 床身浇注位置

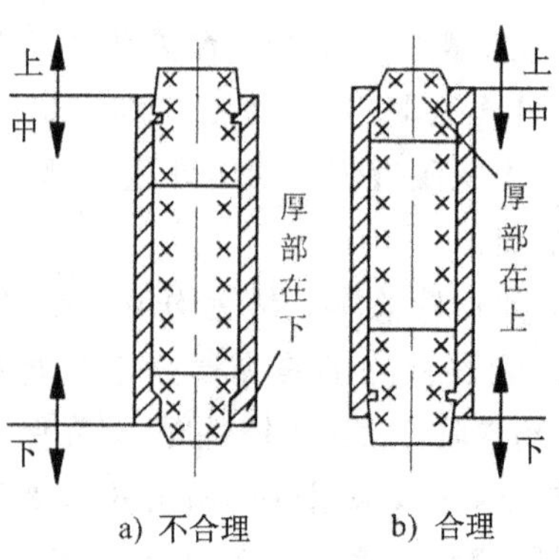

图5-30 吊车卷扬筒的浇注位置

有明显的铸造缺陷,若采用卧铸,圆周的朝上表面的质量难以保证;反之,若采用立铸,由于全部圆周表面均处于侧立位置,其质量均匀一致、较易获得合格铸件。

②铸件的大平面应朝下。型腔的上表面除了容易产生砂眼、气孔、夹渣等缺陷外,大平面还常产生夹砂缺陷。这是由于在浇铸过程中金属液对型腔上表面有强烈的热辐射,型砂因急剧热膨胀和强度下降而拱起或开裂,于是金属液进入表层裂缝之中,形成了夹砂缺陷。因此,对于平板、圆盘类铸件大平面应朝下,如图 5-31 所示。

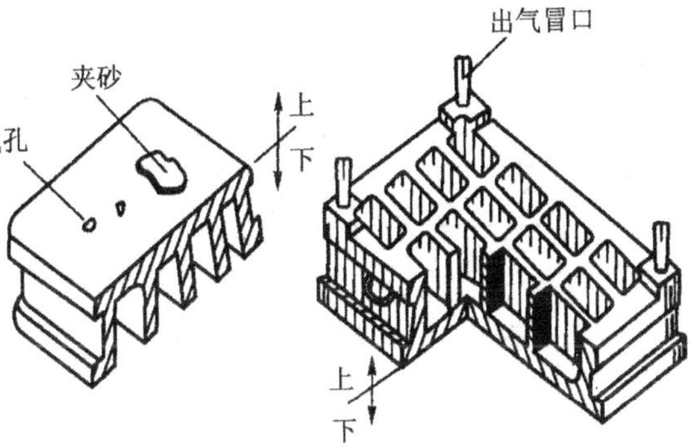

图 5-31 大平面铸件的浇注位置

③为防止铸件薄壁部分产生浇不足或冷隔缺陷,应将面积较大的薄壁部分置于铸型下部或使其处于垂直或倾斜位置。图 5-32 为箱盖铸件的浇注位置。

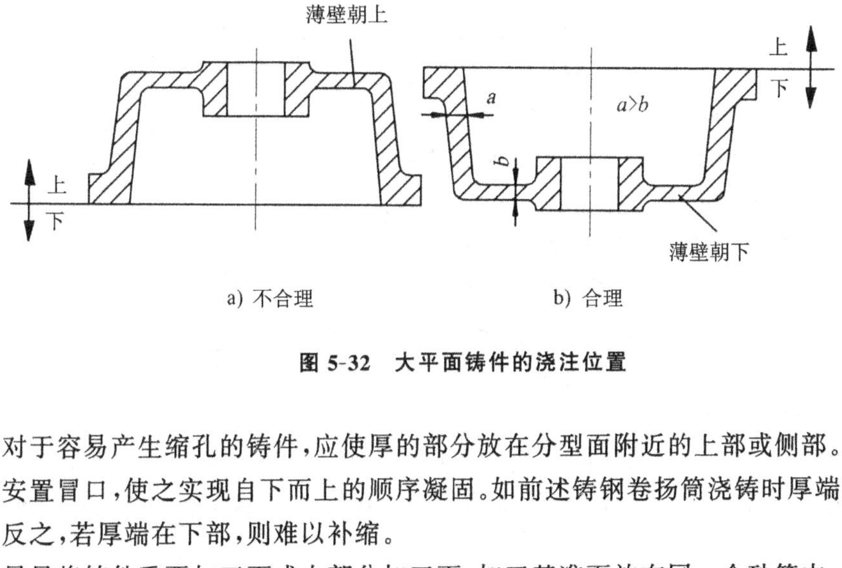

图 5-32 大平面铸件的浇注位置

④对于容易产生缩孔的铸件,应使厚的部分放在分型面附近的上部或侧部。以便在铸件厚端直接安置冒口,使之实现自下而上的顺序凝固。如前述铸钢卷扬筒浇铸时厚端放在上面是合理的。反之,若厚端在下部,则难以补缩。

⑤尽量将铸件重要加工面或大部分加工面、加工基准面放在同一个砂箱中,以避免产生错箱、披缝和毛刺,降低铸件精度和增加清理工作量。图 5-33 中所示箱体如采用Ⅰ分型面分型时,铸件 a,b 两尺寸变动较大,以箱体底面为基准面加工 A,B 面时,凸台高度、铸件的壁厚等难以保证;若用Ⅱ分型面,整个铸件位于同一砂箱中,则可以避免出现上述问题。

2)铸型分型面的选择原则。铸型分型面的选择正确与否是铸造工艺合理性的关键之一。如果选择不当,不仅影响铸件质量,而且还会使制模、造型、制芯、合箱或清理等工序复杂化,甚至还可增大切削加工的工作量。因此,分型面的选择应在保证铸件质量的前提下,尽量简化工艺,

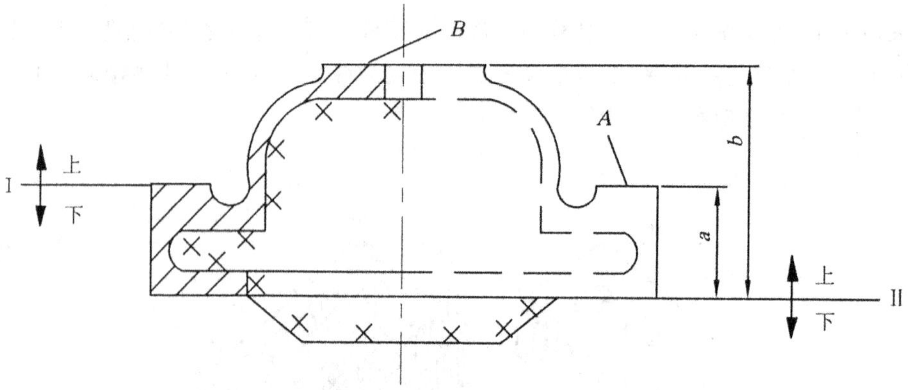

图 5-33 箱体分型面的选择

节省人力物力。

分型面的选择应考虑如下原则。

①便于起模，使造型工艺简化。

a. 为了便于起模，分型面应选在铸件的最大截面处。

b. 分型面的选择应尽量减小型芯和活块的数量，以简化制模、造型、合型工序(图 5-34)。

c. 分型面应尽量平直。图 5-35 所示为起重臂分型面的选择，按 a 方案分型，必须采用挖砂或假箱造型；采用 b 方案分型，可采用分模造型，使造型工艺简化。

d. 尽量减少分型面，如图 5-36 所示三通铸件的分型方案。特别是机器造型时，只能有一个分型面。如果铸件不得不采用 2 个或 2 个以上的分型面时，这时可以如图 5-37 b 所示中一样，利用外芯等措施减少分型面。

②使型腔和主要芯位于下箱，便于下芯、合型和检查型腔尺寸，如图 5-38 所示采用吊砂、活块等铸造工艺。

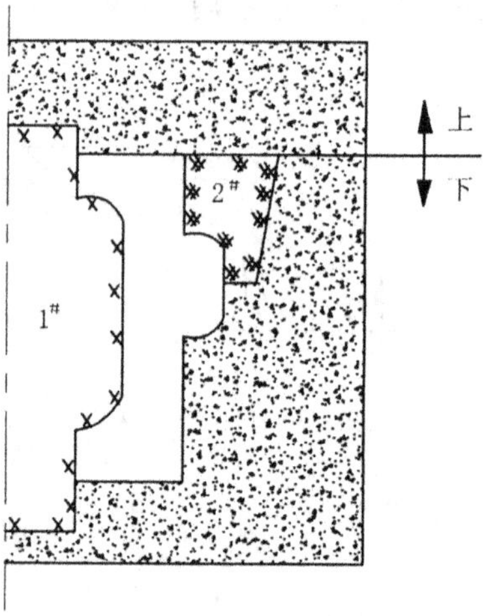

图 5-34 以砂芯代替活块

5.1.2.2 铸造工艺参数确定

为了绘制铸造工艺图(foundry molding drawing)，在铸造工艺方案初步确定之后，还必须选定铸件的机械加工余量、拔模斜度、收缩率、型芯头尺寸等具体参数。

1)收缩余量。为了补偿收缩，模样比铸件图纸尺寸增大的数值称收缩余量(shrinkage allowance)。收缩余量的大小与铸件尺寸大小、结构的复杂程度和铸造合金的线收缩率有关，常常以铸件线收缩率表示：

$$\varepsilon = \frac{L_{模} - L_{铸件}}{L_{模}} \times 100\%$$

式中 $L_{模}$ 与 $L_{铸件}$ 分别表示同一尺寸在模样与铸件上的长度。

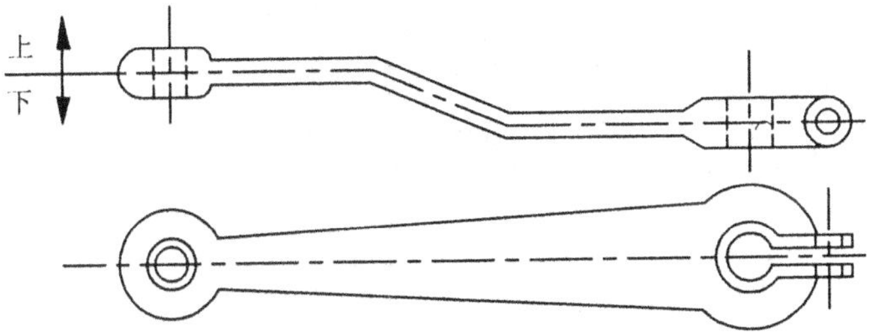

a) 不合理

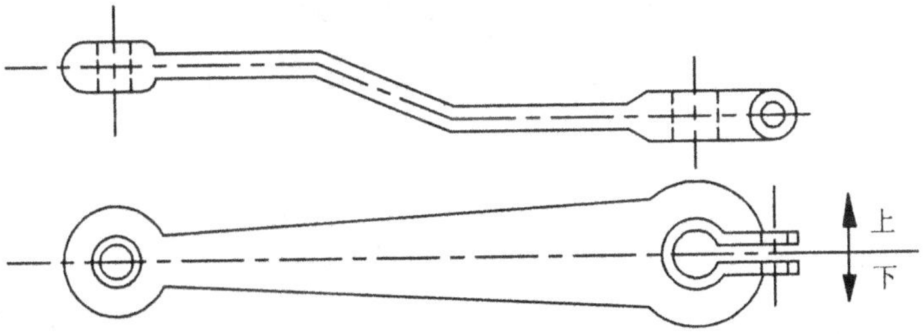

b) 合理

图 5-35 起重臂分型面的选择

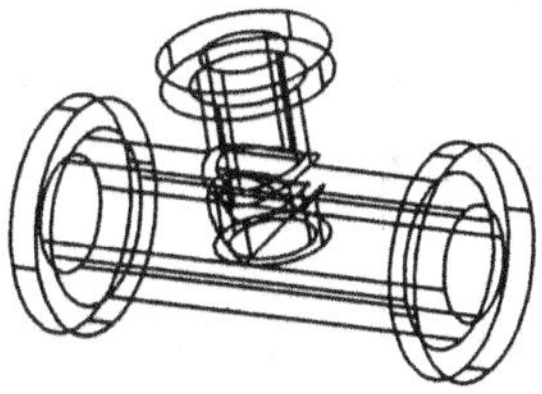

a) 铸件

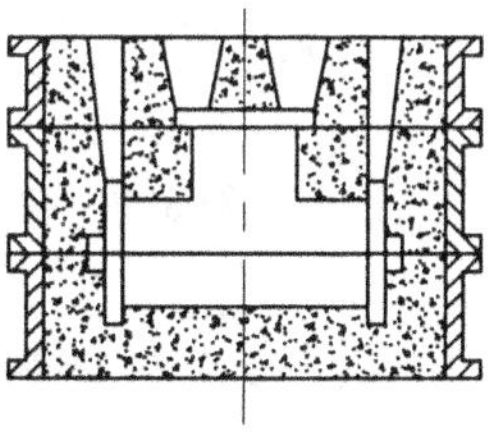

b) 三箱造型

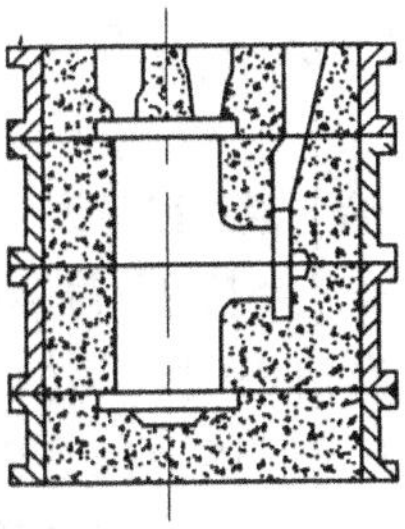

c) 四箱造型

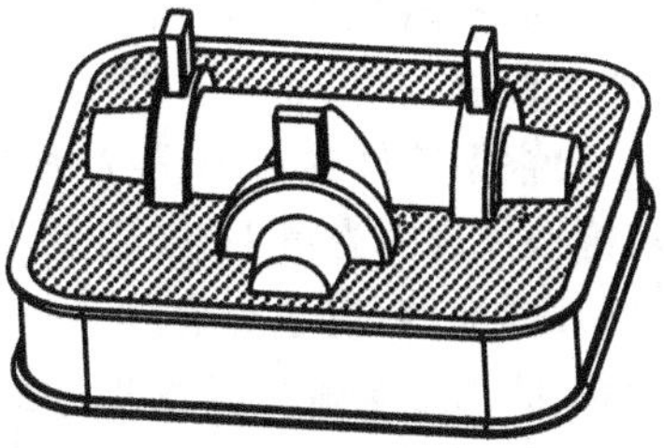

d) 二箱造型

图 5-36 三通铸件的分型方案

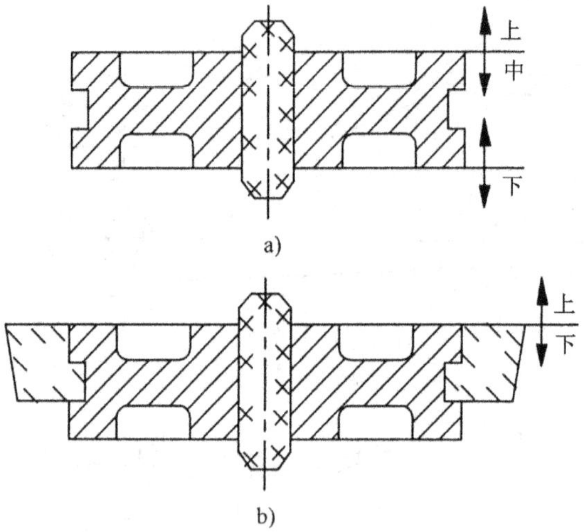

图 5-37 轮辐铸件的分型方案

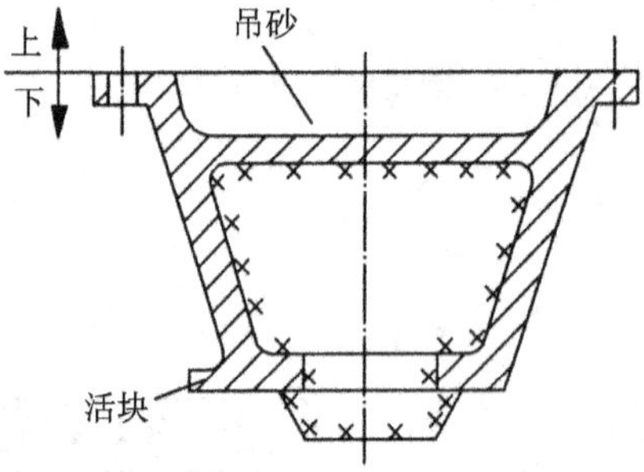

图 5-38 床腿类铸造工艺

灰铸铁的线收缩率为 0.7%~1.0%,铸钢为 1.6%~2.0%,有色金属为 1.0%~1.5%。

2)加工余量。在铸件上为切削加工而加大的尺寸称为机械加工余量(machining allowance)。加工余量必须认真选取,余量过大,切削加工费工,且浪费金属材料;余量过小,制品会因残留黑皮而报废,或者因铸件表层过硬而加速刀具磨损。在零件图上标有加工符号的地方,制模时必须留有加工余量。

加工余量的大小,要根据铸件的大小、生产批量、合金种类、铸件复杂程度及加工面在铸型中的位置来确定。灰铸铁件表面光滑平整,精度较高,加工余量小;铸钢件的表面粗糙,变形较大,其加工余量比铸铁件要大些;有色金属件由于表面光洁、平整、其加工余量可以小些;机器造型比手工造型精度高,故加工余量可以小些。此外,浇注时朝上的表面因产生缺陷的几率较大,其加工余量应比底面和侧面大。对加工余量选取可参考有关《铸造手册》,表 5-3 列出了灰铸铁的加工余量值。

表 5-3 灰铸铁件的加工余量值 mm

生产批量(造型方法)	单件、小批(手工造型)			成批、大量(机器造型)		
铸件尺寸公差等级 CT	13	14	15	8	9	10
铸件基本尺寸						
≤100	5.5(4.5)	6.0(5.0)	6.5(5.5)	2.5(2.0)	3.0(2.5)	3.0(2.5)
>100～160	6.5(5.5)	7.0(6.0)	8.0(7.0)	3.5(2.5)	4.0(3.0)	4.0(3.0)
>160～250	8.5(7.0)	9.0(7.5)	10(8.5)	4.5(3.5)	5.0(4.0)	5.0(4.0)
>250～400	10 (8.0)	11 (9.0)	12(10)	6.0(4.5)	6.0(4.5)	6.5(5.0)
>400～630	12 (9.5)	13(11)	14(12)	7.0(5.0)	7.0(5.0)	7.5(5.5)
>630～1 000	14(11)	15(12)	17(14)	8.0(6.0)	8.0(6.0)	8.5(6.5)
>1 000～1 600	16(13)	17(14)	19(16)	9.0(6.5)	9.5(6.5)	10 (7.5)
>1 600～2 500	18(15)	19(16)	21(18)	10 (7.5)	11 (8.0)	11 (8.5)

注：加工余量数值中不带括号者用于手工造型，带括号者用于机器造型。

零件上的孔与槽是否铸出，应考虑工艺上的可行性和使用上的必要性。一般说来，较大的孔与槽应铸出，以节约金属。减少切削加工工时，同时可以减小铸件的热节；较小的孔，尤其是位置精度要求高的孔、槽则不必铸出，留待以后机加工反而更经济。砂型铸造最小铸出孔见表 5-4。

表 5-4 砂型铸造最小铸出孔 mm

铸造材质	壁 厚	最小孔径
灰铸铁	3～10	6～10
	20～25	10～15
	40～50	12～18
铸钢		30～50
铝合金、镁合金		20
铜合金		25

3)拔模斜度。为使模样容易地从铸型中取出或型芯自芯盒中脱出，平行于取模方向在模样或芯盒壁上的斜度，称为拔模斜度(pattern draft)。拔模斜度的大小根据立壁的高度、造型方法和模样材料来确定。立壁愈高，斜度愈小；外壁斜度比内壁小；机器造型的一般比手工造型的小；金属模斜度比木模小，具体数据可查有关手册。一般外壁为 15′～3°，内壁 3°～ 10°。拔模斜度获得及表示如图 5-39 所示。

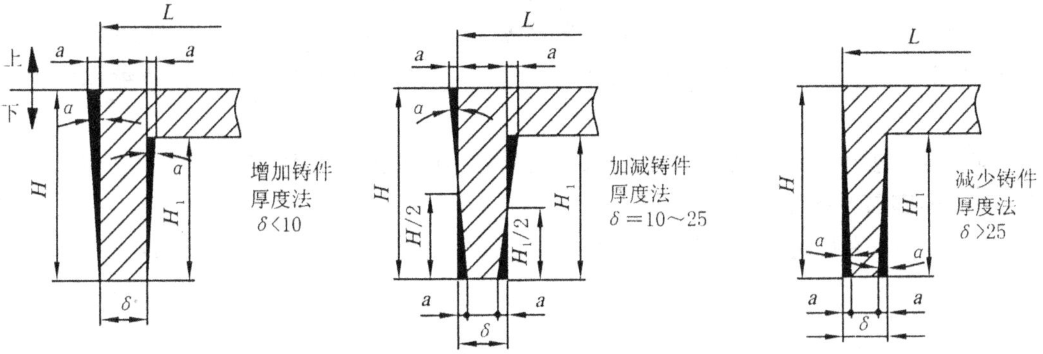

图 5-39 铸件模样起模斜度

4)芯头。芯头(core print)指型芯的外伸部分,不形成铸件内腔,只落入芯座内,用来定位和支撑型芯。模样上用在型腔内形成芯座并放置芯头的突出部分也称芯头。因此芯头的作用是保证型芯能确实固定在型腔中,并承受型芯本身所受的重力、液态金属对型芯的浮力和冲击力等。此外,型芯还利用芯头向外排气。铸型中专为放置芯头的空腔称芯座。芯头按其在铸型中的位置分为垂直芯头和水平芯头 2 类(图 5-40)。垂直芯头一般都有上、下芯头,短而粗的型

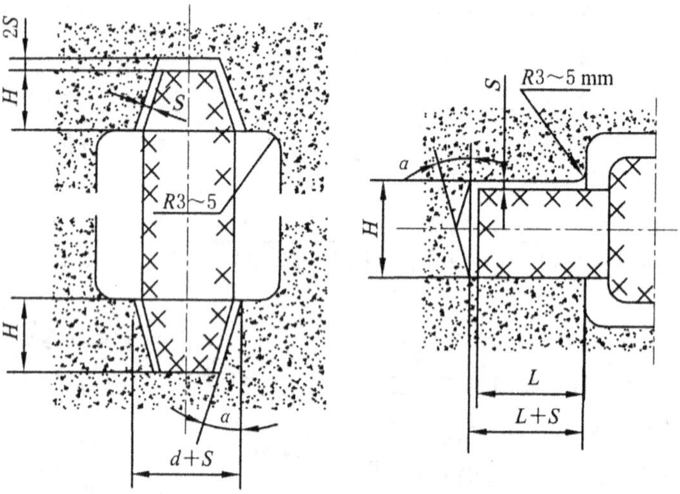

图 5-40 型芯头的构造

芯可不制作上芯头,芯头的高度 H 主要取决于型芯直径 d。芯头必须留有一定的斜度 α。下芯头斜度应小些(5°～10°)高度 H 应大些,为便于合型、上芯头的斜度应大些(6°～15°),高度应小些,以易于合箱。

为便于铸型装配,芯头与铸型芯座之间应留 1～4 mm 的总间隙。

5.1.2.3 铸造工艺简图绘制

铸造工艺简图(foundry molding drawing)是利用各种工艺符号,把制造模样和铸造所需的资料直接绘在零件图上的图样。它决定了铸件的形状、尺寸、生产方法和工艺过程。

1)铸造工艺符号及表示方法。铸造工艺简图通常是在零件蓝图上加注红、蓝色的各种工艺符号,把分型面、加工余量、拔模斜度、芯头、浇冒口系统等表示出来,铸件线收缩率可用文字说明。

对于大批量生产的定型产品或重要的试验产品,应画出铸件图、模样(或模板)图、芯盒图、砂箱图和铸型装配图等。

表 5-5 为常用铸造工艺符号及表示方法,适用于砂型铸钢件、铸铁件及有色金属铸件。

表 5-5 铸造工艺图中符号及其表示方法

名 称	符 号	说 明
浇注位置、分型面及分模面	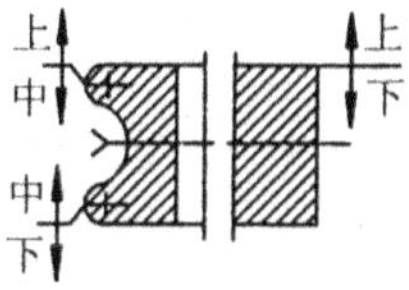	用蓝线或红线和箭头表示，其中汉字和箭头表示浇注位置。直线尾端开叉 表示分模面，曲、折线表示分型面
机械加工余量和起模斜度	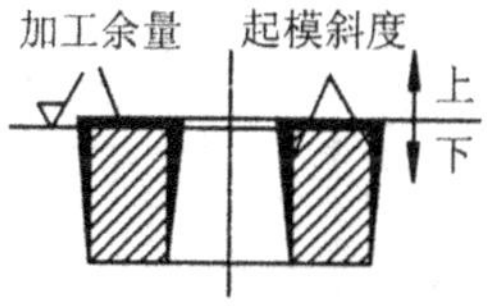	用红线画出轮廓，剖面处涂以红色（或细网纹格）。加工余量值用数字表示，有起模斜度时一并画出
不铸出的孔和槽	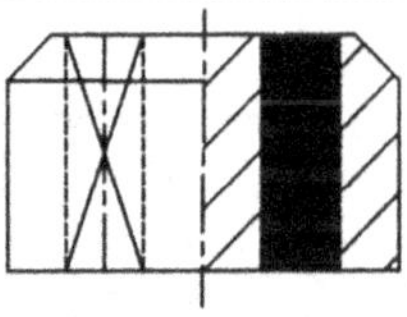	未剖处用红“×”表示，剖面处涂以红色（或细网纹格）表示
型芯	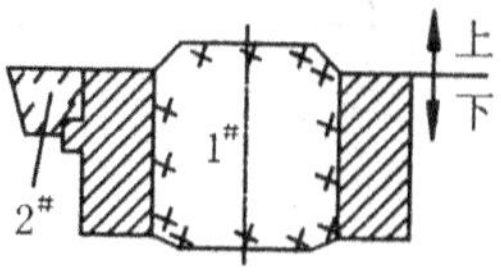	用蓝线画出芯头，注明尺寸。不同型芯用不同剖面线。型芯应按下芯顺序编号
活块	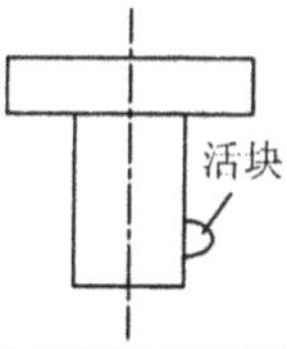	用红线表示，并注明活块
型芯撑	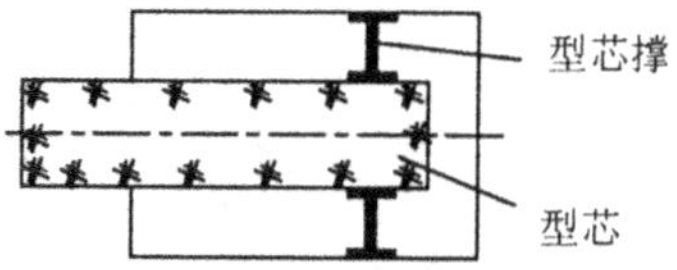	用红色或蓝色表示
浇注系统	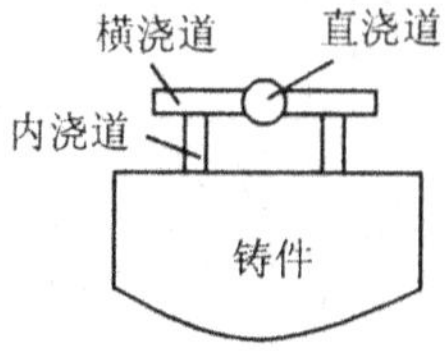	用红色绘出，并标明主要尺寸
冷铁	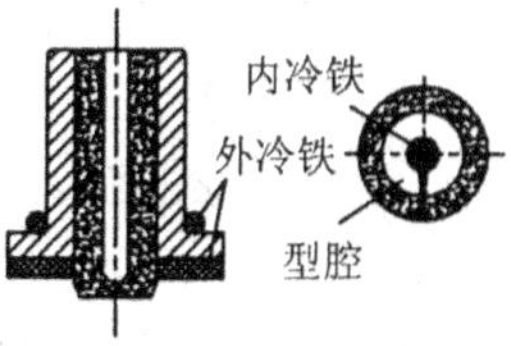	用绿色或蓝色绘出，并注明冷铁

2）典型零件工艺分析。图 5-41 为一轴架零件，其中端面及 $\phi60$，$\phi70$ 内孔需机械加工，而且 $\phi60$ 表面加工要求高，$\phi80$ 孔由砂芯铸出不需加工。轴架材料为 HT200，小批量生产，承受轻载荷，可用湿型砂，手工分模造型。此铸件可供选择的主要铸造工艺方案有 2 种。

方案 1：采用分模造型（图 5-42），平造平浇。铸件轴线为水平位置，过中心线的纵剖面为分

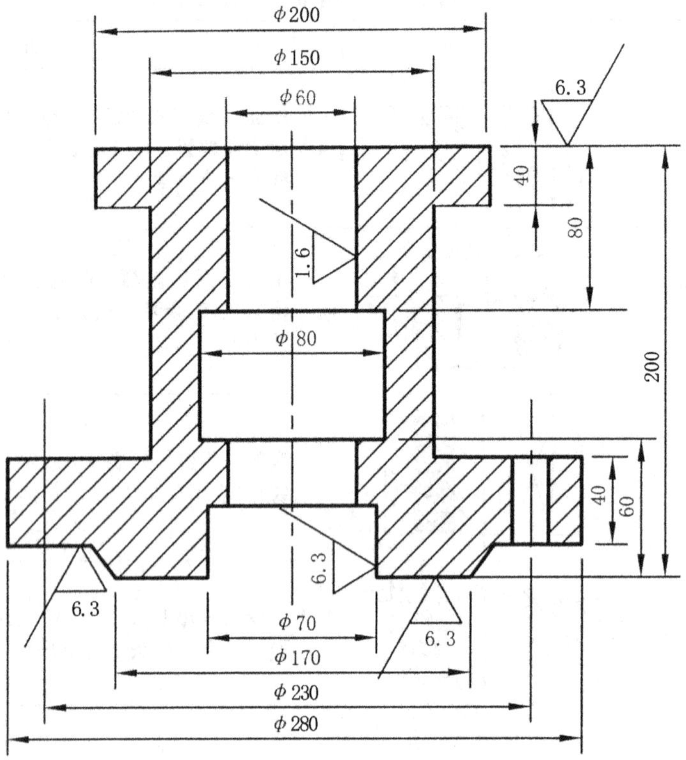

图 5-41 轴架零件图

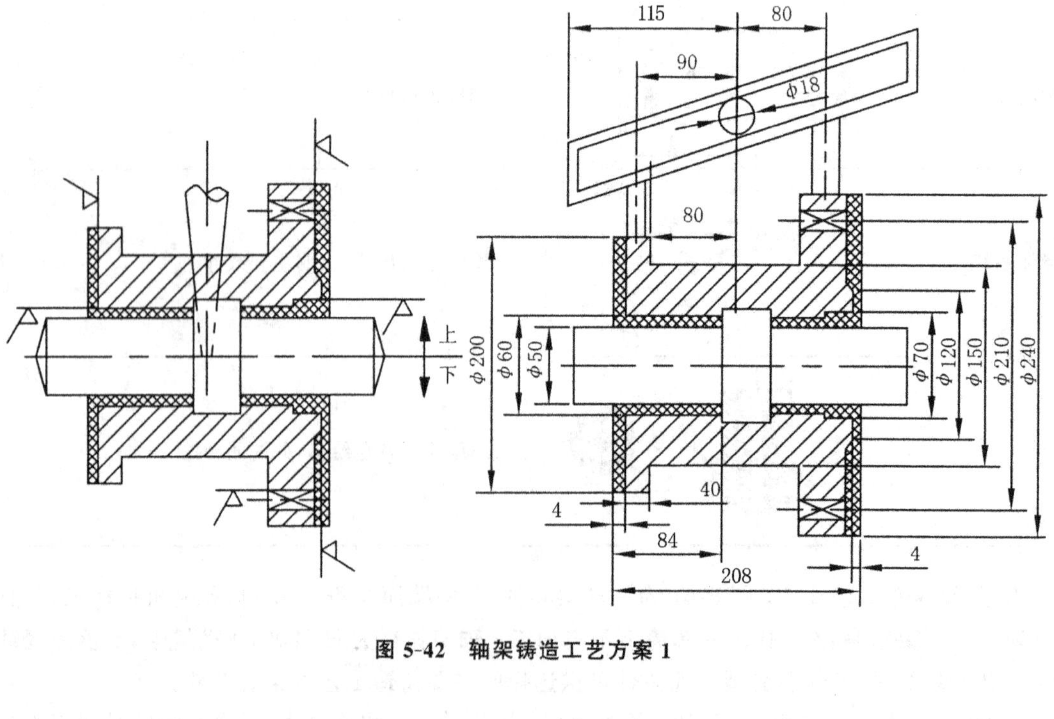

图 5-42 轴架铸造工艺方案 1

型面，使分型面与分模面一致，有利于下芯、拔模以及砂芯的固定，排气和检验等。两端的加工面处于侧壁，加工余量均取 4 mm、拔模斜度取 1°，铸造圆角 $R3\sim5$。内孔采用整体芯。横浇道开在上型分型面上，内浇道开在下型分型面上，液态金属从两端法兰的外圆中注入。该方案由于将两端法兰置于侧面位置，质量较易得到保证。内孔表面虽有一侧面位于上面，但对铸件质量影响不大。此方案浇注时液态金属充型平稳，但由于分模造型，易产生错型缺陷，铸件外形精度较差。

方案 2：采用三箱造型(图 5-43)，垂直浇注。铸件两端面均为分型面，上凸缘的底面为分模

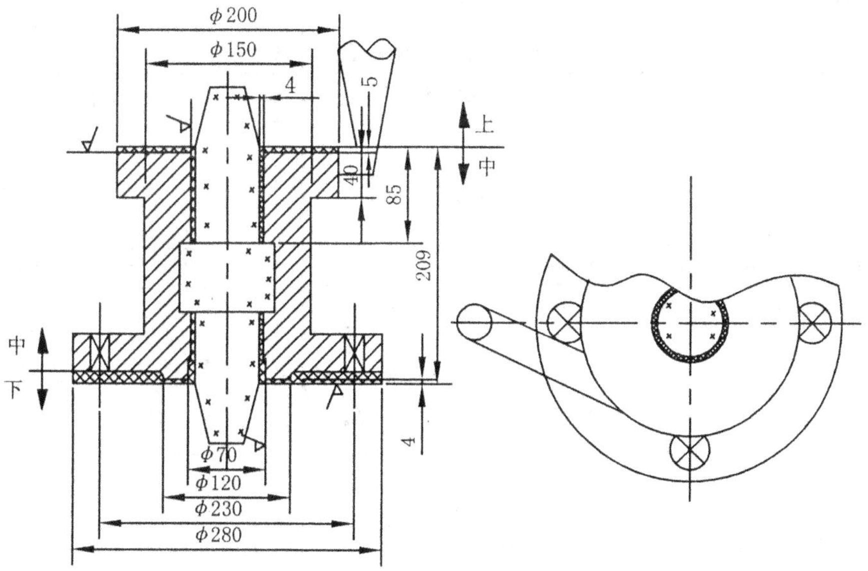

图 5-43 轴架铸造工艺方案 2

面。上端面加工余量取 5 mm，下端面取 4 mm，采用垂直式整体芯。在铸件上端面的分型面开一内浇道，切向导入，不设横浇道。方案 2 的优点是整个铸件位于中箱，外形精度较高。但上端质量不易保证，没有横浇道，液态金属对铸型冲击较大。由于采用三箱造型，多用一个砂箱，型砂耗用量和造型工时增加；上端加工余量加大，金属耗费和切削工时增加。相比之下，方案 1 更为合理。

5.2 锻压件结构工艺性与工艺设计

在保证使用性能的前提下，锻压件的结构必须符合锻压生产的工艺特点。工艺性良好的锻压件结构，既要考虑锻压件的使用性能，保证质量，又要考虑如何简化锻压件的生产工艺，提高生产效率，降低成本。锻压件的使用性能一般是确定不变的，但能实现使用性能的锻压件结构可以是各种各样的，甚至几个零件合而为一或者一个零件分作几件，这是实际生产中常常采取的措施。另外锻压件结构的设计，不仅要考虑锻造的工艺性要求，有时还要考虑塑性加工以外的生产方法和过程。

锻压件工艺设计是指为满足制件图上的各项要求，实现制件结构所进行的工艺和工序选择以及各工序的顺序安排。锻压件工艺设计过程为：①要明确制件的结构特点，使用性能，质量要求和生产率；②确定具体的塑性成形方法；③进行工序选择和各工序顺序安排；④根据锻压

件在后续加工和使用中存在的缺陷，改进工艺设计。

下面分别就自由锻、模锻和板料冲压等成形方法涉及到的锻压件结构工艺性和工艺设计过程进行讨论。

5.2.1 自由锻锻件结构工艺性与工艺设计

5.2.1.1 锻件结构工艺性

自由锻只限于使用简单、通用的工具成形，因而自由锻只能锻造结构较简单的锻件(forging)。对自由锻锻件结构工艺性要求见表 5-6。

表 5-6 自由锻锻件的结构工艺性

工艺要求	合理结构	不合理结构
1. 锻件形状力求简单。凹进的细小孔、槽等可设置敷料；凸出的细微结构和凸台、加强筋等应尽量避免	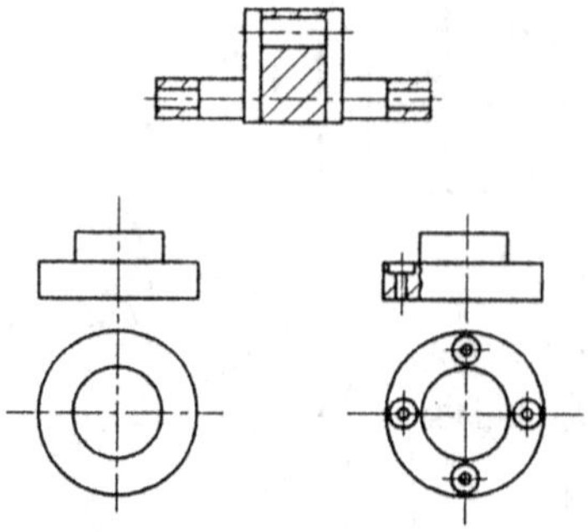	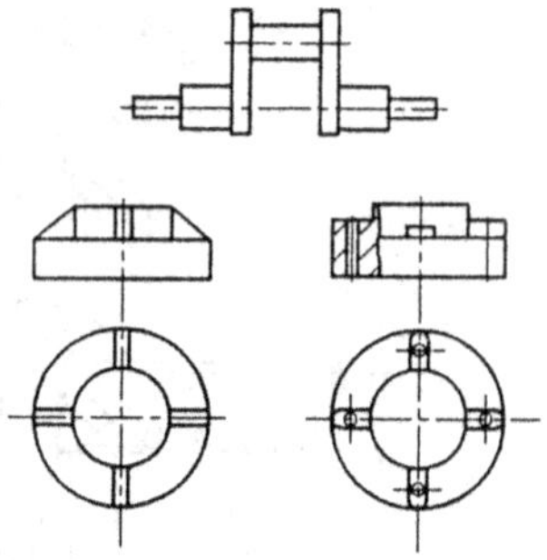
2. 尽量避免锥体和斜面结构，节省制造专用工具的费用	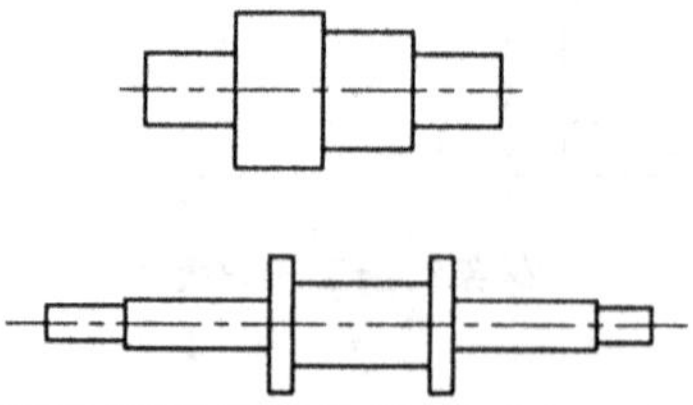	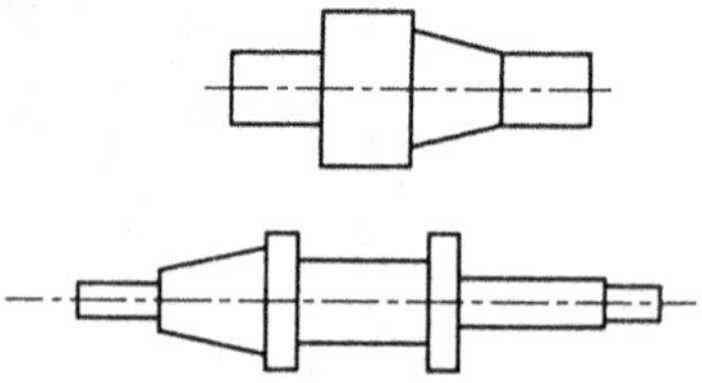
3. 锻件上应尽量避免产生空间曲线。几个简单几何体相交时，交线应是简单的平面曲线，如圆、方或直线等	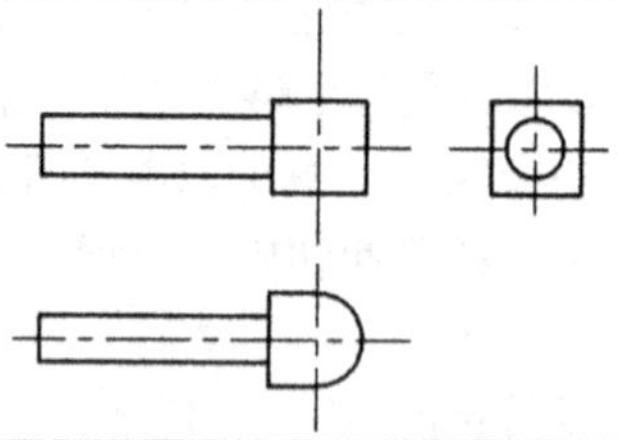	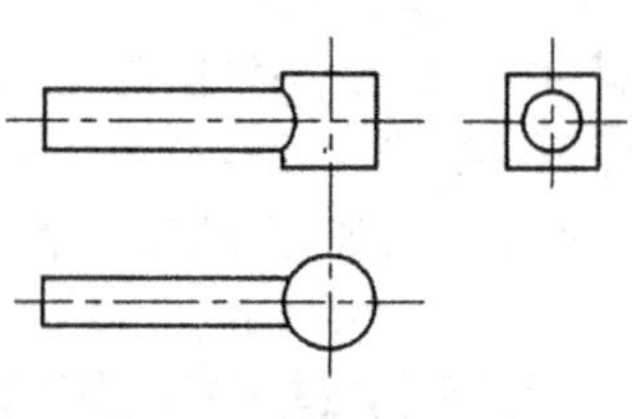
4. 尽量避免椭圆形、工字形或其他非规则形状截面及非规则外形	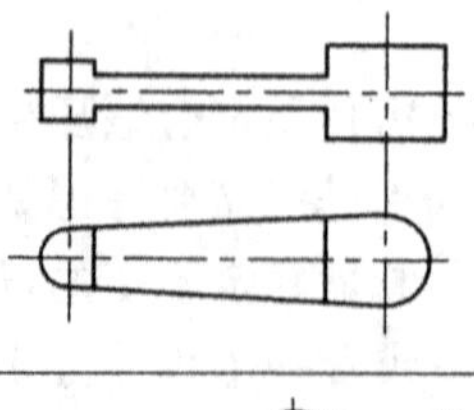	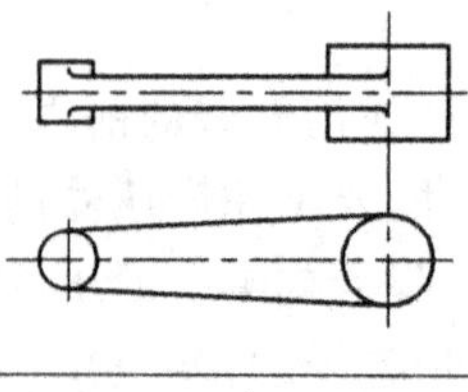
5. 锻件横截面积有急剧变化或形状复杂时，应设计成简单件构成的组合体，分别锻出后，再用机械或焊接方式进行组合	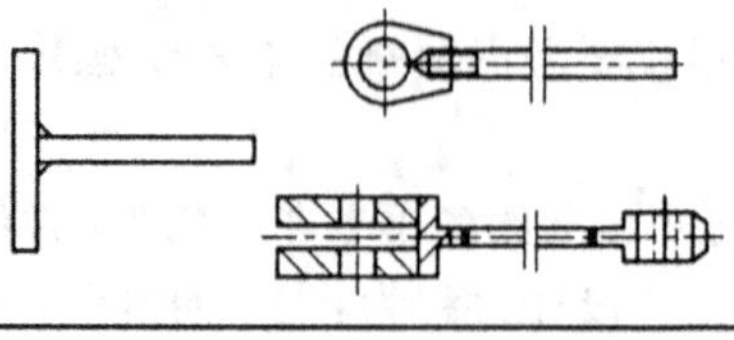	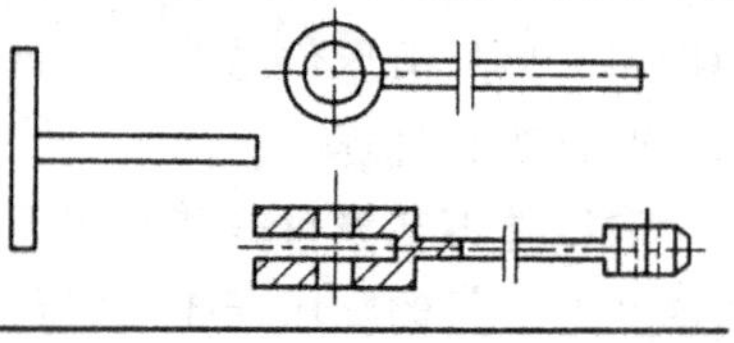

5.2.1.2 工艺设计

自由锻所用设备、工具通性强，工序很多，不同类型的锻件，对应不同的锻造工序，方法比较直接，但也有一定的灵活性，参见第2章2.3.1有关内容及表2-2自由锻锻件分类及锻造工序。另外，有效利用自由锻工具，如垫环、型砧、芯轴、冲子、成形压铁等，甚至必要时设计一些简单必要的专用工具，对提高锻件质量和生产率有重要意义。

5.2.2 模锻件结构工艺性和工艺设计

5.2.2.1 模锻件结构工艺性

设计模锻件时，应使锻件结构与模锻工艺相适应，以便于锻造生产并能降低成本。一般模锻件的结构设计应遵循下列原则。

1)模锻件应具有合理的分模面。在模锻件工艺规程中，分模面的选择(或确定)原则是在锻件设计之后进行的，但在锻件设计时就考虑到这些原则，所设计的锻件将具有更合理的、更容易被确定的分模面。另外，分模面上下两部分的高度应尽量相等，以节省金属(图5-44)；锻件尺寸精度要求高的部分，不应被分模面分开；合理的分模面应使锻模制造方便。

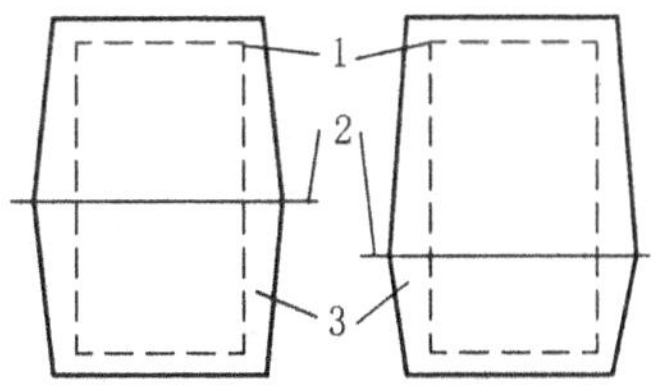

图5-44 分模面位置对切削余量的影响

1-制件形状 2-分模面 3-切削余量

2)模锻件上与分模面垂直的表面，应设计合理的斜度，太小不易脱模，太大浪费材料。对于那些还需进行切削加工的表面，在满足锻件脱模的前提下，斜度应尽量小些，以节约材料和加工工时。锻件上面与面的相交处都应有圆角过渡。斜度与圆角大小可参见第2章2.3有关模锻工艺规程的内容及其他有关资料。

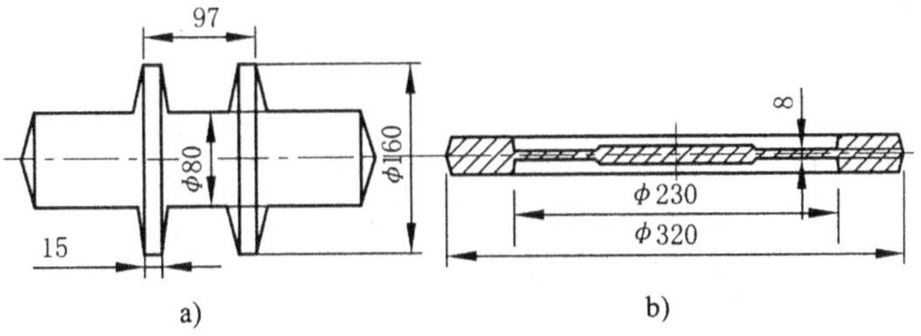

图5-45 模锻件形状

3)锻件结构应力求简单、平直和对称，尤其应尽量避免锻件截面间、特别是相邻截面间尺寸差别过大，或具有薄壁、高筋、凸起和窄沟、深槽、细孔、多孔等结构，以利于金属充满模膛和减少工序。特别是那些深的槽孔结构，不仅不便于模具制造，而且模具易磨损甚至断裂，降低模具寿命。如图5-45 a所示，该零件凸缘薄而高，中间凹下很深，金属不易充满模膛，很难用模锻方法制造。一般来说，锻件的最小与最大截面积之比若小于0.5，就不宜采用模锻。图5-45 b所示零件太扁且薄，扁薄处也不易充满模膛。

(4) 形状复杂的模锻件，可将锻件分为几部分，锻后采用机械连接或焊接的方法组合而成，以减少余块，简化模锻工艺(图5-46)。

(5) 模锻件上加强筋的厚度、高度和形状,锻件最小壁厚、尺寸公差、切削加工余量,甚至锻件切削部分和非加工的黑皮毛面之间的高度差等在锻件结构设计时也都应予以考虑。

5.2.2.2 模锻件的工艺设计

如前 2.3.2 所述,模锻包括锤上模锻、胎模锻和各种压力机上模锻等。不同的模锻工艺各有其特点,选择那种锻造工艺,如何安排工序,不仅决定于产品的结构、使用性能和质量要求,而且决定于锻件的经济性。

下面举例说明模锻件的工艺设计。

某企业生产的钢质承压油缸的形状和尺寸如图 5-47 所示,工作压力为 1.5 MPa,要求水压试验压力为 3 MPa,批量为 200 件/年,图中内孔和两端法兰结合面要切削加工,其余外圆部分不加工。

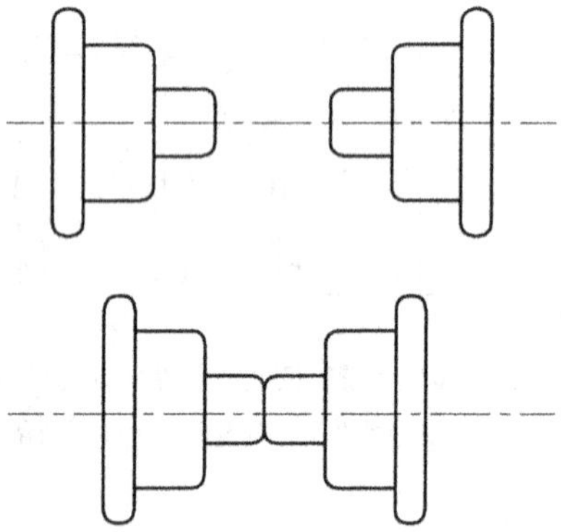

图 5-46 锻焊结构模锻件

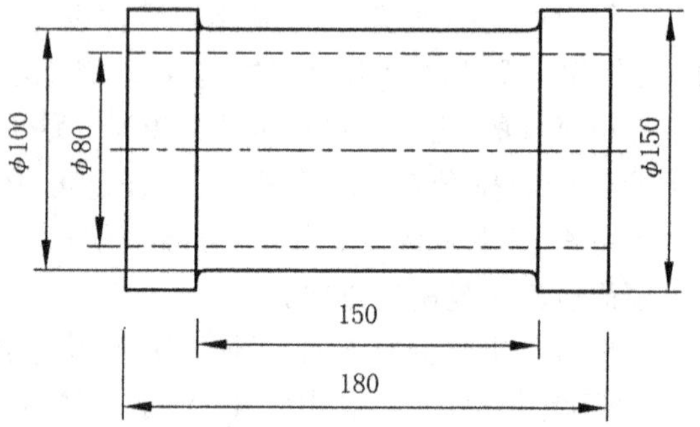

图 5-47 承压油缸

方案 1:如图 5-48 a 所示,在平锻机上模锻,锻件精度高,加工余量少,但平锻机和模具成本高,工艺准备时间长。

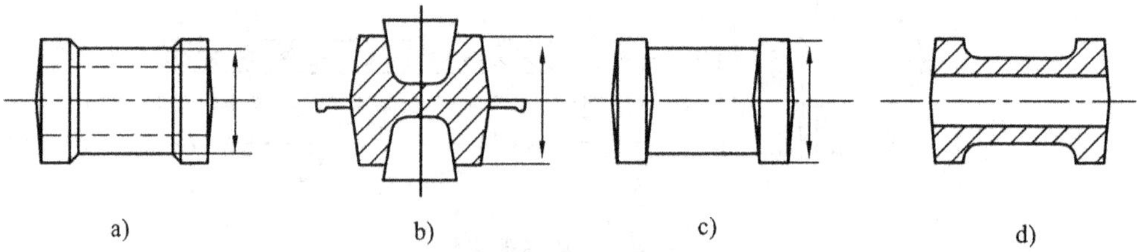

图 5-48 承压油缸模锻工艺图

方案 2:如图 5-48 b 所示,在模锻锤上模锻,工件立放,可锻出孔,但法兰不能直接锻出,须经切削加工外圆后形成,加工余量很大,而且设备、模具成本高。

方案 3:如图 5-48 c 所示,在模锻锤上模锻,工件卧放,能锻出法兰,但锻不出孔,内孔加工余量大,设备,模具成本高。

方案 4:如图 5-48 d 所示,胎模锻,在空气锤上先镦粗、冲孔、带芯轴拔长,然后在胎膜内带芯轴锻出法兰,加工余量小,设备与模具成本低,但生产率低。

以上方案都能满足质量要求,都能通过水压试验。结合锻件的生产批量,方案 4 最合理。

5.2.3 板料冲压件的结构工艺性和工艺设计

5.2.3.1 冲压件结构工艺性

设计冲压件(stamping;workpiece)时,在不影响制件性能的条件下,为了便于制造冲模,提高模具强度,减少模具磨损,并降低冲压件的生产成本,应认真研究冲压件的形状和尺寸,以及精度、工艺的简化和材料的节省等。

1)冲压件的形状和尺寸对工艺性的影响。

①冲压件的形状应力求简单、对称,尽量采用圆形、矩形等规则形状,以便冲压模的制造,提高模具寿命,并使冲压时坯料受力和变形均匀,保证冲压件质量。

②冲压件的形状应便于排样,尽量减少废料(图 5-49)。

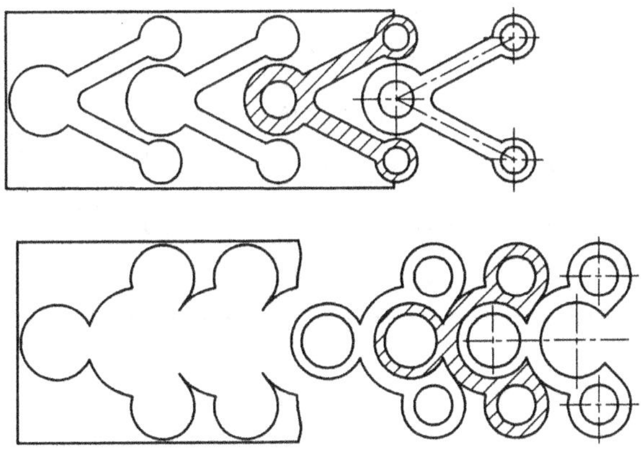

图 5-49 零件形状和排样

③冲压件的结构设计在不影响使用性能的前提下,应以减少工序,节省材料,降低成本为原则。如图 5-50 所示,该零件原设计结构经改进后,不但减少了冲压工序,而且大大降低了材料消耗。

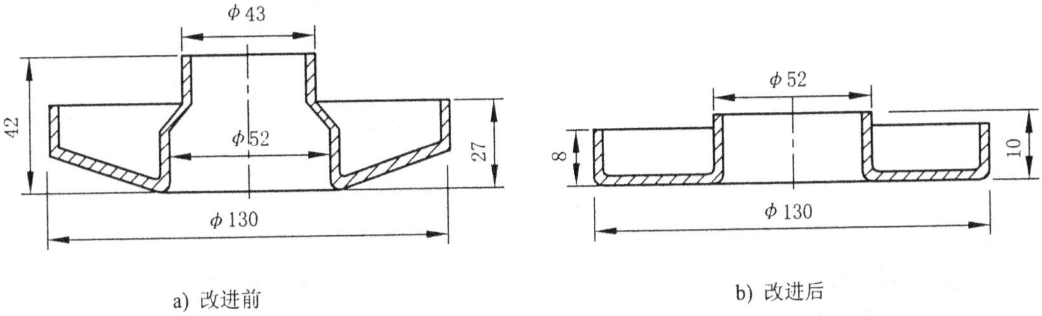

图 5-50 消音器后盖结构改进

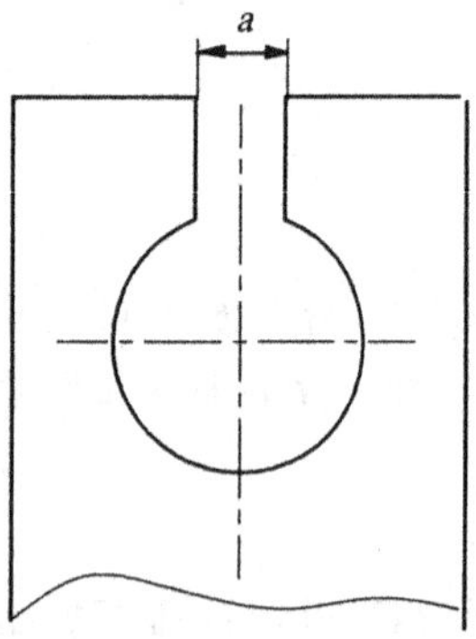

图 5-51 不良的中间沟槽形状

④冲裁件应避免狭槽和狭长的悬臂，以防冲裁时模具的细长凸出部分折断；也要防止外缘部凸出或凹进尺寸过小，导致凸凹模受力不平衡而相对偏斜，影响冲压件质量；也要避免连接处太细窄而中间扩大的沟槽(图 5-51)。孔槽及其有关尺寸如图 5-52 所示。冲圆孔时，孔径不得小于材料厚度 t，方孔的边长不得小于 0.9t，孔与孔之间，孔与工件边缘之间的距离不得小于 t，一般应大于 2t，但需保证这个距离的最小值大于 3 mm。

⑤冲裁件上的转角应采用圆角过渡，避免应力集中。最小圆角半径见表 5-7。

表 5-7 落料件、冲孔件的最小圆角半径

工序	圆弧角	最小圆角半径		
		黄铜、紫铜、铝	低碳钢	合金钢
落料	$\alpha \geqslant 90°$	$0.24 \times t$	$0.30 \times t$	$0.45 \times t$
	$\alpha < 90°$	$0.35 \times t$	$0.50 \times t$	$0.70 \times t$
冲孔	$\alpha \geqslant 90°$	$0.20 \times t$	$0.35 \times t$	$0.50 \times t$
	$\alpha < 90°$	$0.45 \times t$	$0.60 \times t$	$0.90 \times t$

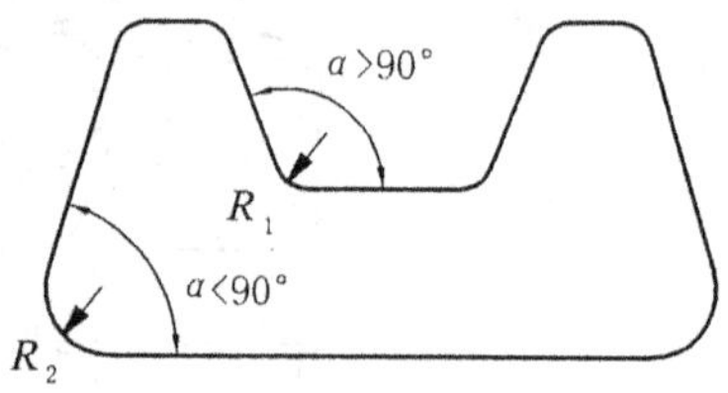

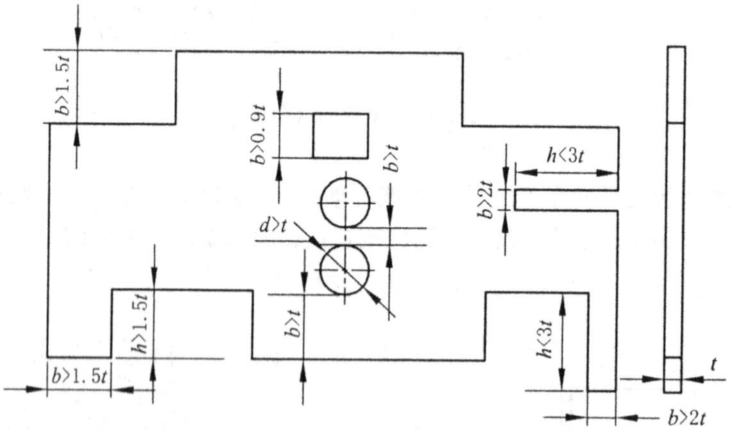

图 5-52 冲裁件尺寸与厚度的关系

⑥拉深件的圆角半径不能过小(图 5-53)，否则必将增加拉深次数和校形工序，甚至出现拉穿缺陷。拉深件的结构应简单、对称，且不宜太高。

⑦弯曲件的相对弯曲半径应大于材料的最小许用相对弯曲半径，即 $r/t > r_{\min}/t = (0.25 \sim 1.0)$。弯曲件直边长度 $H > 2t$(图 5-54)，否则不易成形，如果 H 必须很小，可先留出适当的余量增大 H，弯好后再切去多余材料。孔的位置应位于变形区之外，即 $L \geqslant (1.5 \sim 2)t$，否则孔易变形。并应考虑材料纤维方向，以免弯裂。

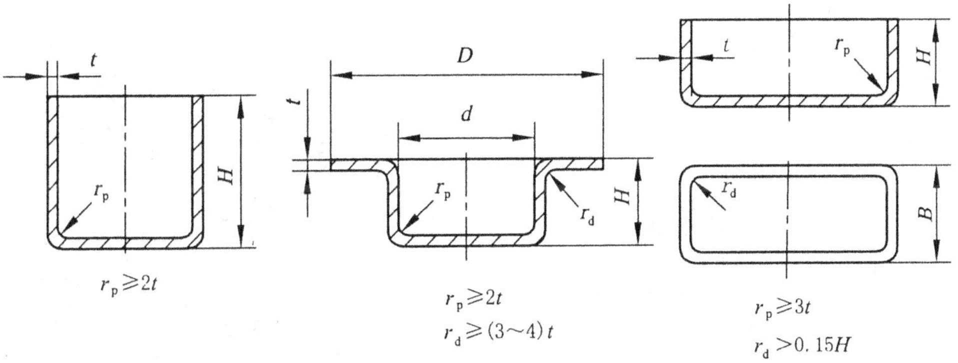

图 5-53 拉深件的圆角半径

⑧采用压出加强筋的办法提高薄板制件的刚度，以避免采用厚板成形(图 5-55)。

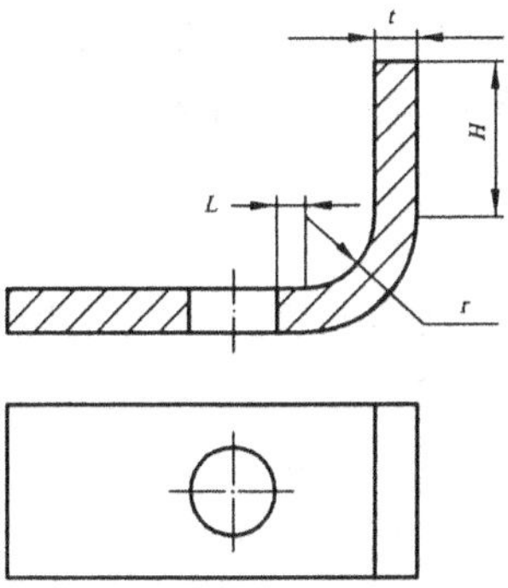

图 5-54 弯曲件

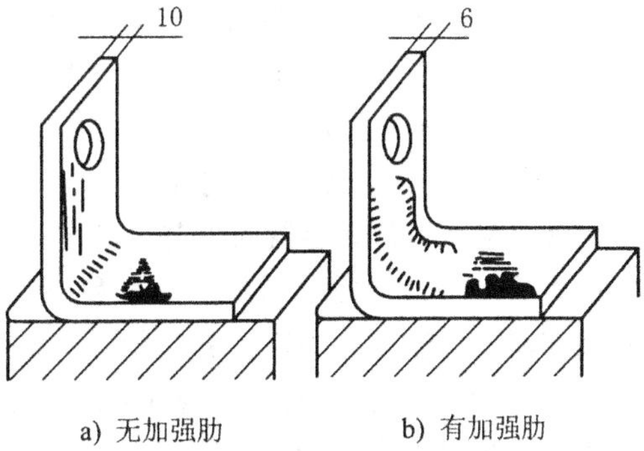

图 5-55 冲压出加强筋

⑨对于形状复杂的冲压件，可采用冲焊结合的方法，以简化工艺，降低成本(图 5-56)。

⑩对于有些制件，可采用冲口工艺，以减少组合件数量(图 5-57)。

2)冲压件精度和表面质量对制件工艺性的影响。冲压件的设计精度，不应超过冲压各基本工序所能达到的一般精度，并应在满足需要的前提下，尽量降低要求，以简化工序，提高生产效率，降低成本。冲压工序的一般精度如下。

落料不超过 IT10，冲孔不超过 IT9，弯曲不超过 IT9～IT10，拉深件高度尺寸精度为 IT8～IT10，经整形工序后尺寸精度可达 IT6～IT7，拉深件直径尺寸精度为 IT9～IT10。

一般对冲压件表面质量的要求不应高于原材料所具有的表面质量，否则要增加切削加工等工序，增大产品成本。

5.2.3.2 冲压件的工艺设计

大多数冲压件是零件，一般不需再进行切削加工，因此，它的工艺设计的第一步是认真研究制件图，分析制件的结构特点，掌握影响制件精度的重要尺寸，包括必须严格保持公差的尺寸，作为制件尺寸基准线的尺寸，决定制件形位公差的尺寸，以及影响制件强度的尺寸。还要掌握制件表面质量的要求，作为选材、模具设计、控制坯料在模具中的流动方向等的依据。第二步是选择工序并安排各工序顺序。进行这一步工作需要考虑以下因素。①冲压件的质量、产量和

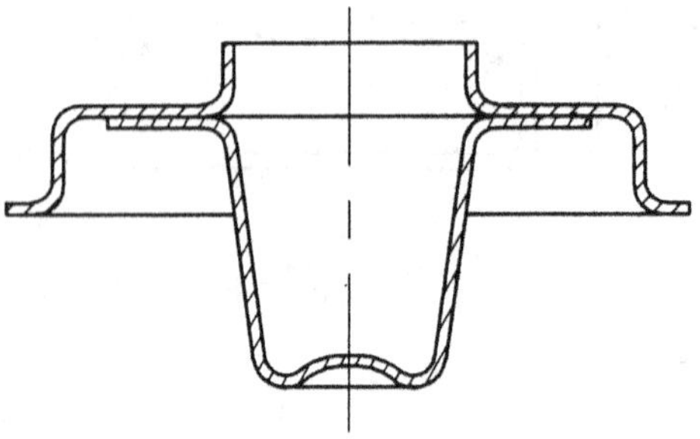

图 5-56 冲压焊接结构零件

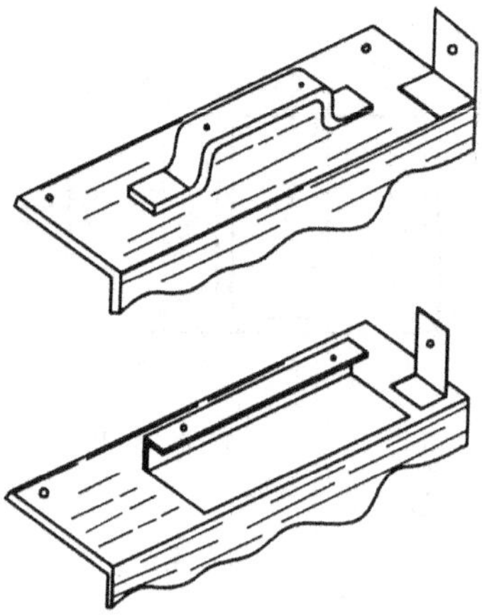

图 5-57 冲口工艺

最终成本；②坯料的质量、厚度和表面状态；③模具的结构、材料、精度、定位装置和模具制造的费用，以及模具车间的设备和工作能力等；④压力机的构造、能力、精度，坯料的送进和制件的取出，润滑油的种类和涂覆方法等。

下面举例说明冲压件的工艺设计。

例 1 宽凸缘筒状容器的工艺设计分为 5 个阶段。第 1 阶段决定凸缘尺寸，第 2 阶段根据板料的材质和厚度决定合适的拉深系数，求各道拉深工序中容器的直径。第 3 阶段给定凸凹模的圆角半径，确定各道工序容器的深度。为了避免拉裂和起皱，各圆角半径在第一道拉深工序中要尽可能大些，以后各道工序逐渐减小，最终一道工序和制件图上一致。第 4 阶段决定各道拉深工序中容器的形状、尺寸。第 5 阶段审核整理以上数据，为模具设计做好准备。

如图 5-58 所示拉深件，一次变形拉深系数太小，应采用多次拉深工艺，但却有 2 种方法可

a) b)

图 5-58 带凸缘容器的多次拉深

供选择。第一种方法是逐次减小容器的直径而增加其深度，这种方法适应于较薄的材料，为防止起皱，凸凹模圆角一般取较小值，如图 5-58 a 所示，拉深次数较多。第二种方法使用圆角半径较大的凸凹模，第 1 道工序将坯料直接拉深到比零件所需深度稍大些的深度，这是因为后一道工序的拉深直径（如图 5-58 b中，若拉深直径为 ϕ66.5 时）常常比前一道工序的拉深直径与

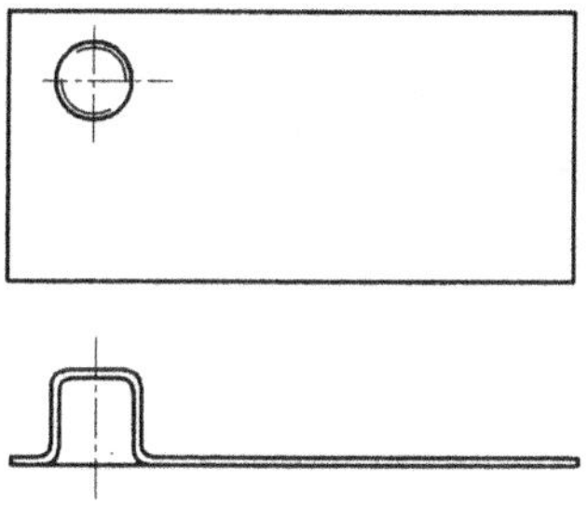

图 5-59　拉深在板角

凸模圆角半径的 2 倍之差(ϕ85－2×R11)要大。而在以后的拉深工序中,由于拉深阻力比第一种方法小,材料易被拉入凹模,容器深度不再增加,只有直径逐渐减小,多余材料形成凸缘。这种方法由于凸模的圆角半径较大(特别是最初几道工序),凸模底部的材料朝壁部有一定程度的流动,而且由于拉深阻力小于第一种方法,因此,可以减少拉深次数。它适应于厚度较大的材料如图 5-58 b 所示,尤其适应如图 5-59 所示的拉深工件,这种结构拉深时,毛坯右下两部分的材料很难被拉入,拉深阻力很大,采用第二种方法较易成形。

例 2　将厚度为 1.6 mm 的热轧钢板成形为底部中心凸出的圆筒容器(图 5-60)。这个容

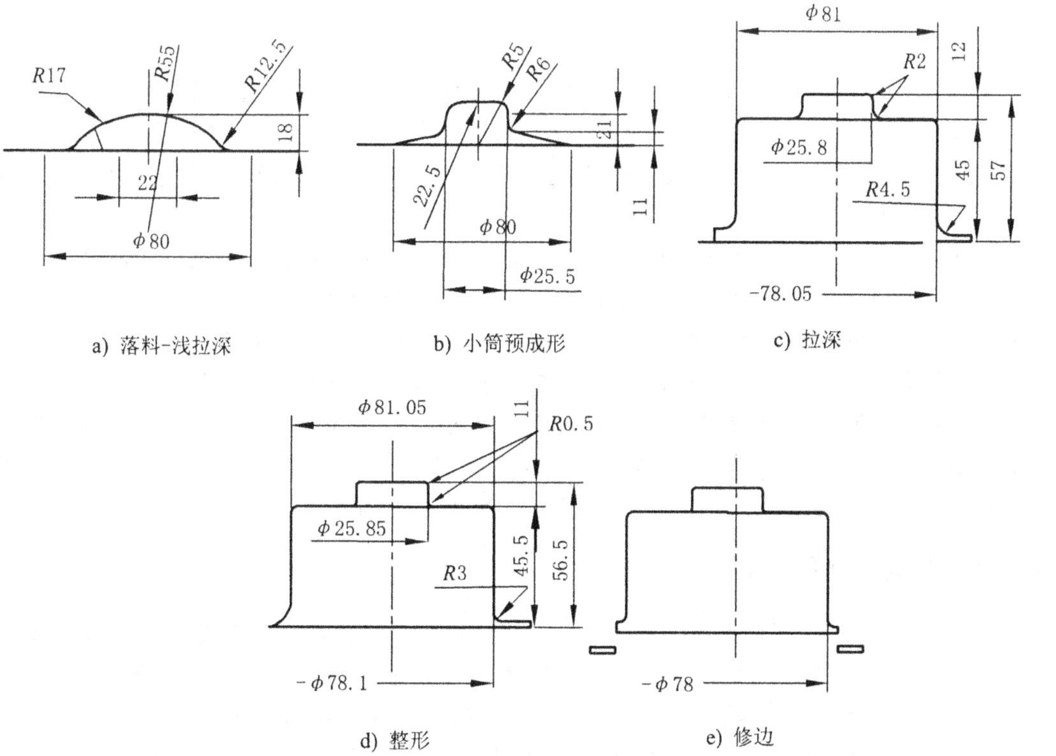

图 5-60　底部中心带凸起的圆筒形容器工艺设计

器的大小 2 个圆柱筒体一次成形有困难,很可能导致小筒部分侧壁产生厚度不均匀、拉穿,大筒底部起皱或小筒缩颈等缺陷。因此,该容器成形工序设计为 4 道:工序 1,用带有大圆角半径的凸模浅拉深;工序 2,大圆角凸模使小筒预成形,前两道工序大圆角凸模的作用主要使板厚变化均匀,而且第 2 道工序小筒的预成形所占有的材料表面积大体应等于下一道工序小筒再一次拉深时所需要的材料表面积;工序 3,大小筒拉深成形接近成品形状,如果在第 2 道工序中小筒部分成形量过大,在大筒底部外侧会出现环状的凹凸不平,若成形量稍小,可以在工序

4 整形中修正。

锻压件成形工艺设计不仅涉及到锻造成形和板料冲压成形，还应该包括其他塑性成形方法，以及许多新的塑性成形技术。对于同一个锻件，在整个锻造工序中，可能包括不同的塑性成形方法，如辊锻制坯，模锻成形等。

5.3 焊接结构工艺性与工艺设计

焊接结构的设计，要根据产品的使用性能要求，包括一定的形状、工作条件和技术要求等，考虑结构焊接工艺的要求，力求焊接质量良好，焊接工艺简便，生产率高，成本低。焊接结构工艺设计的内容主要是根据焊接结构工作时负荷大小和种类、工作环境、工作温度等使用要求，合理选择焊接结构件材料、焊接材料和焊接方法，正确进行接头工艺设计及制定焊接工艺和焊接技术条件等。

5.3.1 焊接结构材料的选择

焊接结构件选材时，总的原则是在满足使用性能的前提下，尽量选用焊接性好的材料。一般含碳量＜0.25％的低碳钢和碳当量＜0.4％的低合金钢，都具有良好的焊接性，焊接结构件应尽量选用；含碳量＞0.5％ 的碳钢和碳当量＞0.4％的合金钢，焊接性不好，一般不宜选用作为焊接结构件的材料。

镇静钢脱氧完全、组织致密、质量较高，重要的焊接结构应选用这种钢材。在不同部位选用不同强度和性能的钢材拼焊时，须注意两种不同钢材焊接性能的差异，一般要求接头强度不低于被焊钢材中的强度较低者，因此，设计时，应对焊接材料提出要求，对焊接性差的钢材采取措施(如预热或焊后处理等)。如焊接结构中选用的是新材料，则应对材料进行必要的焊接性试验，以保证设计方案和工艺措施的正确性。设计焊接结构时，应尽量采用工字钢、槽钢、角钢和钢管等成型材料，以减少焊缝数量、简化焊接工艺、增加结构件的强度和刚度。对形状复杂的部分还可考虑用铸钢件、锻件或冲压件焊接而成。此外，还应综合考虑经济性等因素。

5.3.2 焊接方法的选择

焊接方法的选择，应根据材料的焊接性、焊件厚度、焊缝长短和生产批量及产品质量等因素，并结合各种焊接方法的特点和应用范围来确定。基本原则是：在保证产品质量的前提下，优先选用常用的焊接方法；生产批量较大时，要考虑提高生产率和降低成本等。

低碳钢和低合金结构钢焊接性能好，各种焊接方法均适用。如果焊件板厚为中等厚度(10～20 mm)，则可选用手弧焊、埋弧焊、气体保护焊。氩弧焊成本较高，一般情况下不宜选用。如果焊件为长直焊缝或圆周焊缝，生产批量也较大，可选用埋弧自动焊；如焊件为单件生产或焊缝短而处于空间不同位置时，则选用手工电弧焊为好；如果焊件是薄板轻型结构，无密封要求，则采用点焊生产效率高；如有密封要求，则可选用缝焊；如果焊件为 35 mm 以上厚板的重要结构，条件允许时应采用电渣焊。对于低碳钢构件一般不应选用氩弧焊等高成本的焊接方法，但当焊接合金钢、不锈钢等重要工件时，则应采用氩弧焊等保护条件较好的焊接方法；对于稀有金属或高熔点合金的特殊构件，焊接时可考虑采用等离子弧焊接、真空电子束焊接、脉冲氩弧焊焊接，以确保焊接件的质量；对于微型箔件，则应选用微束等离子弧焊或脉冲激光点焊。

5.3.3 焊接接头工艺设计

5.3.3.1 焊缝的布置

①焊缝位置应尽可能对称分布。焊缝对称布置可使各条焊缝产生的焊接变形互相抵消。特别是对梁、柱类结构效果明显。图 5-61 a,b 所示的箱形梁和 T 形梁,焊缝偏于截面重心一侧,会产生较大的弯曲变形;图 5-61 c,d,e 中的 2 条焊缝对称布置,变形较小。

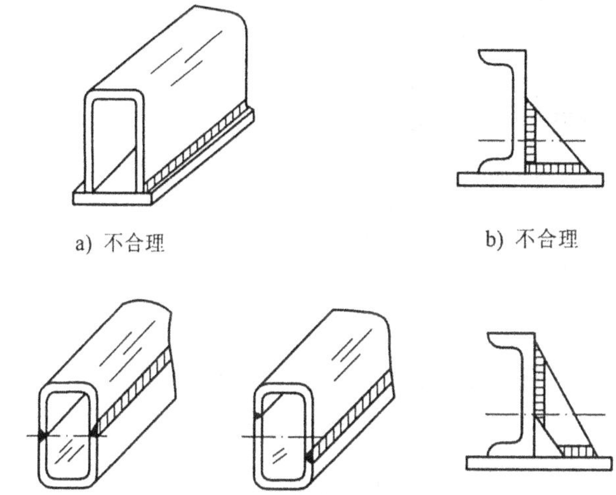

图 5-61 焊缝对称布置

②焊缝应避免密集和交叉。焊缝的密集、交叉使接头处严重过热,热影响区增大,焊接应力增大(图 5-62)。一般 2 条焊缝间距应大于板厚的 3 倍。

③焊缝应尽量避开应力集中和最大应力的部位,如图 5-63 c 所示压力容器,其转角处易产生应力集中,焊缝应设计在过渡段(一般不小于 25 mm)内,如图 5-63 d 所示。图 5-63 a 所示的大跨距梁,跨距中间应力最大,焊缝在中间使结构承载能力减弱。改为图5-63 b所示结构,虽增加了一条焊缝,但改善了焊缝的受力情况,提高了焊缝的承载能力。

④焊缝应尽量避开机械加工表面。焊接结构在某些部位有较高的精度要求,只能在加工后进行焊接。减少影响加工精度,焊缝应远离加工表面(图 5-64)。

⑤应便于焊接操作。焊缝的布置应留有足够的操作空间,以满足焊接运条、电极的伸入、焊

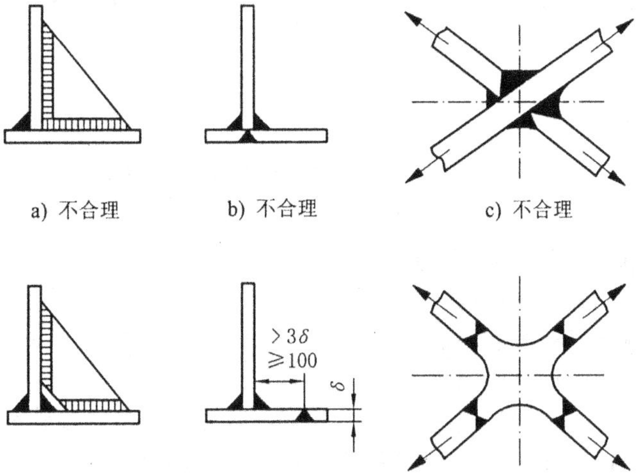

图 5-62 焊缝的分散布置设计

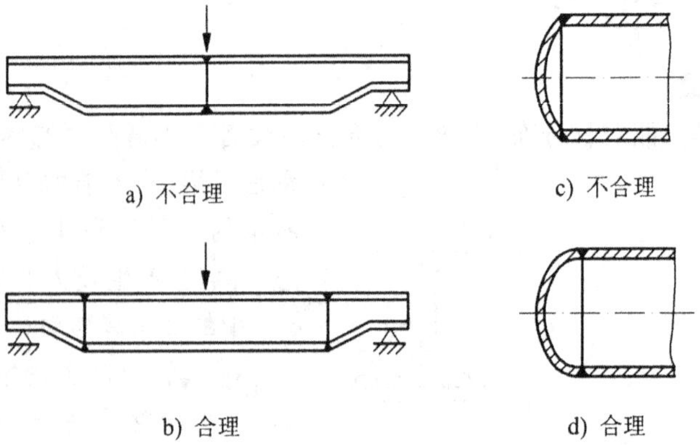

图 5-63 焊缝避开最大应力集中处

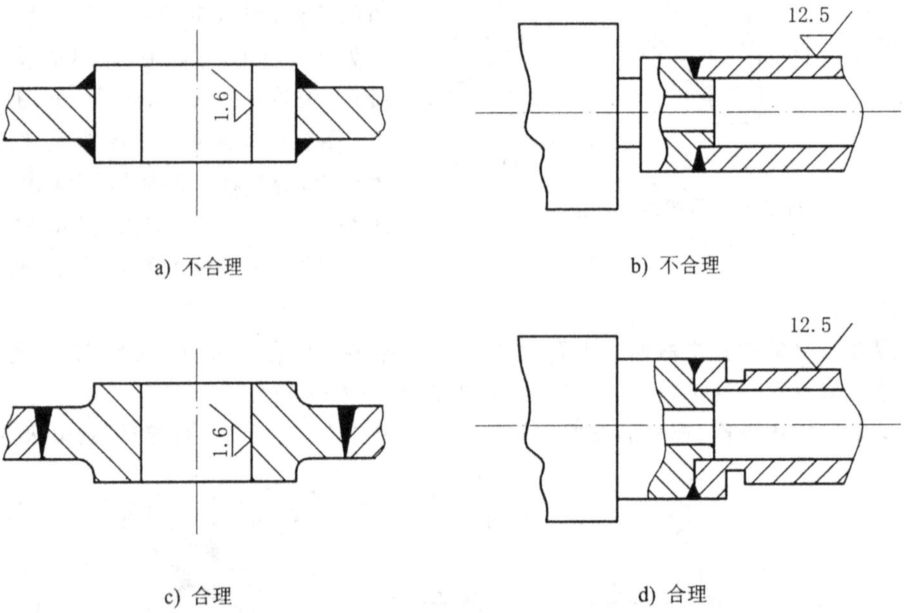

图 5-64 焊缝远离机械加工表面的设计

剂的存放等需要(图 5-65、图 5-66、图 5-67)。

5.3.3.2 接头形式的选择与设计

接头形式应根据结构形状、强度要求、工件厚度、焊后变形大小、焊条消耗量、坡口加工难易程度等各个方面因素综合考虑决定。

根据 GB85-80《手弧焊焊接接头的基本形式与尺寸》规定，焊接碳钢和低碳钢的接头形式可分为对接接头(butt joint)、角接接头(corner joint)、T 形接头(T-joint)及搭接接头(lap joint)4 种，常用接头形式基本尺寸如图 5-68 所示。

对接接头受力比较均匀，是用得最多的接头形式，重要受力焊缝应尽量选用这种接头。因

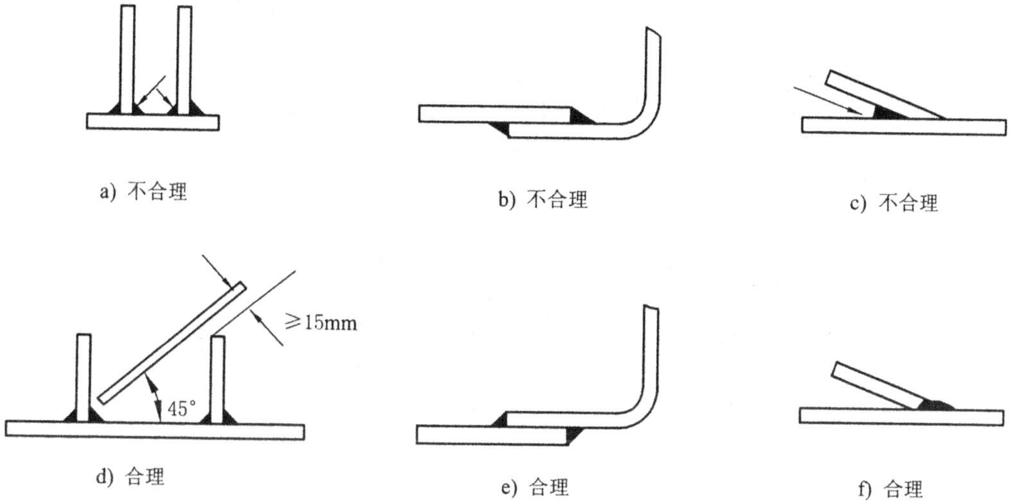

图 5-65 焊缝位置便于手弧焊的设计

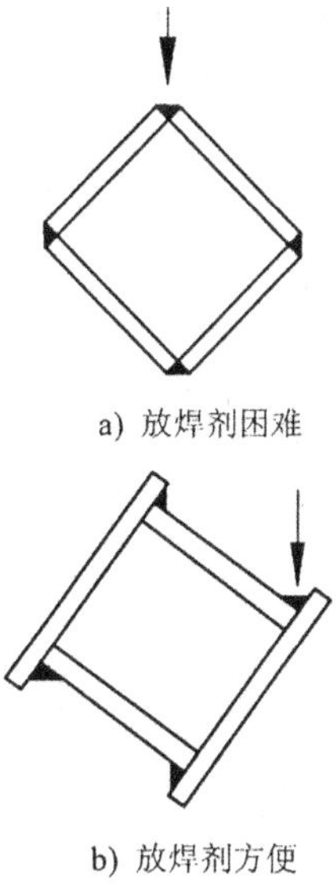

图 5-66 焊缝便于自动焊的设计

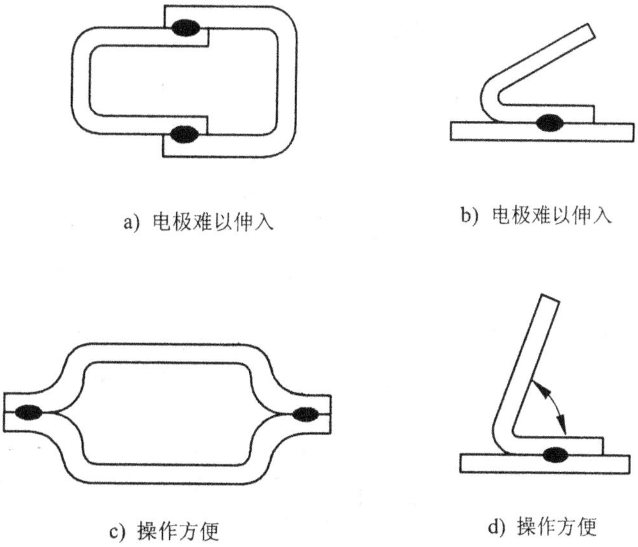

图 5-67 便于点焊及缝焊的设计

两工件不在同一平面，搭接接头受力时将产生附加弯矩，而且金属消耗量也大，一般应避免采用。但搭接接头不需开坡口，装配时尺寸要求不高，对某些受力不大的平面联结与空间架构采用搭接接头可节省工时。角接接头与T形接头受力情况都较对接接头复杂些，但接头成直角或一定角度联结时，必须采用这类接头形式。

手弧焊板厚在6 mm以下对接时，一般可不开坡口直接焊成。板厚较大时，为了保证焊透，接头处应根据工件厚度预制各种坡口，坡口角度和装配尺寸可按标准选用。厚度相同的工件常有几种坡口形式可供选择，Y形和U形坡口两面施焊，受热均匀、变形较小、焊条消耗量较小，但因坡口形状复杂，常用机械加工准备坡口，成本较高，一般只在重要的受动载荷的厚板结构

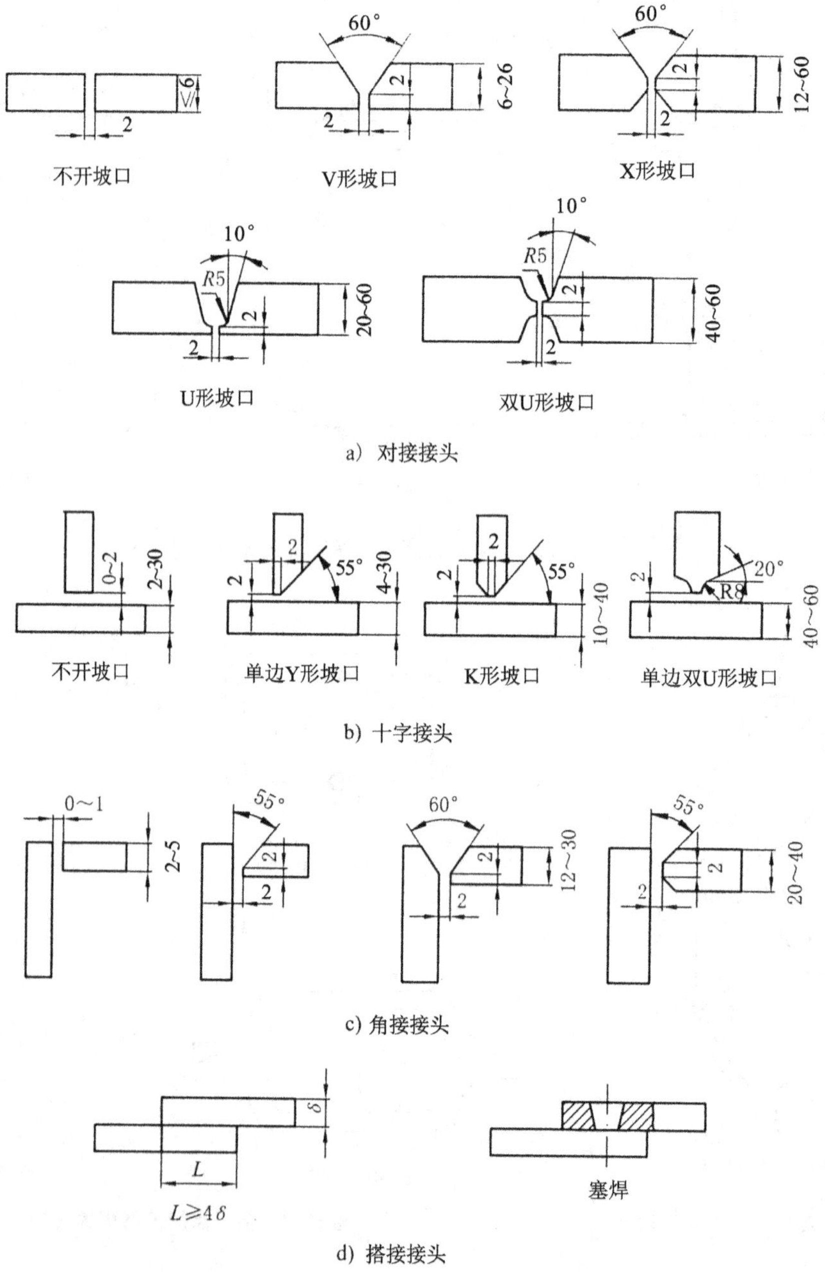

图 5-68　手工电弧焊焊接接头及坡口形式

中采用。

设计焊接结构最好采用相等厚度的金属材料，以便获得优质的焊接接头。

如果采用两块厚度相差较大的金属材料进行焊接，则接头处会造成应力集中，而且接头两边受热不均匀易产生焊不透等缺陷。根据生产经验，不同厚度金属材料对接时，允许的厚度差如表 5-8 所示。如果 $\delta_1-\delta$ 超过表中规定值，或者双面超过 $2(\delta_1-\delta)$ 时，应在较厚板料上加工出单面或双面斜边的过渡形式(图 5-69)。

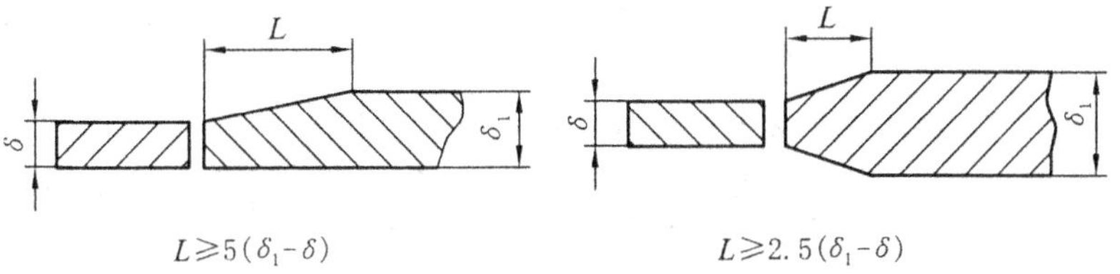

图 5-69 不同厚度金属材料对接的过渡形式

表 5-8 不同厚度金属材料对比允许的厚度差 mm

较薄板的厚度	2～5	6～8	9～11	≥12
允许厚度差($\delta_1-\delta$)	1	2	3	4

5.3.4 典型焊件的工艺设计

结构名称：中压容器(图 5-70)。

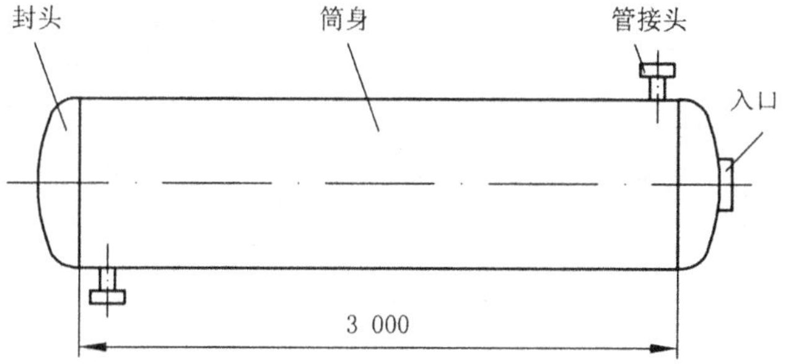

图 5-70 中压容器外形图

材料：16 MnR(原材料尺寸为 1 200×5 000 mm^2)。

件厚：筒身 12 mm；封头 14 mm；入口圈 20 mm；管接头 7 mm。

生产数量：小批量。

工艺设计要点：筒身用钢板冷卷，按实际尺寸，可分为三节。为避免焊缝密集，筒身纵焊缝可相互错开 180°，封头应采用热压成形，与筒身连接处应有 39～50 mm 的直段，使焊缝躲开转角应力集中位置。入口圈如卷板机功率有限，可加热卷制，其工艺图如图 5-71 所示。

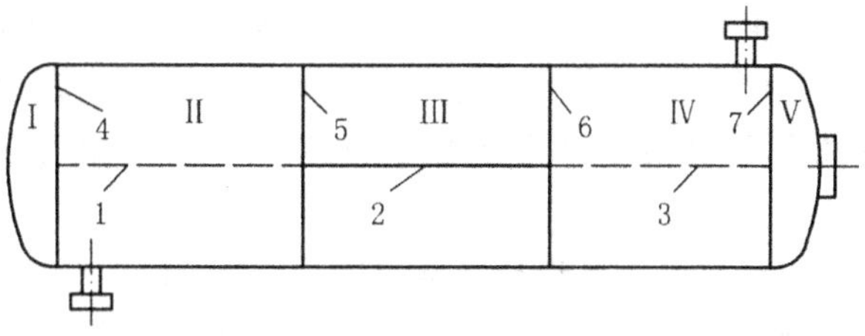

图 5-71 中压容器工艺图

根据各条焊缝的不同情况，可选用不同的焊接方法、接头形式、焊接材料与工艺(表 5-9)。

表 5-9　中压容器焊接工艺设计

序号	焊缝名称	焊接方法选择与焊接工艺	接头形式	焊接材料
1	筒身纵缝 1,2,3	因容器质量要求高,又小批生产,采用埋弧自动焊,先内后外。因材料为 16MnR 应在室内焊接(以下同)		焊丝:H08MnA 焊剂:431 焊条:结 507
2	筒身环缝 4,5,6,7	采用埋弧自动焊,顺序焊 4,5,6 焊缝先内后外,7 装配后先在内部用手弧焊封底,再用自动焊焊外环焊缝		焊丝:H08MnA 焊剂:431 焊条:结 507
3	管接头焊缝	管壁为 7 mm,角焊缝插入式装配采用手工电弧焊,双面焊	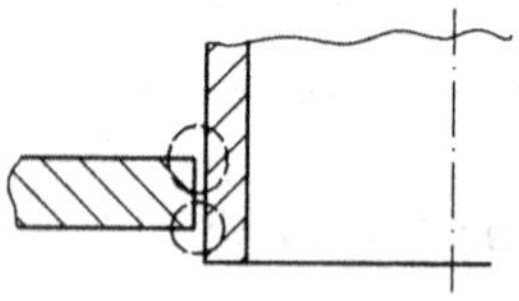	焊条:结 507
4	入口圈纵缝	板厚 20 mm,焊缝短(100 mm)选用手工电弧焊,平焊位置,V 形坡口	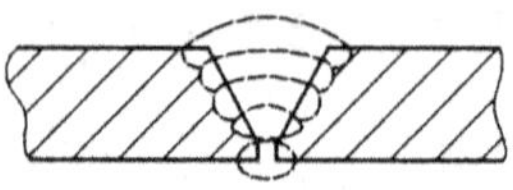	焊条:结 507
5	入口圈焊接	处于立焊位置的圆周角焊缝,采用手工电弧焊,单面坡口双面焊,焊透	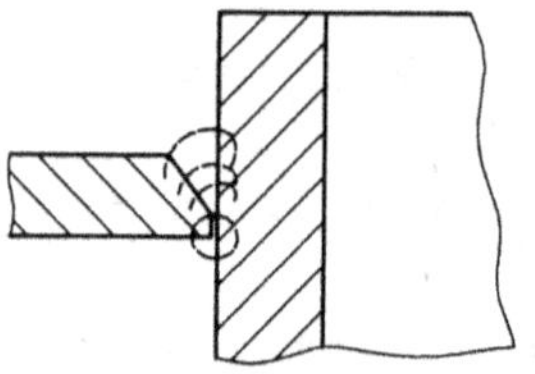	焊条:结 507

5.4　塑料件结构工艺性与工艺设计

塑料制品的结构设计除了满足使用性能要求外,还必须满足塑料制品的模塑工艺性。塑料制品的模塑工艺性与模具设计密切相关,而模具是根据制品设计的。只有制品设计适应模塑工艺要求,才能设计出合理的模具结构。因此,根据模塑工艺要求设计塑料制品直接影响到制品制造、制品质量、生产效率和加工成本等。

5.4.1　分模面的选择

分模面是上下模具的接合面。模塑制品脱模后,在分模面上会产生极薄的溢边,通常采用刀削、挫、磨等方法加以去除,但最终制品上还会留下分模面的痕迹,影响制品的美观。因此,设计制品应考虑去除溢边后,制品表面留下分模面痕迹对外观和使用的影响,以及去除溢边的难易,由此来确定模具的结构形式。

如圆筒或杯形制品的分模面一般选择在其口缘部位,此部位上的溢边,一般可不去除,若去除溢边,留下的分模面痕迹对制品外观影响较小。如果分模线选择在柱面上,此部位上溢边,必须去除,留下的分模面痕迹,影响制品外观。

5.4.2 尺寸精度

塑料制品的尺寸精度受塑料品种、模塑工艺条件、模具结构、模塑制品的存放条件等多种因素的影响。制造尺寸高精度的塑料制品，必须有高精度的模具、能精确控制模塑工艺条件的塑料机械、高精度制品定型模等，因此，是一件困难而又耗资的工作，通常塑料模塑制品的尺寸精度不能要求太高。

5.4.3 制品壁厚

设计模塑制品的壁厚时，应考虑强度、结构、重量、刚度及装配等各项要求，模塑制品要求各部分壁厚应尽可能均匀一致。壁厚均匀一致有利于制品内应力的消除或减小，防止模塑制品变形和裂纹。当壁厚不均匀的制品在模中冷却时，厚壁部分冷却速度慢于薄壁部分，脱模后制品厚壁部分产生缩痕和翘曲。为了消除壁厚的不均匀，设计制品可考虑厚壁部分局部挖空或在壁面交界处逐步过渡。

常用热塑性和热固性塑料模塑制品的壁厚尺寸选择范围见表5-10。

表5-10 塑料模塑制品的壁厚 mm

塑料		最小壁厚	推荐壁厚	最大壁厚
热塑性塑料	聚甲醛	0.4	1.6	3.0
	ABS	0.75	2.3	3.0
	尼龙	0.4	1.6	3.0
	聚碳酸酯	1.0	2.4	9.5
	聚丙烯	0.6	2.0	7.6
	聚砜	1.0	2.5	9.5
	硬质PVC	1.0	2.4	9.5
热固性塑料	环氧树脂-玻纤填充	0.76	3.2	25.4
	醇酸树脂-玻纤填充	1.0	3.0	12.7
	醇酸树脂-矿物填充	1.0	4.7	9.5
	酚醛-玻纤填充	0.76	2.4	19.0
	酚醛-织物填充	1.6	4.7	9.5
	酚醛-矿物填充	3.0	4.7	25.4

5.4.4 转角和转角半径

塑料制品转角处常常由于应力集中或其他因素的影响，是形成裂纹或碎裂的敏感部位。因此，塑料模塑制品除了分模线所在面的转角必须是直角外，制品的内、外转角以及3个壁面接合处的转角都应设计成圆弧形转角。

制品内、外圆弧形转角半径，一般不小于制品壁厚的1/4。

模塑制品上凸台或肋与底面相交的转角应为圆角，该圆角称为内圆角，一般内圆角半径不小于0.7～0.8 mm，最小内圆角半径不小于0.25 mm。

在设计中，制品圆角半径应尽可能大一些，以提高制品和模具的强度，使制品的造型更富有流线型，圆角内积存的残留物也易清除。

5.4.5 凸台和肋

模塑制品上的凸台一般用作塑料制品与装配零件的连接固定，是承受应力和应变的重要部位。外侧凸台通常为中空形式，凸台高度一般与宽度相等，凸台最大高度应不超过宽度的2倍。内侧凸台应尽量不要太靠近制品侧壁面的内圆角，太靠近侧壁面模塑时会出现凸台局部熔体充填不足。凸台形状最好为圆锥体，尽量避免方形或矩形截面锥体形状的凸台，因为模具加工成形凸台的方形或矩形孔较困难。

模塑制品上长条形突起部分被称为肋，它常作为塑料制品的加强或装饰，故又称为加强肋和装饰肋。制品上合理布置肋，可防止制品翘曲和变形。

模塑制品上肋的设计应考虑肋的尺寸及肋间距。肋的尺寸应根据制品壁厚确定，肋根部圆角之上的厚度一般不超过制品壁厚尺寸的0.8倍，否则，肋部位的制品表面可能产生明显缩痕。此外，肋的设计还应考虑脱模斜度。

5.4.6 模塑制品孔的设计

塑料制品与其他零件装配、连接或为了装饰性，常需设计不同形状和尺寸的孔。孔的形状可以是圆形，也可以是正方形、矩形或椭圆形。模塑制品上获得孔的方法有成形孔和加工孔。加工孔是通过在模塑制品上进行二次加工方法获得的。

成形孔是由模具中型芯通过模塑直接形成的孔，分为盲孔、通孔、阶梯孔、凹阶孔和交截孔等。根据成形孔轴线与模具启闭移动方向的相对位置可分为平行孔、垂直孔和倾斜孔。平行成形孔模具结构简单并且制造容易。垂直成形孔和倾斜成形孔在模具结构上需增加孔型芯抽出机构，模具结构较复杂，制造较困难，设计制品尽量少采用。

多孔结构必须确定合理的孔间距和孔边距，见表5-11。

表5-11 热固性塑料模塑制品成形孔的设计推荐值 mm

孔径	孔边距	孔间距	孔径	孔边距	孔间距
<1.5	2.5	3.5	2.5	3.0	5.0
4.5	4.0	6.0	5.0	5.5	8.0
6.0	6.0	10.0	8.0	8.0	14.0
10.0	8.0	22.0	12.0	10.0	22.0

塑料制品上设计成形孔的优点是节省工时和提高生产效率。但是成形孔受塑料性质和模具结构的限制。此外，成形孔的形状和尺寸精度受模塑工艺影响较大。对于垂直孔、倾斜孔、薄壁制品上小而深的盲孔、孔间距尺寸精度高的孔以及孔壁不容许有焊接痕的孔，一般不采用成形孔，而是通过二次加工获得孔。

5.4.7 模塑制品的螺纹设计

螺纹是塑料制品的紧固或与其他零件连接的一种常见形式。制品外表面上的螺纹称为外螺纹（即螺塞），制品内表面上的螺纹称为内螺纹（即螺孔）。

塑料制品上获得螺纹有以下几种方法。

1）丝锥加工也称作攻丝是在制品的孔中进行的，制品的孔可以是成形孔或钻孔，可加工螺纹的直径为2～52 mm，只能加工粗牙标准内螺纹。螺纹圆板牙加工粗牙外螺纹，可加工螺纹的直径为 1～52 mm。

2)车削加工是用螺纹车刀在车床上加工，能加工标准、方形、梯形等内、外螺纹，应用广泛，特别适合于加工大螺距，高精度的螺纹。

3)成形螺纹是利用模具中螺纹型芯或螺纹型杯一次成形获得内、外螺纹。

4)螺纹嵌件是金属螺纹(内或外螺纹)零件置于模具型腔中，使之成为塑料模塑制品不可拆卸的组成部分。

思 考 题

5-1 铸件的结构工艺性指的是什么？从简化铸造工艺角度应对铸件结构有哪些要求？

5-2 题图 5-1、题图 5-2、题图 5-3 中的铸件在单件小批生产时应采用什么造型方法？

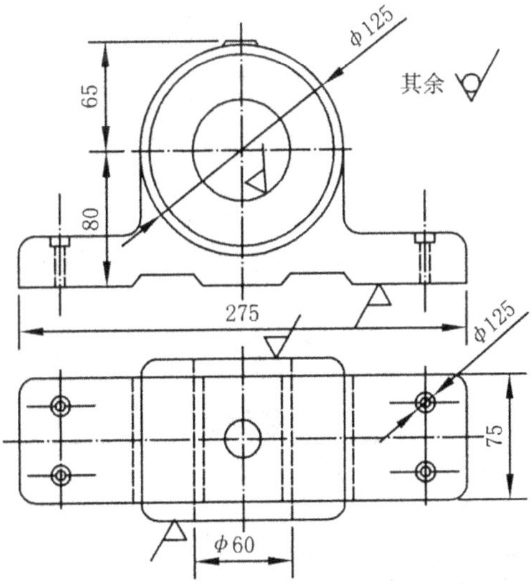

题图 5-1 轴承座

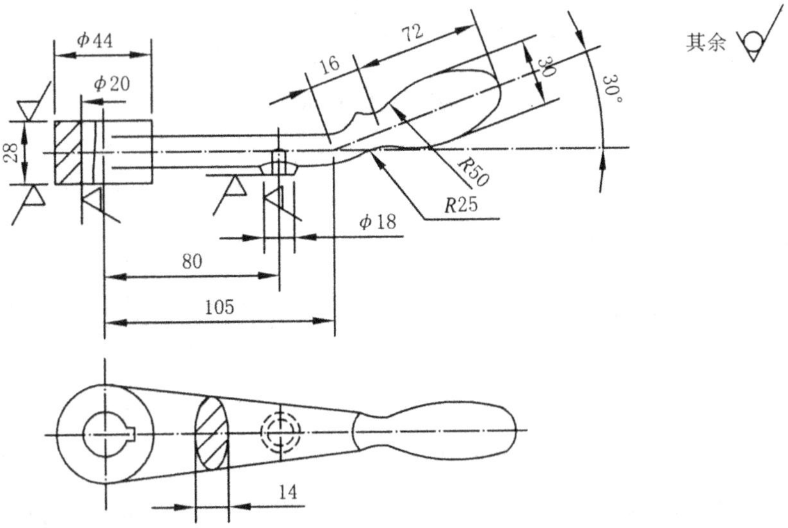

题图 5-2 手柄

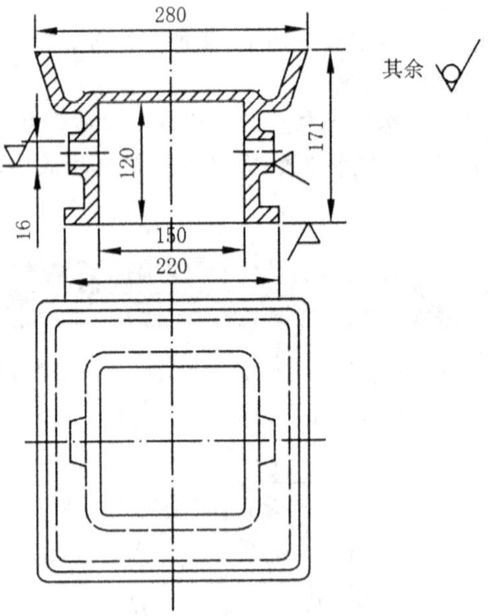

题图 5-3 底座

5-3 试确定题图 5-4、5-5、5-6 所示铸件的分型面，修改不合理的结构并说明修改理由。

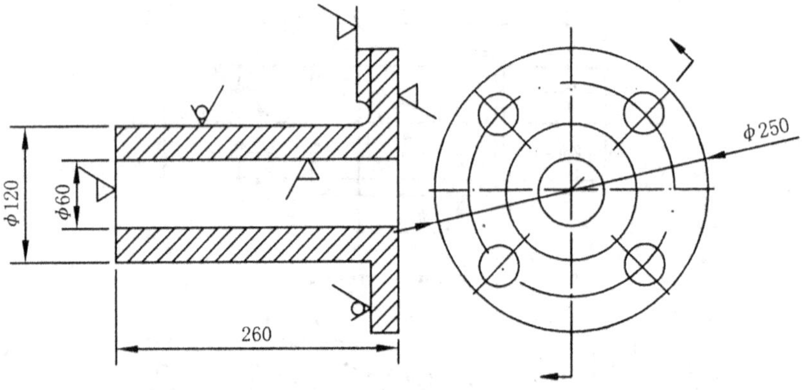

题图 5-4 轴承盖

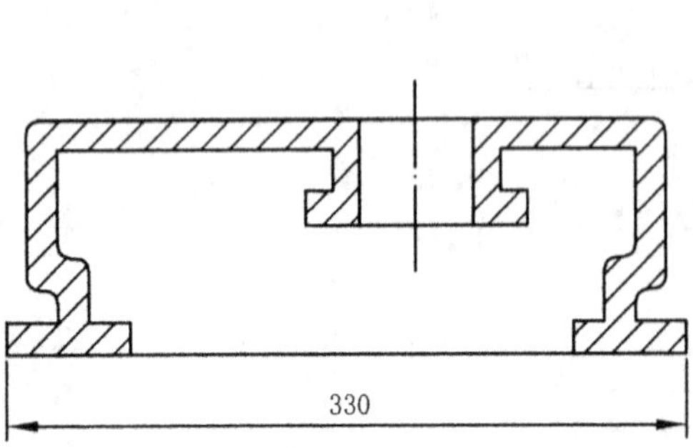

题图 5-5 阀盖

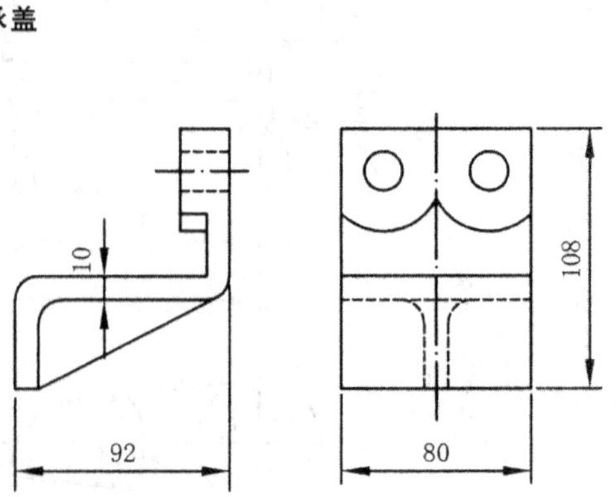

题图 5-6 托架

5-4 从合金的铸造性能方面考虑，为避免有关铸造缺陷，对铸件结构有哪些要求？

5-5 铸件的浇注位置和分型面的选择原则有哪些？

5-6 铸造工艺参数包括哪些内容？芯头的作用及主要形式是什么？

5-7 何谓铸造工艺图？包括哪些内容？有什么用途？

5-8 试选择题图 5-7、题图 5-8 所示零件单件小批生产时的浇注位置、分型面和造型方法。画出铸造工艺图。

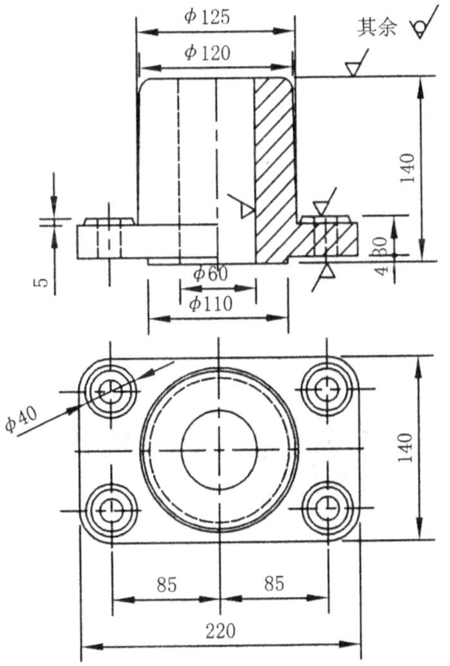

题图 5-7 轴承

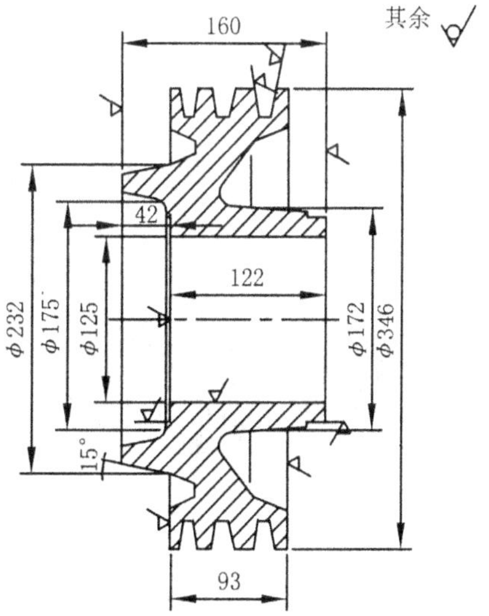

题图 5-8 带轮

5-9 试选择题图 5-9 所示支座零件大量生产时的造型方法、浇注位置及分型面，画出铸造工艺图。

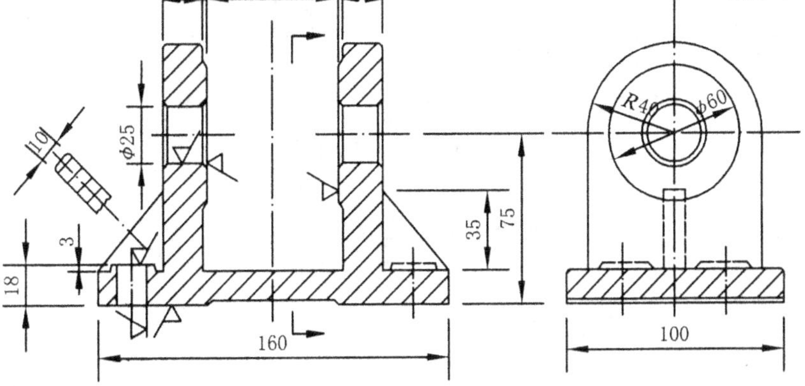

题图 5-9 支座

5-10　题图5-10所示为三通铜铸件，原为砂型铸造。相因生产批量大，为降低成本，拟改为金属型铸造。试分析哪些结构不适宜金属型铸造？给以修改。

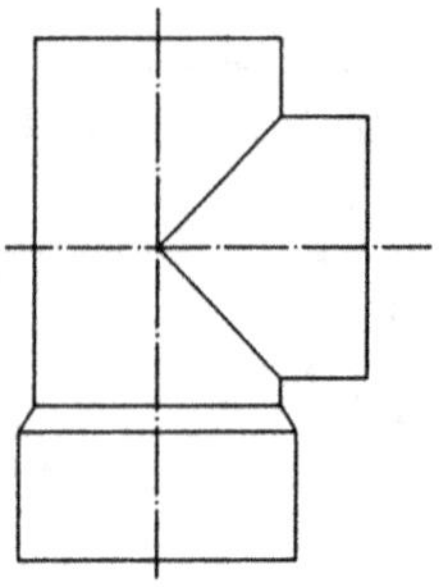

题图 5-10　三通

5-11　题图5-11所示3锻件结构是否适应于自由锻的工艺要求，若不适合，如何修改？

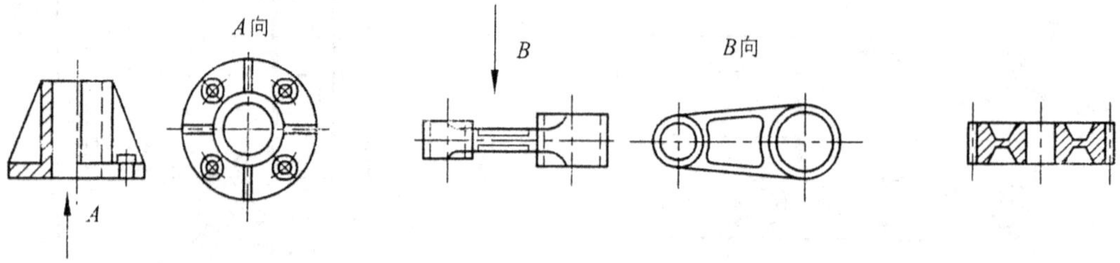

a)　　b)　　c)

题图 5-11　锻件结构

5-12　题图5-12所示零件的结构是否适合于模锻件生产？为什么？应如何修改？

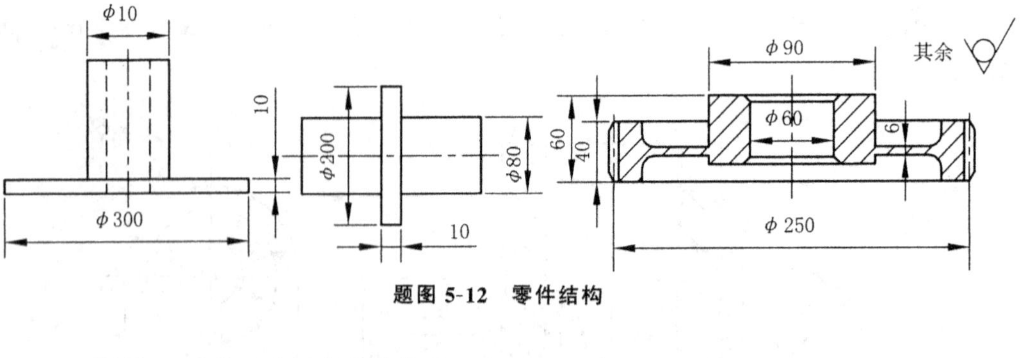

题图 5-12　零件结构

5-13　题图5-13所示冲压件的结构是否合理？试修改不合理之处。

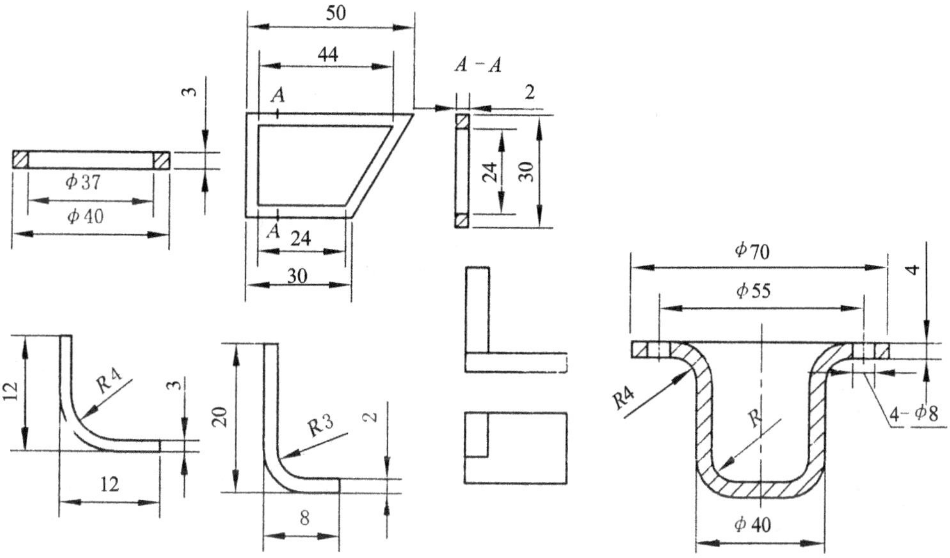

题图 5-13 冲压件结构

5-14 题图 5-14 所示为发动机排气门，材料为耐热钢，试设计可行的成形工艺方案并比较选择较优者。

5-15 题图 5-15 所示为汽车半轴锻件图，试设计可行的工艺方案。

5-16 题图 5-16 所示拼接大块钢板是否合理？为什么？要否改变？怎样改变？为减少焊接应力与变形，其合理的焊接次序是什么？

5-17 题图 5-17 所示 3 种焊接，焊缝分布是否合理？

5-18 题图 5-18 所示焊接梁，材料为 15 钢，现有钢板最大长度为 2 500 mm。要求：决定腹板与上下翼板的焊缝位置，选择焊接方法，画出各条焊缝接头形式和焊接顺序。

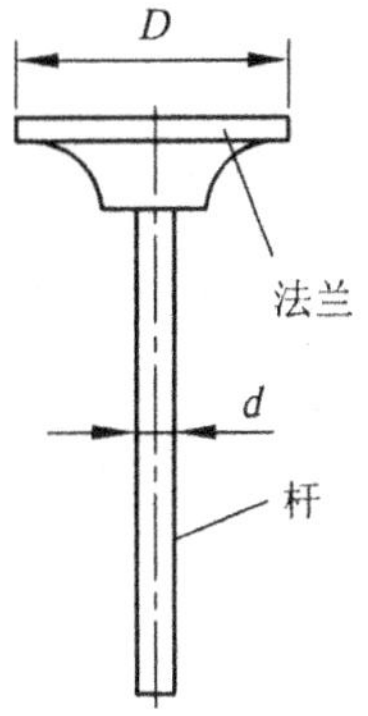

题图 5-14 发动机排气门

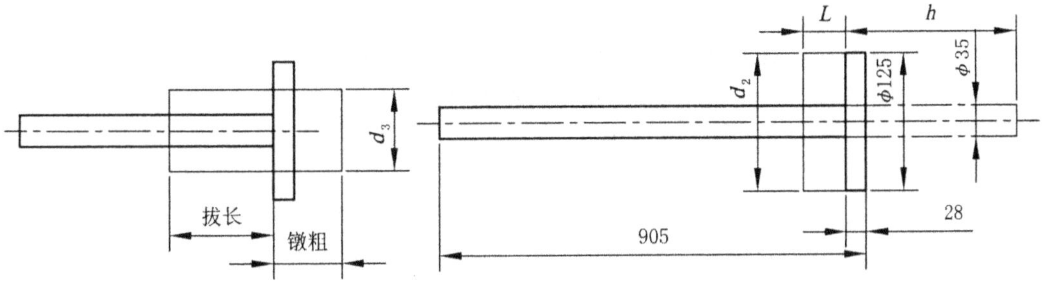

题图 5-15 汽车半轴

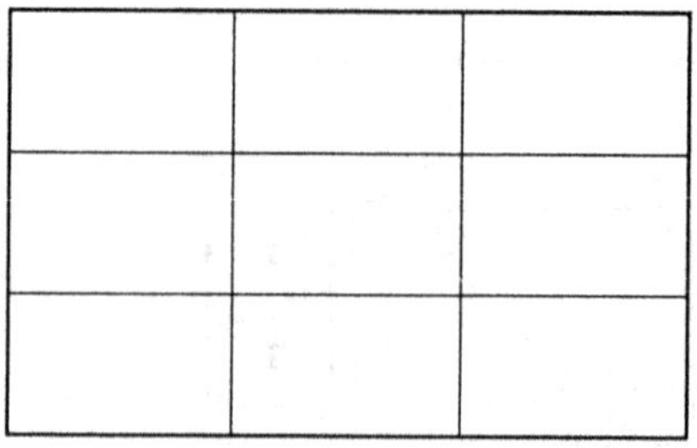

题图 5-16 拼接钢板

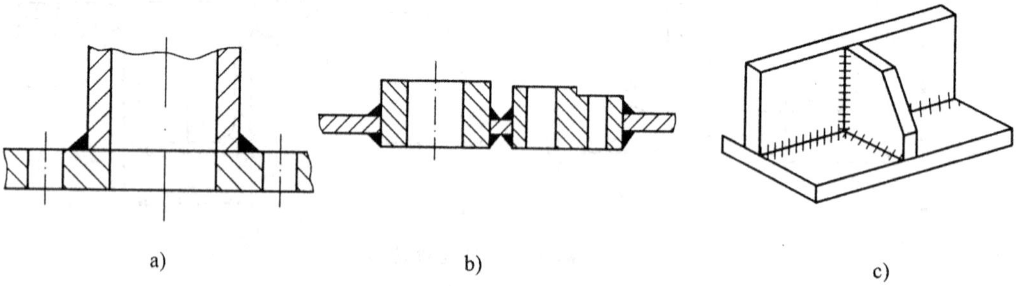

题图 5-17 焊接件

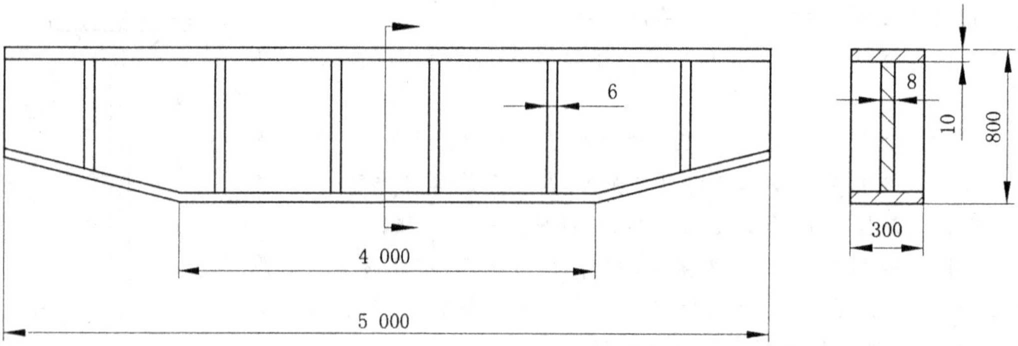

题图 5-18 焊接梁

5-19 简述塑料制品结构与成形工艺的关系。

5-20 与铸造件比较,塑料制品的结构工艺性有何特点?

6 机械零件毛坯的选择

本章要点：

①毛坯选择的适用性原则和经济性原则。

②根据零件材料的工艺性能、结构形状、生产批量、生产条件等合理选择毛坯的制造方法。

每个零件在机器中承担的任务不同，其大小、形状、质量要求不同，所用的材料及制造工艺也不一样。机械零件的制造包括毛坯成形和切削加工两个阶段。除少部分零件直接用圆钢、钢管、钢板或其他型材经切削加工制成外，多数零件都是通过铸造、锻造、冲压或焊接等方法制成毛坯，再经过切削加工制成的。毛坯选择是否合理将会直接影响零件的力学性能、尺寸精度及表面质量，还会涉及到其工艺过程、生产周期，乃至整部机器的使用性能、制造成本及市场竞争能力。因此，在设计和制订零件的工艺规程时，必须重视零件毛坯的材料及制造方法的选择。

6.1 毛坯选择的原则和依据

6.1.1 选择毛坯的原则

选择毛坯(billet，blank)的原则也和生产任何产品的原则一样，应在满足使用要求的前提下，努力降低生产成本，即适用性原则和经济性原则。

6.1.1.1 适用性原则

适用性原则就是满足零件的使用要求。零件的使用要求包括对零件形状精度、位置精度、尺寸精度、表面质量和化学成分、金属组织等的要求，以及工作条件(零件的受力情况、工作温度与压力、接触的气态或液态介质等)对零件力学性能、物理性能、化学性能的要求。

机械中各零件的功能不同，其使用要求也不同，甚至有很大差异，所以它们的毛坯在选材和具体制造方法上差别很大。即使同一类零件，由于使用要求不同，从选择材料到选择毛坯类型的加工方法可以完全不同。例如，机床的主轴和手柄，都是轮类零件，但主轴是机床的关键零件，尺寸、形状的加工精度要求很高，受力复杂，在长期使用过程中只允许发生很微小的变形，因此，要选用 45 钢或 40Cr 钢等具有良好综合机械性能的材料，经过锻造制坯及严格的切削加工和热处理制成。而机床手柄则采用低碳钢圆棒料或普通灰铸铁为毛坯，用简单的切削加工即可完成，不需要热处理。再如，燃气轮机上的叶片和风扇叶片，虽然同是具有空间几何曲面形状的叶片，但前者要求采用优质合金钢，经过精密锻造和严格的切削加工及热处理，并且需要经过严格的检验，其制造尺寸的微小偏差，将会影响工作效率，而某些内部缺陷则可能造成严重后果；而一般的风扇叶片，采用低碳钢薄板冲压成形或采用工程塑料注塑成形就基本完成了。

在任何情况下，选择毛坯时都应首先保证零件的使用要求。

6.1.1.2 经济性原则

毛坯的制造成本是机器成本的组成部分。而一个零件的制造成本则包括其本身的材料费以及所消耗的燃料、动力费用，工资，各项折旧费及其他辅助性费用等分摊到该零件上的份额。因此，在选择毛坯的类型及其具体的制造方法时，应在满足零件使用要求的前提下，把几个可供选择的方案从经济上进行分析比较，从中选择成本低廉的方案。首先要把满足使用要求和降低制造成本统一起来。脱离使用要求，对零件材质和加工质量提出过高的要求，会造成无谓的浪费；相反，一台包含有不合格零件组装的机器，虽然制造成本有所降低，但其后果或者是达不到原设计的工作要求，或者大大缩短使用寿命，甚至造成严重的生产事故，这是不能允许的。其次，考虑经济性，不能只从选材和选择毛坯成形方法的角度考虑，而应从降低整体的生产成本考虑。

单件小批生产时，应选常用廉价材料、通用设备和工具、低生产率的毛坯成形方法。尽管这样消耗的材料和工时多，但节约了生产准备时间和工艺装备的设计制造费用。总的成本较低。所以，铸件应选灰铸铁材料和手工造型砂型铸造的方法；其他件选碳素结构钢型材或自由锻造方法、用焊条电弧焊法制造毛坯等。

大批量生产时，应选专用工艺设备和工具以保证毛坯成形的高精度和高生产率。虽然增加了设计制造专用工装的费用，但进一步加工的工作量大量降低，节约工时，使总成本较低。所以，铸件应选机器造型的砂型铸造或金属型压铸相应的材料；锻件选模锻造方法；焊接结构应选易焊材料和自动焊；薄壁件则可考虑选生产率高、精度高的冲压方法、压铸方法等制造毛坯。

6.1.2 选择毛坯的依据

毛坯的选择包括毛坯的材料、种类和成形方法，具体选择时应考虑以下因素。

1)零件材料的工艺性能及零件对材料组织和性能的要求。根据零件的类别、用途和工作条件，以及对其外部和内部的质量要求，就基本可以确定选择零件的材料。一般来说，零件材料确定后，毛坯的种类也就基本上确定了。例如，汽车和拖拉机曲轴，它们是具有空间弯曲轴线形状、复杂的轴类零件，在常温下工作，承受交变的弯曲和冲击载荷，应具有良好的综合机械性能。这类零件锻件用 40，45 等中碳钢或 40Cr，35CrMo 等中碳低合金高强钢做毛坯；铸件用 QT600-3，QT700-2 等牌号的球墨铸铁做毛坯。再如，机床床身，这类零件是各类机床的主体，它要支承和连接机床的各个部件，它本身是非运动的零件，以承受压应力和弯曲应力为主，同时，为保证工作的稳定性，应有较好的刚度和减振性，机床床身一般都是形状复杂，并带有内脏的零件。在大多数情况下，机床床身应选用铸铁件用作毛坯，常选用 HT150 或 HT200。

2)零件的结构、形状与外形尺寸。若轴类零件的各段直径相差不大、受力较小、形状简单、尺寸不大，可直接选用型材；若各处直径相差较大，可采用锻件。大型零件只能采用自由锻件、砂型铸件、焊接件或组合件做毛坯。如轧钢机、大型锻压机械的机身，可选用中碳铸钢件或合金铸钢件，个别特大型的还可以采用铸钢—焊接联合结构。

3)零件的生产批量。生产批量对选择毛坯影响很大，当批量大时，应采用精度和生产率高的毛坯制造方法，例如，机器造型、模锻、板料冲压、埋弧自动焊或气体保护焊等方法制造毛坯。虽然用于制造毛坯的设备和工艺装备费用高，但可通过节约材料费和切削加工费等来补偿。当批量小时，则宜采用精度和生产率低的方法来制造毛坯，例如手工砂型铸造、自由锻、焊条电弧焊等方法，使毛坯容易制造、成本低、生产周期短，但增加了切削加工工时和材料费用。

在一定的条件下。生产批量也可影响毛坯的类型。如上述的机床床身，一般情况下采用铸件为毛坯，但在单件生产的条件下，由于其形状复杂，制型、制芯等工作耗费材料和工时很多，经济上往往并不合算。若采用焊接件，则可能大大降低生产成本，缩短生产周期，但焊接件的减振、耐磨性能不如铸铁件。

4)现有生产条件。制定生产方案必须与有关企业部门的具体生产条件相结合，才能兼顾适用性和经济性的原则，才是合理和切实可行的。生产条件是指本部门的设备条件，技术人员和工人的技术水平、管理水平等。一般应充分利用现有生产条件完成生产任务。当现有生产条件不能满足生产要求时，也可考虑调整毛坯种类、成形方法、对设备进行技术改造、扩建厂房或更新设备等措施。还可考虑厂外协作或外购的可能性与经济性。究竟采取何种方式，需要结合生产任务的要求，产品的市场需求状况及远景，本企业的发展规划和外企业的协作条件等，进行综合的技术经济分析，从中选定经济合理的方案。

6.2 常用毛坯制造方法及其制件分析比较

6.2.1 铸件

铸件(casting)的材料可以是铸铁、铸钢或有色金属。通常用于形状复杂、强度要求不太高的场合。目前生产中的铸件大多数是用砂型铸造，少数尺寸较小、精度要求较高的优质铸件一般采用特种铸造，如金属型铸造、离心铸造和压力铸造等。砂型铸造的铸件，如采用手工造型，铸型误差较大、铸件的精度低，因而铸件表面的加工余量也比较大，影响零件的加工效率，故适用于单件小批生产。当大批量生产时，广泛采用机器造型。机器造型所需的设备费较高，而且铸件的重量也受到一定限制，一般多用于中、小尺寸铸件。砂型铸造铸件的材料不受限制，铸铁应用最多，铸钢和有色金属也有一定的应用。

1)金属型铸造的铸件，比砂型铸造的铸件精度高，表面质量和力学性能好，生产率较高，但需要一套专用的金属型。金属型铸造适用于大批量生产尺寸不大、结构不太复杂的有色金属铸件(如发动机中的铝活塞等)。

2)离心铸造的铸件，金属组织致密，力学性能较好，外圆精度及表面质量均好，但内孔精度差，需留出较大的加工余量。离心铸造适用于黑色金属及铜合金的旋转铸件(如套筒、管子和法兰盘等)。由于铸造时需要特殊设备，故产量大时才比较经济。

3)压力铸造的铸件精度高，表面粗糙度值小，机械加工时只需进行精加工，因而节省很多金属材料。同时，铸件的结构可以较复杂，铸件上的各种孔眼、螺纹、文字及花纹图案均可铸出。但压力铸造需要一套昂贵的设备和铸型。故目前主要用于生产批量大、形状复杂、尺寸较小、重量不大的有色金属铸件。

几种常用铸件的基本特点、生产成本与生产条件见表 6-1。

表 6-1 几种常用铸件的基本特点、生产成本与生产条件

项目	类型	砂型铸件	金属型铸件	离心铸件	熔模铸件	低压铸件	压铸件
零件	材料	任意	铸铁及有色金属	以铸铁和铜合金为主	所有金属,以铸钢为主	以有色金属为主	锌合金及铝合金
	形状	任意	用金属芯时形状有一定的限制	以自由表面为旋转面的为主	任意	用金属型与金属芯时,形状有一定的限制	形状有一定的限制
	重量(kg)	0.01～300 000	0.01～100	0.1～4 000	0.01～10(100)	0.1～3 000	<50
	最小壁厚(mm)	3～6	2～4	2	1	2～4	0.5～1
	最小孔径(mm)	4～6	4～6	10	0.5～1	3～6	3(锌合金 0.8)
	致密性	低～中	中～较好	高	较高～高	较好～高	中～较好
	表面质量	低～中	中～较好	中	高	较好	高
成本	设备成本	低(手工)～中(机器)	较高	较低～中	中	中～高	高
	模具成本	低(手工)～中(机器)	较高	低	中～较高	中～较高	高
	工时成本	高(手工)～中(机器)	较低	低	中～高	低	低
生产条件	操作技术	高(手工)～中(机器)	低	低	中～高	低	低
	工艺准备时间	几天(手工)～几周(机器)	几周	几天	几小时～几周	几周	几周～几月
	生产率(件/时)	<1(手工)～100(机器)	5～50	2～36	1～1 000	5～30	20～200
	最小批量	1(手工)～20(机器)	～1 000	～10	10～1 000	～100	～10 000
	产品举例	机床床身、缸体、带轮、箱体	铝合金、铜套	缸套、污水管	气轮机叶片、成形刀具	大功率柴油机活塞汽缸头、曲轴箱	微型电极外壳、化油器体

6.2.2 锻件

在生产中应用较多的锻件(forging),主要有自由锻件和模锻件 2 种。

自由锻件不需要专用模具,故精度低,锻件毛坯加工余量大,生产效率不高,一般只适合于生产单件小批量、结构较为简单的零件或大型锻件。

模锻件的精度高,加工余量小,生产效率高,而且可以锻造形状复杂的毛坯件。特别是材料经锻造后锻造流线得到了合理分布,使锻件强度比铸件强度大大提高。生产模锻毛坯需要专用模具和设备,因此只适用于大批量生产中、小型锻件。

常用锻件的基本特点、生产成本和生产条件如表 6-2。

6.2.3 冲压件和挤压件

6.2.3.1 冲压件

冲压件主要适用于 6mm 以下塑性良好的金属板料、条料制品,也适用于一些非金属材料(如塑料、石棉、硬橡胶板材)的某些制品。在交通运输机械和农业机械中,冲压件所占的比重很大,很多薄壁件都采用冲压法成形,如汽车罩壳、储油箱、机床防护罩等。冲压成形后的毛坯件一般不需机械加工,或只进行简单地机械加工。冲压件的基本特点、生产成本与生产条件如表 6-2 所示。

6.2.3.2 挤压件

冷挤压是一种生产率高的少、无切削加工新工艺。挤压件尺寸精确、表面光洁,挤压所生产的薄壁、深孔、异型截面等形状复杂的零件,一般不再需要切削加工,因而节省了金属材料与加工工时。挤压件材料主要有塑性良好的铜合金、铝合金以及低碳钢,中、高含碳量的碳素结构钢、合金结构钢、工具钢等也可进行挤压。目前,因受挤压设备吨位的限制,挤压件一般还只限于 30 kg 以下的零件。挤压件的基本特点、生产成本与生产条件见表 6-2 所示。

6.2.4 焊接件

焊接件(weldment)生产简单方便、适用范围广。缺点是容易产生焊接变形,抗震性较差。对于性能要求高的重要机械零部件如床身、底座等,采用焊接式毛坯时,机械加工前应进行退火或回火处理,以消除焊接应力,防止零件变形。

焊接结构应尽可能采用同种金属材料制作;异种金属材料焊接时,往往由于两者热物理性能不同,在焊接处会产生很大的应力,甚至造成裂纹。

6.2.5 型材

机械零件采用型材毛坯占有相当大的比例。通常采用作为毛坯的型材有圆钢、方钢、六角钢以及槽钢、角钢等。型材根据其精度可分为普通精度的热轧材和高精度的冷轧(冷拔)材两种。普通机械零件多采用热轧型材。冷轧型材尺寸较小,精度较高,多用于毛坯精度要求较高的中小型零件生产或进行自动送料的自动机加工中。冷轧型材价格相对贵些,一般用于批量较大的生产。

表 6-2 常用锻件、挤压件、冷镦件、冲压件的基本特点、生产成本和生产条件

项目	类型	锻件			挤压件	冷镦件	冲压件			
		自由锻件	模锻件	平锻件			冲裁件	弯曲件	拉深件	旋压件
零件	材料	各种形变合金	同左	同左	同左，特别适用铜、铝合金及低碳钢	同左	各种形变合金板料	同左	同左	同左
	形状	有一定限制	同左	同左	同左	同左	同左	同左	一端封闭的筒体、箱体	一端封闭的旋转体
	重量(kg)	0.1～200 000	0.01～100	1～100	1～500	0.001～50				
	最小壁厚(mm)	5	3	ϕ3～ϕ230 棒料	1	1	最大板厚 10	最大 100	最大 10	最大 25
	最小孔径(mm)	10	10		20	5	(0.5～1)板厚		<3	
	表面质量	差	中	中	中～好	较好～好	好	好	好	好
成本	设备成本	较低～高	高	高	高	中～高	中	低～中	中～高	低～中
	模具成本	低	较高～高	较高～高	中	中～高	中	低～中	较高～高	低
	工时成本	高	中	中	中	中	低～中	低～中	中	中
生产条件	操作技术	高	中	中	中	中	低	低～中	中	中
	工艺准备时间	几小时	几周～几月	几周～几月	几天～几月	几周	几天～几周	几小时～几天	几周～几月	几小时～几天
	生产率(件/时)	1～50	10～300	400～900	10～20	100～10 000	100～10 000	100～10 000	10～1 000	10～100
	最小批量	1	100～1 000	100～10 000	100～1 000	1 000～10 000	100～10 000	1～10 000	100～10 000	1～100

6.2.6 粉末冶金件

随着粉末冶金技术的不断发展，用金属粉末制造零件越来越多，每年增长10%～20%。粉末冶金的优点是：生产率高，适合生产复杂形状的零件，无需机械加工（或少量加工），节约材料，适于生产各种材料或各种具有特殊性能材料搭配在一起的零件。它的缺点是：模具成本相对较高，粉末冶金件强度比相应的固体材料强度低，材料成本也相对较高。粉末冶金构件的性能及应用见表6-3。

表6-3 粉末冶金构件的性能及应用

材料类别	密　度	抗拉强度	伸长率	应用举例
铁及低合金粉末压实件	5.2～6.8	5～20	2～8	轴承和低负荷结构元件
	6.1～7.4	14～50	8～3	中等负荷结构元件，磁性零件
合金钢粉末压实件	6.8～7.4	20～80	2～15	高负荷结构零、部件
不锈钢粉末压实件	6.3～7.6	30～75	5～30	抗腐蚀性好的零件
青铜	5.5～7.5	10～30	2～11	垫片、轴承及机器零件
黄铜	7.0～7.9	11～24	5～35	机器零件

6.2.7 工程塑料件

工程塑料件往往是一次成形，几乎可制成任何形状的制品，生产效率高；工程塑料的密度约为铝的一半，可减轻制件的重量；工程塑料件的比强度高于金属件；大多数工程塑料的摩擦系数都很小，因此，不论有无润滑，塑料都是良好的减摩材料，常用来制造轴承、齿轮、密封圈等零件；工程塑料件对酸、碱的抗蚀性很好，例如被称为塑料王的聚四氟乙烯，甚至在王水中煮沸也不会腐蚀。此外，工程塑料件还具有优良的绝缘性能，具有消音、吸震和成本低廉等优点。

但是，工程塑料件也存在一些缺点，主要是成形收缩率大、刚性差、耐热性差、易发生蠕变，热导率低而线胀系数大，尺寸不稳定，容易老化。这使它在机械工程中的应用受到一定的限制。

6.3 常用机械零件毛坯材料及制造方法的选择

常用机械零件按其形状、尺寸和用途可分为：轴杆类零件、盘套饼块类零件和机架箱体类零件三大类。

6.3.1 轴杆类零件

轴杆类零件的结构特点是其轴向（纵向）尺寸远大于径向（横向）尺寸。这类零件包括各种传动轴、机床主轴、丝杠、光杠、曲轴、偏心轴、凸轮轴、齿轮轴、连杆、拨叉、摇杆以及螺栓、销子等（图6-1）。

轴杆类零件一般都是各种机械中重要的受力和传动零件，因此，除直径无变化的光轴外，各种轴杆零件几乎都采用锻件为毛坯。材料常用30～50中碳钢，其中45钢应用最多，经调质处理后，具有较好的综合机械性能。合金钢具有比碳钢更好的机械性能和淬透性能，可以在承受重载并要求减轻零件重量和提高轴径耐磨性等情况下采用。常用的合金钢材料有40Cr，40CrNi，

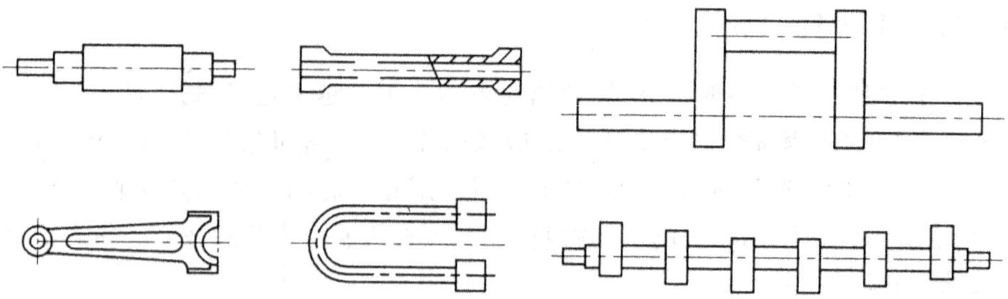

图 6-1 轴杆类零件

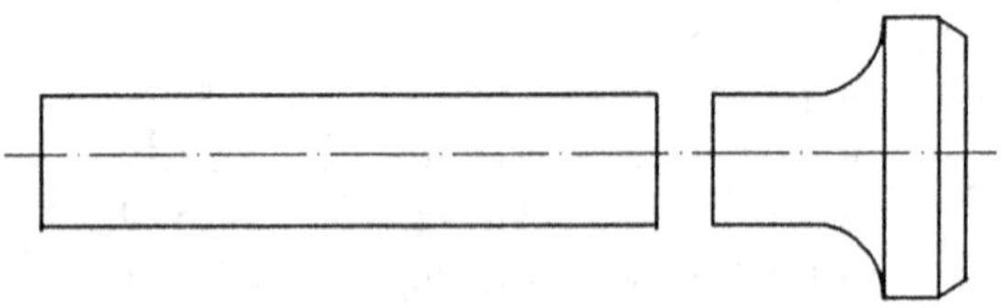

图 6-2 焊接的汽车排气阀

20CrMnTi，30CrMnTi 等。在满足使用要求的前提下，某些具有异形截面或弯曲轴线的轴，如凸轮轴、曲轴等，也可采用 QT450-10，QT600-5，QT600-2 等球墨铸铁毛坯，以降低生产成本。在有些情况下，也采用锻-焊或铸-焊结合的方式制造轴杆类零件毛坯，图 6-2 所示是焊接的汽车排气阀，合金耐热钢的阀帽与普通碳素钢的阀杆接成一体，节约了合金耐热钢材料。图 6-3 所示为我国 20 世纪 60 年代初期制造的 120 000 kN 水压机立柱，采用铸-焊结构的实例，该立柱总长 18 m，直径 1 m，壁厚 300 mm，净重 80 t，在当时的生产技术条件下，采用整体铸造或整体锻造是不可能的，采用 ZG270-500 分 6 段铸造，粗加工后拼焊（电渣焊）成整体毛坯。

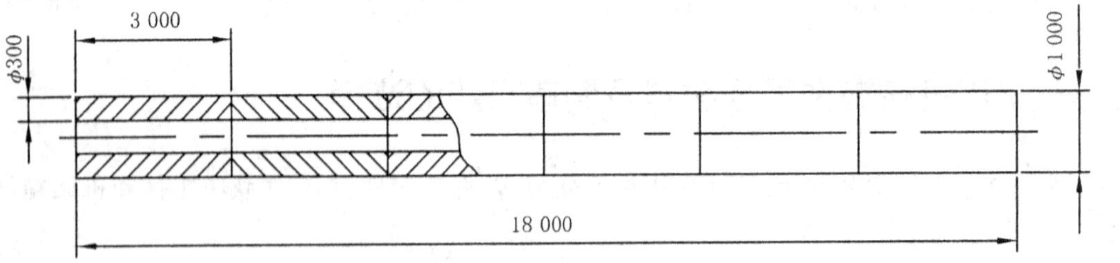

图 6-3 铸焊结构的水压机立柱毛坯

6.3.2 盘类、饼块类零件

盘类、饼块类零件的轴向（纵向）尺寸一般小于径向（横向）尺寸，或者两个方向的尺寸相差不大，属于这类零件的有各种齿轮、带轮、飞轮、模具、联轴节、套环、轴承环以及螺母、垫圈等（图 6-4）。

由于这类零件在各种机械中的工作条件和使用要求差异很大，因此，它们所用的材料和毛坯也各不相同。以齿轮为例，它是各类机械中的重要传动零件。运转时，主要的受力部位是轮

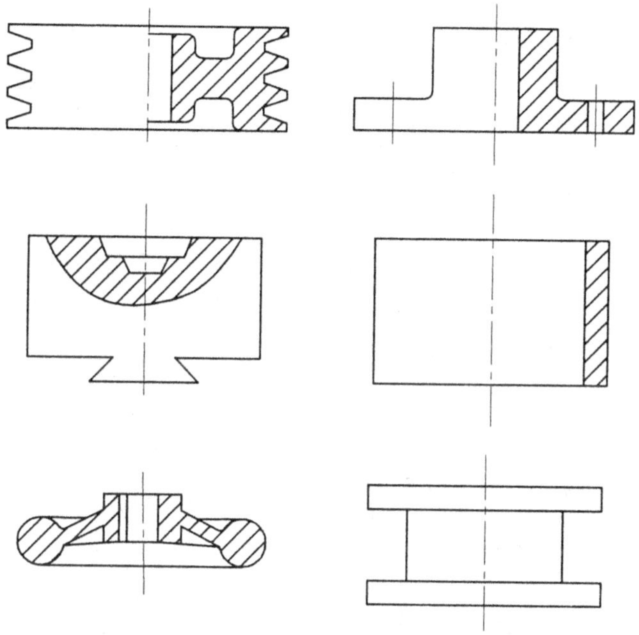

图 6-4 盘类、饼块类零件

齿，两个相互啮台的轮齿之间通过一个狭小的接触面来传递力和运动，因此，齿面上要承受很大的接触应力和摩擦力。这就要求轮齿表面要有足够的强度和硬度，同时，齿根部分要能承受较大的弯曲应力；齿轮在运转过程中，有时还要承受冲击力的作用，因此，齿轮的本体也要有一定的强度和韧性。根据以上分析，齿轮一般应运用具有良好综合机械性能的中碳结构钢（如40，45 钢）制造，采用正火或调质处理；重要机械上的齿轮，可选用 40Cr，40CrNi，40MnB，35CrMo 等合金结构钢，采用调质处理；承受较大冲击载荷的齿轮，可选用 20Cr，18CrMnTi 等合金渗碳钢，轮齿部分进行渗碳或氰化、氮化处理。齿轮一般应选用锻造毛坯如图 6-5 a 所示，其中以大批量生产条件下采用的热轧齿轮性能最好；在单件或小批量生产的条件下，直径 100 mm以下的小齿轮也可用圆钢为毛坯如图 6-5 b 所示；直径 500 mm 以上的大型齿轮，锻造比较困难，可用铸钢或球墨铸铁件为毛坯，铸造齿轮一般以辐条结构代替锻钢齿轮的辐板结构如图 6-5 c 所示；在单件生产的条件下，也可以焊接方式制造大型齿轮的毛坯如图 6-5 d 所示，在低速运转且受力不大或者在多粉尘的环境下开始运转的齿轮，也可用灰铸铁件为毛坯；有些齿轮也可以用压力铸造、粉末冶金等方法制造；仪器仪表中的齿轮则可采用冲压件、注塑件。

带轮、飞轮、手轮、垫块等受力不大或承压的零件，通常均采用灰铸铁（HT150 或 HT200 等）件；单件生产时，也可采用低碳钢焊接件。

法兰、气缸套、导向套、轴承等零件毛坯一般由钢、铸铁、铜合金等材料制成。成形方法可用砂型铸造、离心铸造或锻造；亦可采用无缝管材。大批量时亦采用冷挤压及粉末冶金等方法，小孔径时也用轧制或锻造的实心棒材做毛坯。

垫圈类零件一般采用低碳钢板料冲压件。

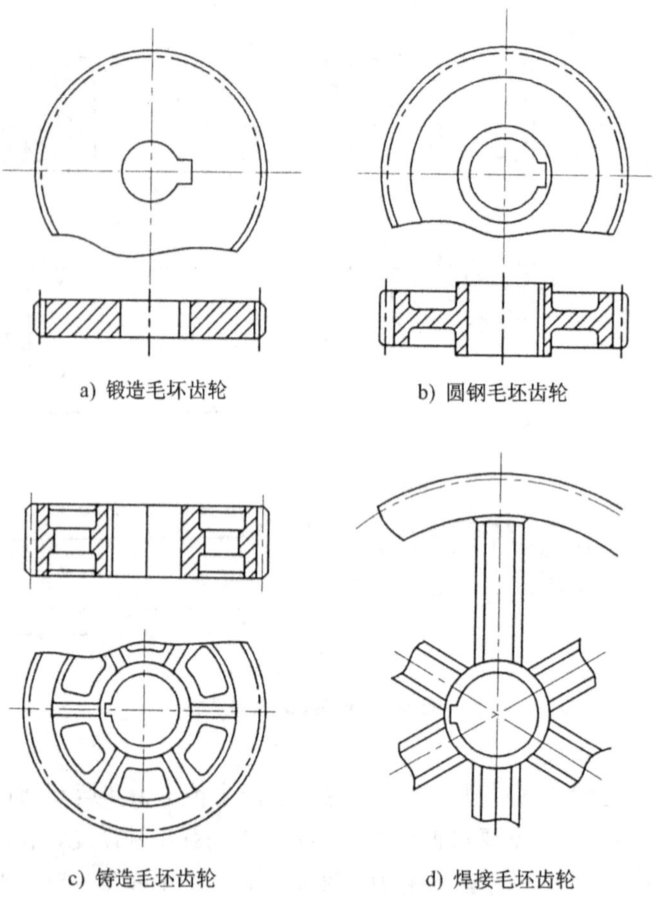

图 6-5 不同类型的齿轮

各种模具毛坯，均采用合金钢锻造。热模锻常用 5CrNiMo，5CrMnMo 等热模具钢，并经淬火和中温回火；冲压模常用 Cr12，Cr12MoV 等冷模具钢，并经淬火和低温回火处理。

6.3.3 机架、箱体类零件

常见的机架、箱体类零件包括各种机械的机身、底座、支架、横梁、工作台，以及齿轮箱、轴承座、阀体、泵体等如图 6-6 所示。机架箱体类零件的特点是形状不规则的外形和内腔，结构比较复杂，但受力情况不太复杂。质量从几十千克至数十吨。工作条件也相差很大，其中一般的基础零件，如机身、底座等以承压为主并要求有较好的刚度和减振性；工作台和导轨等零件，则要求有较好的耐磨性；有些机械的机身、支架往往有良好的刚度和密封性。

根据这类零件的结构特点和使用要求，常采用铸铁毛坯铸造成形。受力复杂的零件毛坯可采用铸钢。有时可采用焊接件制造毛坯，但焊接结构减振性不如铸铁。

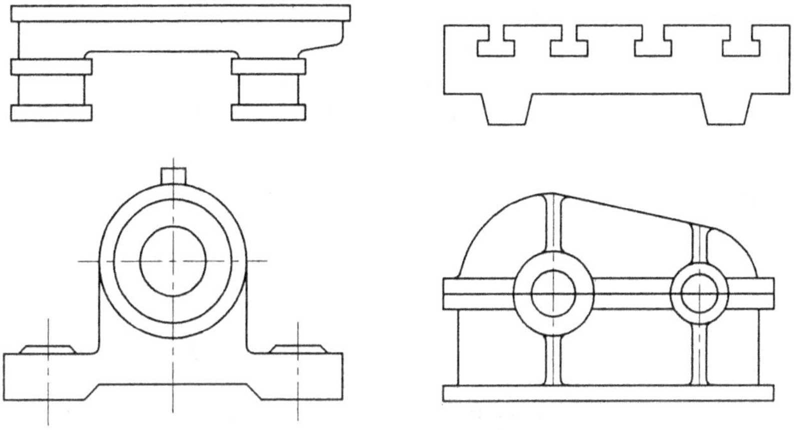

图 6-6 机架类零件

6.4 毛坯选择举例

图 6-7 所示为一台螺旋千斤顶，外形尺寸为 167.5 mm×151.5 mm×255 mm，承受载荷 5 000 kg，这台螺旋千斤顶部分零件的材料和毛坯选择方案列于表 6-4。

表 6-4 5t 螺旋千斤顶部分零件的材料和毛坯选择

零件序号	零件名称	受力状况和使用要求	毛坯类别和制造方法	材料及热处理
1	托座	支承千斤顶部件并承受顶起重量，结构简单	圆钢下料	圆钢 Q235A
2	套架	传动零件的支承件和包容件，结构复杂，壳体承受压力，要求一定的韧性	铸铁件	可锻铸铁 KTH330-08 退火消除应力
3	衬套	支承传动装置，要求具有良好的耐磨性	铸造铜合金	
7	拨爪壳	支承人力传动机构	铸铁件	可锻铸铁 KTH330-08
12	顶盖	支承重物、传递载荷	结构钢	圆钢 30
14	套筒	受压应力的螺旋升降机构	结构钢	45 钢，调质处理
15 19 26	螺杆 锥齿轮 棘　轮	重要的传动零件，应有较好的综合机械性能；轮齿部分的接触应力和弯曲应力较大，应有良好的耐磨性和较高的强度	模锻件	40Cr，调质处理
8	弹簧	保证棘爪正常工作	弹簧钢	65Mn

续表 6-4

零件序号	零件名称	受力状况和使用要求	毛坯类别和制造方法	材料及热处理
20	滚动轴承	受径向和轴向压应力，要求有较高的强度和耐磨性	标准件，内外环用扩孔锻造，滚珠用螺旋斜轧，保持器为冲压件	内外环和滚珠 GCr15，淬火＋低温回火；保持器 08

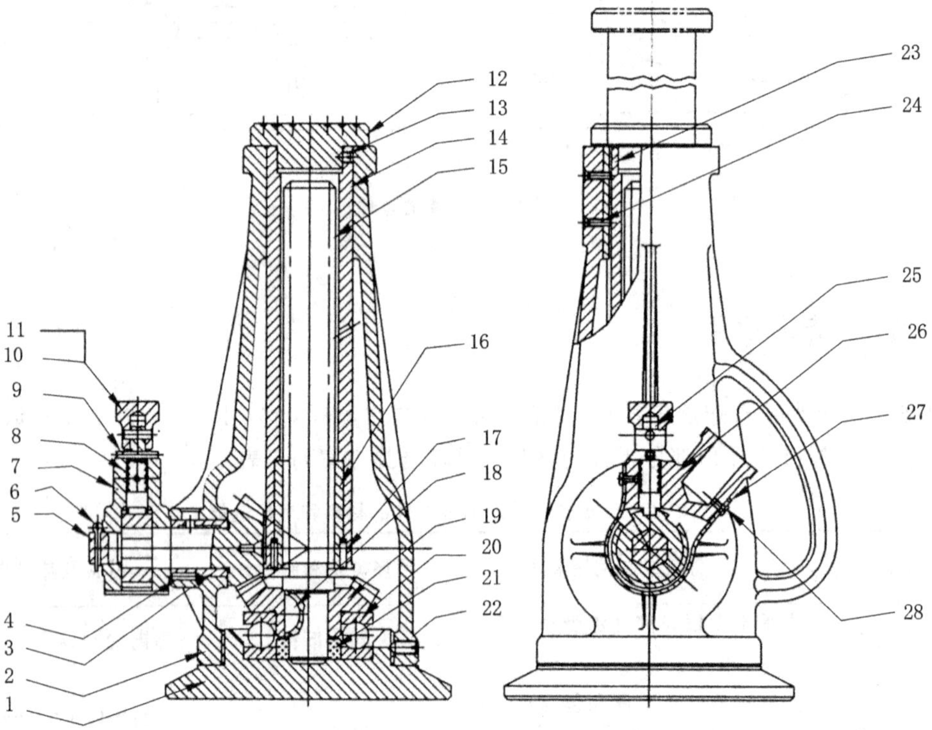

图 6-7 螺旋千斤顶

思 考 题

6-1 为什么说一般毛坯材料确定后，毛坯的种类也就基本上确定了？

6-2 试根据单件和成批生产分别确定齿轮减速器箱体材料，毛坯种类及生产方法，并说明理由。

6-3 为什么齿轮多用锻件，而带轮和飞轮多用铸件？

6-4 常用毛坯有几种类型，各适应什么零件的毛坯？

6-5 内燃机曲轴、齿轮减速器的齿轮轴各应选用什么类型的毛坯，并说明原因。

6-6 试确定下列齿轮的材料及毛坯的生产方法。

(1)农机用受力小无润滑大型直齿圆柱齿轮，年产量 500 件。

(2)承受冲击的高速重载中型齿轮，年产量2万件。

(3)无冲击、低速、中等载荷的中型齿轮，年产量50件。

6-7　为什么轴杆类零件一般采用锻件，而机架类零件多采用铸件。

7 毛坯质量检验

本章要点：

①毛坯检验的内容与质量的关系。

②常用的毛坯检验方法及应用场合。

从机械制造一般过程来看，毛坯的成形是整个生产工序的第一步，毛坯生产质量的好坏将直接影响到零件的质量及使用情况。无论是铸件毛坯、锻件毛坯还是焊接结构均要根据国家规定的检验项目和标准进行质量检查，以免因毛坯生产质量问题造成机械加工工序的工时浪费，造成设备、工具、夹具、量具的不必要的磨损甚至导致整台使用设备的报废。本文主要介绍在毛坯成形的过程中，对所产生的缺陷采取的常见的检测方法。

7.1 毛坯质检的内容

一般毛坯（铸件、锻件、焊接件）质量检查的内容有：化学成分检查、外观尺寸检查、宏观组织检查、显微组织检查、机械性能检查残余应力检查等。

1)化学成分检查。化学成分检查是测定毛坯材质的化学成分是否符合技术要求。由于近年来金属熔炼过程的强化和质量控制要求，对化学分析法要求越快越好。采用炉前快速分析法，不仅能测得金属成分，而且能把测得金属的物理特性进行对比分析，及时调整金属成分，使之成分在要求的范围内。

2)外观尺寸检查。外观尺寸检查是采用目测、样板或划线的方法，检查毛坯表面缺陷、形状、误差和尺寸大小，以确定毛坯是否能够机械加工。

3)宏观组织检查。宏观组织检查又称低倍检查，是用肉眼或不大于10倍的放大镜，检查毛坯表面或断面的宏观组织。主要方法有：硫印、热酸浸和断口等。

硫印：检查毛坯中硫化物偏析程度。

热酸浸：在盐酸水溶液中浸蚀工件，检查枝晶、偏析、疏松、夹杂和裂纹等。

断口：将酸浸过的试样断口，检查过热、过烧、白点、内裂、层状组织及残余金属夹杂等。

4)显微组织检查。显微组织检查又称金相检查，是在光学显微镜下观察、辨认和分析毛坯的微观组织状态和分布情况。

5)机械性能检查。这种方法是用来检查工件的机械性能是否符合技术条件。一般包括检查和确定硬度、强度指标（强度极限 σ_b、屈服强度 σ_s），塑性指标（延伸率 $\delta\%$、断面收缩率 $\Psi\%$），韧性指标（冲击韧性 a_K）等。对于一些重要锻件还要进行持久、蠕变和疲劳试验。

6)残余应力检查。在毛坯生产过程中，由于变形不均、相变不均、温度不均等都会引起内应力，最终形成残余应力。当工件内部存在过大的残余应力时，不但在机械加工时，由于残余应力失去平衡而使工件产生变形，影响装配；而且在使用过程中，由于残余应力和工件应力叠加还会造成零件失效,以致破坏整台机器。

7.2 毛坯质检的方法

毛坯质检的方法分破坏性检验和非破坏性检验两大类。

破坏性检验(destructive test)是指从工件试件上切取试样,或将产品的整体破坏做试验,以检验其各种力学性能、化学成分和金相组织的试验方法。主要包括:机械性能检查,金相检验(包括宏观组织检验和显微组织检验),断口分析及化学成分分析与试验等。

非破坏性试验(non-destructive test)是指不破坏被检对象的结构与材料的检验方法。

7.2.1 外观检验

外观检验(visual examination)是用肉眼或借助简单工具或用低倍放大镜观察毛坯,以发现表面缺陷以及测量毛坯外形尺寸的方法,这种检验方法简单、迅速、使用广泛。铸件毛坯外观缺陷包括铸件的冷隔、浇不足、气孔、砂眼、黏沙、裂纹、错箱等。锻件的外观缺陷包括外形、尺寸、鱼皮、裂纹、错模等。焊接件的外观缺陷包括未熔合、气孔、咬边、夹渣、未焊透、焊瘤以及焊接裂纹等。

7.2.2 压力试验

压力试验(pressure test)又称致密性检验,通过向被检容器施加压力,用来检查铸造或焊接的承压容器的承压能力。根据其加压方式,分为水压和气压 2 种。

7.2.2.1 水压试验

水压试验(hydraulic pressure test)是用水或其他液体(油)压入压力容器,以检查容器是否泄漏的一种检验方法,如图 7-1 所示。

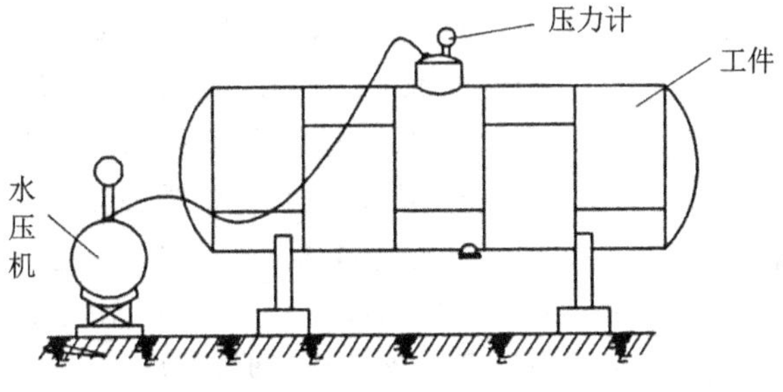

图 7-1 水压试验

水压试验时,待检容器上除留有水的入口外,其他开口部分均被密封起来。然后向容器内灌满水,将容器内的空气彻底排尽。用水压机造成一定附加静水压力(压力大小按产品性质而定,一般在产品图纸上有明确规定),为容器工作压力的 1.5～2 倍。在高压下维持一段时间后,再将压力降低至容器的工作压力,检查容器有无出汗、泄漏现象。如果被检容器为焊接容器,此时可用圆头小锤,沿焊缝轻轻敲击,以加速显示渗漏位置,并作出标志。如果产品在压力下,关闭了所有进、出水阀门,其压力值能保持不变,也未发现任何泄漏等现象,则认为该产品合格。

需要说明的是，水压试验时的环境温度应在5℃以上，否则需要人工加温使水温维持在5℃以上方可进行。水压试验安全可靠且消耗的动力少，但对于某些试验后排水有困难的产品，此方法则显得不适用。

7.2.2.2 气压试验

气压试验(air pressure test)又称气密性试验(air tight test)，是将压缩空气(或氨、氟利昂、氦、卤素气体等)压入焊接容器，利用容器内外气体的压力差检验有无泄露的方法。由于试验后的产品不用排水，因此气压试验对于那些内腔狭小、排水困难的产品尤为适宜。气压试验时，若被检工件为中小型容器，可将它放入水槽中，然后通入压缩空气并加压到规定压力。气压试验的压力为待检容器工作压力的1.2～1.5倍。被检工件若不致密，水槽中将出现气泡，并显示出渗漏位置。若被检工件为大型焊接容器，不便放入水槽中时，可在焊接容器中通入10%的氨气，而在外壁焊缝面上贴一层宽于焊缝的硝酸汞溶液试纸。有渗漏时，氨与硝酸汞反应在试纸上会显示出黑色斑纹或斑点，即可确定容器有无渗漏存在。若一定时间内不出现渗漏现象，或关闭进气阀后，压力表指示能维持恒定，则产品可视为合格。

由于气体的穿透能力比液体强，所以气压试验比水压试验灵敏、迅速。但气压试验有炸裂危险，使气体升压所需的动力也多，所以只适用于检验承压不高的工件。检验时，压气系统应备有储气罐，以保证气压稳定，并须备有安全阀与压力表，以防超载。

7.2.3 无损检验

无损检测(non-destructive testing)诊断技术是一门新兴的综合性应用学科。它是在不破坏被检查材料或成品的性能和完整性的情况下利用材料内部结构异常或缺陷存在所引起的对热、声、光、电、磁等反应的变化，来探测各种工程材料、焊部件、结构件等内部和表面缺陷并对缺陷的类型、性质、数量、形状、位置、尺寸进行分析，对其变化做出判断和评价的方法。这类检验方法不损坏工件，也不影响工件将来的使用，它是对重要工件不可缺少的检验方法。

7.2.3.1 磁性探伤检测法

磁性探伤检测法(magnetic detection)又称磁粉探伤(magnetic particle inspection)，是利用在强磁场中，铁磁性材料表层缺陷产生的漏磁场吸附磁粉的现象而进行的无损检验方法。即根据磁粉在处于磁场中的分布特征，检查铁磁性材料的表面微裂纹和近表面缺陷的方法。

钢铁等磁性材料，如通入大电流或置于强磁场中，它将被磁化。如果材料内部组织均匀，没有缺陷，则内部产生的磁力线将均匀分布，当材料内部存在裂纹、夹渣、气孔或缩孔时，由于这些缺陷中存在的物质是非磁性的，磁阻大，磁力线不能通过，只能绕过这些缺陷，导致磁力线分布产生弯曲。当这些缺陷接近或位于金属零件的表层时，则磁力线不但在零件内部弯曲，而且还会穿过零件表面漏出，形成一个局部磁场，称为漏磁，如图7-2所示。

只要利用某种方法显出漏磁，就可显示出缺陷位置。目前常用磁粉法来检测漏磁，找出缺陷位置。必须指出，零件中的缺陷并非都能产生漏磁，漏磁的产生与缺陷的形状、离表面的远近以及与磁力线的相对位置有关，如图7-3所示。

巨大的电流通入工件或将磁力线通入工件，使工件磁化。当磁力线遇到工件中的缺陷C时，缺陷C使磁力线泄漏出工件表面外。当在表面撒有磁粉时，磁粉就会被吸附在缺陷处，显现出缺陷。对于内部缺陷A，B，由于磁力线没有外泄，因此A，B处的缺陷检测不到。

此外，零件材料的晶粒粗细、组织的不均匀以及零件表面粗糙度都能影响漏磁，因而也影

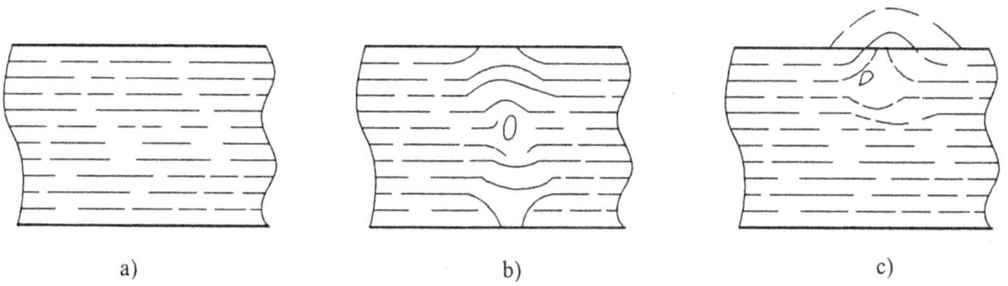

图 7-2 具有不同缺陷的零件磁化后的磁力线分布

响探伤的准确性。磁性探伤检测对缺陷只能作定量比较，至于缺陷的性质以及距离表面的远近，只能凭经验估计。

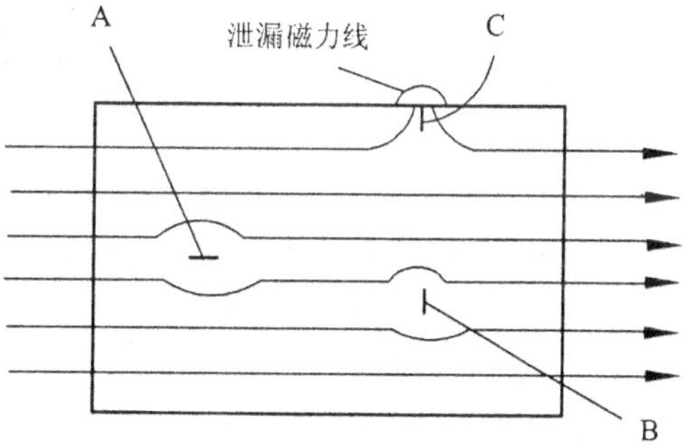

图 7-3 泄漏磁力线吸附磁粉

磁性探伤检测中磁场的形成可以通过许多方法来实现。可将直流电、交流电直接作用在工件上或者通过一个通电线圈环绕工件的方法来形成磁场。直流电源产生的磁力线稳定，穿透较深，能发现较深部位的缺陷。但直流电源设备昂贵，而且工件经过磁化探伤后，还有较大的剩磁，必须对零件进行退磁，程序繁琐。因此工业上广泛使用的是低电压(12 V)高电流(2 000 A)的交流电源。另外交流电的集肤效应还可提高检查表面细小缺陷的灵敏度。因为一些承受交变载荷的零件，如曲轴、连杆活塞销等，其表层承受的应力最大，细小的缺陷可导致疲劳裂纹的扩展而破坏。所以对这类零件来说，表层细小缺陷的检查显得尤为重要，甚至比内部缺陷的检查还更重要。因此工业上广泛采用交流电源进行磁性探伤。

磁性探伤分为干法和湿法 2 种。干法是用喷粉装置将带有磁粉的气流缓缓喷在工件上，主要适用于大型工件。湿法是将磁粉混在加有防锈剂的轻柴油或煤油中敷在工件表面。所用磁粉通常是四氧化三铁粉。有时为了改善可见性，可在磁粉中加入荧光物质，在紫外线的照射下观察工件效果更好。

磁性探伤检验法适用于可以剧烈磁化的钢铁类材料。它对检查钢铁件表面裂纹非常灵敏，有效深度为 1 mm，最大 6～8 mm。检测时除要求工件表面光洁、不粘切屑外，对工件的外形也无特别要求。

7.2.3.2 渗透探伤

渗透探伤(penetrant inspection)是在工件表面上涂黏度、表面张力小的着色油液，在毛细管作用下油液就会渗透到工件表面缺陷的缝隙中去。清除表面多余的油液后，在工件表面施加一层薄薄的显示剂(氧化镁、氧化锌或高岭土粉)，在毛细管的作用下，缺陷缝隙中残存的着色油液被吸出，从而可显示出工件表面细小的缺陷，如图 7-4 所示。

渗透探伤有 2 种方法。一种称为着色法，即在渗透用的油液中加入红色染料，当油液被浅色的氧化镁、氧化锌粉末从缺陷中吸出后，在自然光线下会显示出红色痕迹。另一种方法称为荧光法，即在着色油液中加入荧光物质，当油液由缺陷中被吸出后，会在紫外线照射下显出明亮的有色痕迹：加入的荧光物质为硫化钙并用锰做活化剂时，为绿色；加入的是硫化锌和锰时

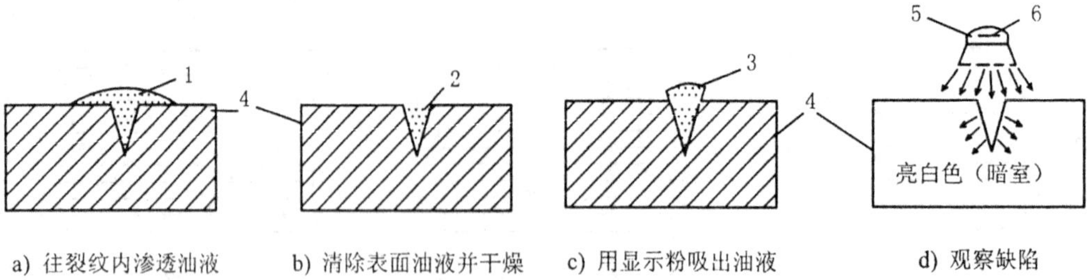

图 7-4 荧光检验示意图

1-荧光液 2-缺陷 3-显示粉 4-铸件 5-紫外线光源 6-滤光片

为黄绿色。荧光法比着色法的灵敏性高，在暗场中可发现直径为几十微米的孔洞或宽度为几微米的裂纹。

渗透探伤的适应性强，既能检查磁性材料，又能检查非磁性材料，而且对工件的形状不限制。但渗透探伤只能探测出漏出表面的裂纹、孔洞，而对内部或表层以下的缺陷则无法探测出。检测时还要要求工件表面光洁。

7.2.3.3 射线探伤

射线探伤（radiographic inspection；radioscopy）是利用 X 射线或 γ 射线照射工件检测其内部缺陷的一种无损检测方法。由于 X 射线或 γ 射线的波长低于普通光线，因此穿透能力强，能检测出工件内部较深部位的缺陷。

当 X 射线或 γ 射线穿透工件时，由于物体内原子对射线的能量不断吸收，工件内有缺陷部分使射线能量衰减的程度不同，而不同强度的射线在照相底片上感光后，底片便呈现不同的黑度。能量衰减少的地方黑度就大。缺陷的位置、大小和形状都可用肉眼直接从底片上观察、判断出，如图 7-5 所示。

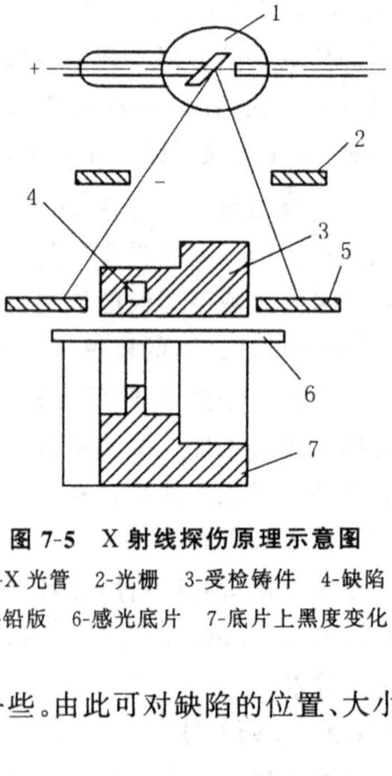

图 7-5 X 射线探伤原理示意图

1-X 光管 2-光栅 3-受检铸件 4-缺陷 5-铅版 6-感光底片 7-底片上黑度变化

由图 7-5 可看到，工件左面薄，射线透过时能量衰减比右面少，因而底片的黑度比右面大。由于工件右面没有缺陷，所以底片的黑度没有变化，左面存在着孔洞缺陷，由于在缺陷处射线衰减较慢，因此底片的黑度就要大一些。由此可对缺陷的位置、大小和形状做出判断。

射线检查只能发现工件中与射线束方向平行，且具有一定尺寸的缺陷，如缩孔、渣孔等。而对于较窄的裂纹，特别是冷裂纹则难以检测出。

射线探伤需要较昂贵的设备，检查费用高，不适用于大批量生产工件的快速检查，因此只适用于重要工件或重要部位的检查。

7.2.3.4 超声波探伤检测

超声波是一种频率高于人耳听觉范围（20 Hz～kHz20）的声波，而探伤检测用的超声波的频率范围为 0.5～25 MHz。超声波探伤检测（ultrasonic inspection）利用的是当声波从一种介质传播到另一种介质的界面时,会产生反射的现象。另外不同的材料和组织对超声波的吸收和漫射程度也不同。因此利用这些特性可以发现工件内部的缺陷,如气孔、缩孔、裂纹等。

超声波探伤检测的方法很多,有脉冲反射法、传播法和共振法等。其中,应用最多的是脉冲反射法。

1)脉冲法。频率高达几十万到几百万赫的脉冲超声波射入工件内部,由于超声波具有不穿透任何固体—气体界面的特性,即使气体层厚度只有 10^{-7} mm 也不能穿透。因此当超声波遇到内部缺陷时,便会反射回来。如超声波没有遇到缺陷,则一直射到工件底部才反射回来。反射回来的超声波脉冲信号被探伤器接受,并以振幅的形式显示在探伤器的荧光屏上,如图 7-6 所示。

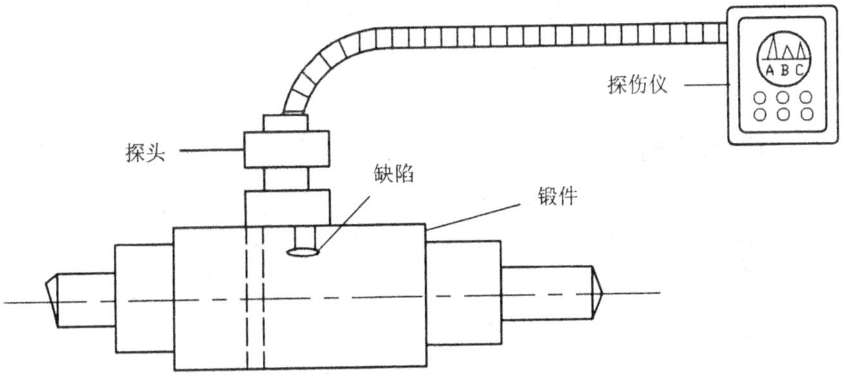

图 7-6 锻件超声波探伤示意图

在超声波刚射入工件表面时,在荧光屏上将出现始波峰 A;当超声波在内部遇到缺陷时,这时荧光屏会出现缺陷波峰 B;射到底面又反射回来的超声波在荧光屏上又出现底面波峰 C。因此在移动探头进行探测时,如果工件内部没有缺陷,荧光屏上只有始波 A 和底波 C。一旦超声波遇到了缺陷,在始波与底波之间便会出现缺陷波 B。根据缺陷波 B 与始波 A 和底波 C 之间的距离,可测定出缺陷的相对位置。缺陷波峰的大小则显示该缺陷的大小。

2)共振法。用共振法超声测试时,采用一种可调谐的、变频的连续波振荡器来驱动探头,振荡器首先要调整到它的调谐范围内的某一段上。如果试样具有这种厚度,即其共振频率处于振荡器的调谐范围内时,则试样将发生共振。当共振发生时,探头引出的能量增加,这种增加的能量可以通过测量器或者示波器显示出来,如图 7-7 所示。

当试样厚度等于半个超声波波长的整数倍时,即发生共振。共振法通常用于厚度测量和探查内部腐蚀及分层。

3)穿透传播法。这种方法要求有 2 个探头,一个用作发射,另一个用作接收。如在超声回波中一样,将超声能量的短脉冲发射到材料中去。接收探头与发射探头互相瞄准好,以便接收从材料中传播过来的超声能量,被测材料的声学特征决定了声波在材料中传播时所发生的能量损失,如图 7-8 所示。

超声波是采用压电伸缩法得到的。将压电石英片夹在两金属片中,加上其频率范围的交变电压,压电石英便以同样频率振动,使电能变为声能。这种振动借助中间介质(如油、水)传入被试工件,在工件中便以声速定向传播。同样要将超声波变成电信号,只要反向将超声波作用到

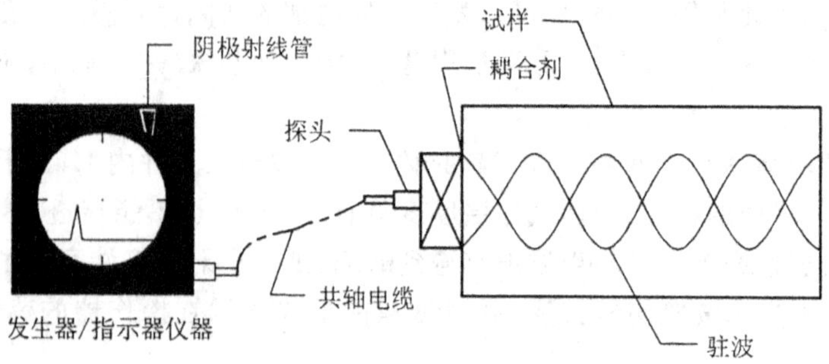

图 7-7 共振法超声测试图

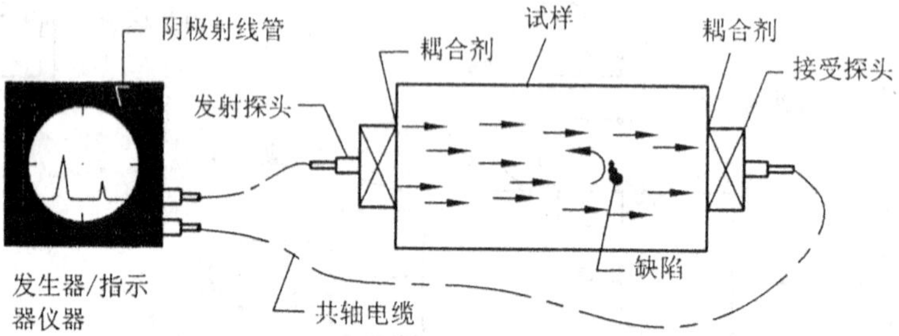

图 7-8 穿透传播法超声测试图

晶片上，晶片因超声波的作用而发生变形，由于压电效应，便会在晶片表面上产生电荷。这样，利用压电晶片便可发射或者接收超声波，这就使得利用超声波来发现缺陷成为可能。石英片的压电效应原理如图 7-9 所示。

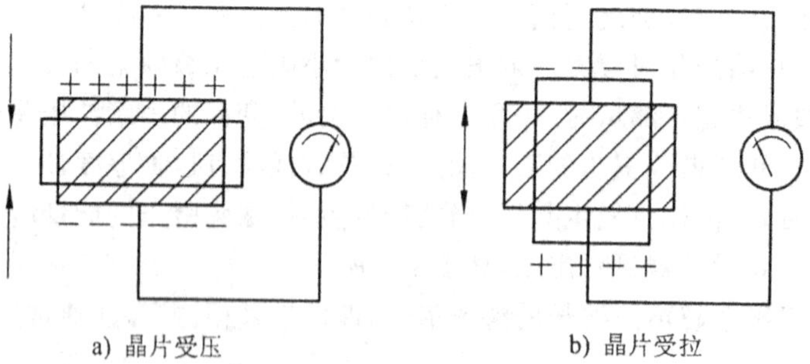

a) 晶片受压　　b) 晶片受拉

图 7-9 石英晶片的压电效应

由于超声波探伤具有穿透能力大，灵敏度高，操作简便、灵活、迅速，成本低，对人体无害等优点，目前已成为大型工件内部缺陷（如裂纹、夹杂、气孔、缩孔等）检查的主要方法，因此得到广泛应用。

超声波探伤可探测厚度超过 10 000 mm 的工件，所探缺陷可小至 1～2 mm，探测结果准确、可靠。但对薄件探伤灵敏度低，而且探伤时要求被探件表面光洁平整。

7.2.3.5 涡流检验

涡流检验(eddy current detection)广泛应用于成形工序中要沿直线做连续检验的轧材中。

如图7-10所示,涡流测试需设置一个电流绝缘的线圈,它应与被检材料的外形相似。当线圈被交流电激发时,一个可变的磁通渗入被测材料而感应产生涡电流。这些感应产生的涡电流,其优先的方向是要产生与试验线圈磁通相反的磁通。感应涡流的大小和相数的变化引起探测线圈终端阻抗的相应变化。如材料表面存在裂纹的话,它将改变涡流的方向并引起探测线圈的阻抗变化。同样,被检材料电阻率的变化、导磁率的变化以及材料厚度的变化也将引起探测线圈阻抗的变化。涡流仪器将这些阻抗的变化转换为信号电压,这样便可以在仪器的输出端上进行监控。

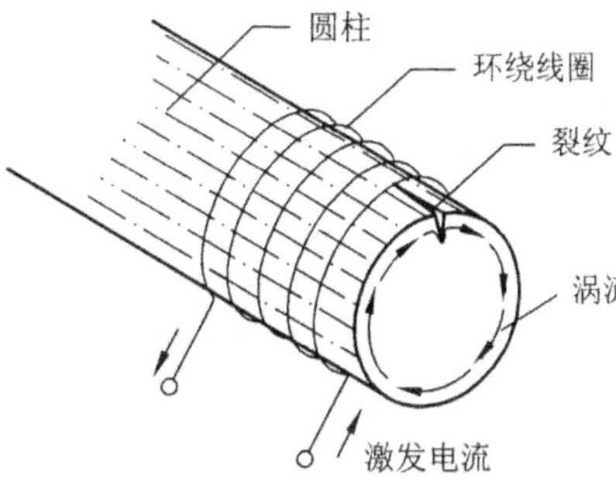

图7-10 涡流检测示意图

涡流检验方法可以得到十分广泛的应用,包括电导、硬度、材料厚度、非金属涂层厚度、成分种类的测量和缺陷的探测。

7.2.3.6 声发射检验

声发射技术是20世纪60年代发展起来的一种新技术,其特点是在外力或内力作用下,缺陷处因应力集中而产生塑性变形或开裂,内部储存的能量的一部分以应力波(弹性波)的形式释放出来供物体发声,这种现象叫声发射。用电子仪器对发射出来的应力波进行接受并加以处理,显示出来,进而对缺陷进行评定的技术叫声发射检验技术。

近年来国内外利用声发射技术来探测焊接过程中由于热应力产生的裂纹,监测焊后延迟裂纹的产生和发展,焊接构件的安全检测以及研究焊接结构脆断机理和断裂力学测试中都得到应用。

思 考 题

7-1 检查铸件内部质量有哪些方法?它们各是怎样来发现缺陷的?

7-2 为什么某些承受交变载荷的重要零件表面不允许存在细小的裂纹,必须通过探伤检验?

7-3 对下列零件做无损探伤,各该选用什么方法?

高压锅炉环形焊缝	柴油机气缸头	曲轴
高压油泵泵体	铸铝支架	高应力螺栓
民用煤气罐	飞机蒙皮	锻锤锤杆

7-4 ICr18Ni9Ti的汽轮机叶片能否用磁性探伤法检查其疲劳裂纹?为什么?

7-5 一批QT420-10材料的承压阀体,工作压力1 MPa,该如何检查它的致密性?如果不少阀体都在同一部位渗漏,你分析是什么原因?有无办法避免?该如何修复?

7-6 毛坯质量检测包括哪些内容?

7-7 无损检测包括哪些方法?各自对被检零件有哪些要求?

参考文献

1. 邓文英．金属工艺学．上册(第 4 版)．北京:高等教育出版社,2000
2. 范全福．金属工艺学．上册．北京:高等教育出版社,1993
3. 严绍华．材料成型工艺基础(金属工艺学热加工部分)．北京:清华大学出版社,2001
4. 王丽英．机械制造技术．北京:北京计量出版社,2003
5. 张政兴．机械制造基础．上册(第 3 版)．北京:中国农业出版社,2000
6. 侯英玮．材料成型工艺．北京:中国铁道出版社,2002
7. 姚泽．锻造工艺学．西安:西北工业大学出版社,1998
8. 吕炎．锻造工艺学．北京:机械工业出版社,1995
9. 董湘怀,等．塑性加工技术的发展趋势．中国机械工程,2000.9(9):1 074～1 077
10. 李春锋．高能率成形技术．北京:国防工业出版社,2001
11. 吴诗惇．金属超塑性变形理论．北京:国防工业出版社,1997
12. [日]日本塑性加工学会编．压力加工手册．江国屏译．北京:机械工业出版社,1984
13. 崔令江,等．材料成形技术基础．北京:机械工业出版社,2003
14. 曾光廷．材料成型加工工艺及设备．北京:化学工业出版社,2001
15. 周美玲,等．材料工程基础．北京:北京工业大学出版社,2001
16. 施江澜．材料成形技术基础．北京:机械工业出版社,2002
17. 吕广庶,等．工程材料及成形技术基础．北京:高等教育出版社,2001
18. 钱志屏．塑料制品设计与制造．上海:同济大学出版社,1993
19. 宋铭柱,等．塑料成型加工工艺．杭州:浙江科学技术出版社,1983
20. 王零森．特种陶瓷．长沙:中南工业大学出版社,1994
21. [英]理查得 J·布鲁克．陶瓷工艺．北京:科学出版社,1999
22. 张启芳．热加工工艺基础．南京:东南大学出版社,1996
23. 中国机械工程学会焊接学会．焊接手册．北京:机械工业出版社,1993
24. 陈丙森．计算机辅助焊接技术．北京:机械工业出版社,1999
25. 全国焊接标准化技术委员会．中国机械工业标准汇编(焊接与切割卷)．北京:中国标准出版社,2001
26. [美]T·阿尔坦,等．现代锻造——设备、材料和工艺．北京:国防工业出版社,1982
27. 中华人民共和国机械工业部统编．造型工艺学(中级本)．北京:科学普及出版社,1984
28. 王元良．焊接及焊接结构．北京:中国铁道出版社,1986
29. 张学政．金属工艺学实习教材．北京:高等教育出版社,2003
30. 魏凤兰．机械制造基础．沈阳:辽宁科学技术出版社,2002
31. 张志文．锻造工艺学．北京:机械工业出版社,1983
32. 张万昌．热加工工艺基础．北京:高等教育出版社,1993

33. 王俊昌,等．工程材料及机械制造基础Ⅱ:热加工工艺基础．北京:机械工业出版社,1998
34. 司乃钧．许德珠主编．北京:高等教育出版社,2001
35. 孙康宁,等．现代工程材料成形与制造工艺基础．上册．北京:机械工业出版社,2001
36. 何红媛．材料成形技术基础．南京:东南大学出版社,2000
37. Rao. P. N. 铸造成形和焊接．北京:机械工业出版社,2003
38. 严绍华主编．工程材料及机械制造基础Ⅱ:热加工工艺基础．北京:高等教育出版社,2004
39. 闻天佑．快速成型技术及其在铸造中的应用[J]. 铸造．1995(2):38~42
40. 梁剑江,等．快速原型与铸造技术的集成成形制造[J]. 铸造技术;2001(6):29~33
41. 刘强,等．铸造工程专家系统技术的研究现状及进展[J]. 铸造技术;2002,23(2):77~80
42. 罗宁,等．快速成形及快速铸造技术[J]. 铸造技术,2003,24(2):118~119
43. 罗守靖,等．21 世纪最具发展前景的近净成形技术——半固态加工[M]. 中国压铸、挤压铸造、半固态加工学术年会论文集,2001
44. 何红媛．材料成形技术基础[M]. 南京:东南大学出版社,2000

图书在版编目(CIP)数据

材料成形工艺基础/申庆泰,聂信天主编.—北京:中国农业大学出版社,2005.4(2021.8重印)
高等农林院校精品课程建设教材
ISBN 978-7-81066-850-7

Ⅰ.材… Ⅱ.①申… ②聂… Ⅲ.材料-成形-高等学校-教材 Ⅳ.TG39

中国版本图书馆 CIP 数据核字(2005)第 008405 号

书　　名　材料成形工艺基础
作　　者　申庆泰　聂信天　主编

策划编辑　张秀环　　**责任编辑**　陈巧莲　洪重光
封面设计　郑　川　　**责任校对**　陈　莹　王晓凤
出版发行　中国农业大学出版社
社　　址　北京市海淀区圆明园西路2号　　**邮政编码**　100193
电　　话　发行部 010-62818525,8625　　读者服务部 010-62732336
编辑部 010-62732617,2618　　出　版　部 010-62733440
网　　址　http://www.cau.edu.cn/caup　　**E-mail**　caup@public.bta.net.cn
经　　销　新华书店
印　　刷　北京虎彩文化传播有限公司
版　　次　2005年4月第1版　2021年8月第5次印刷
规　　格　787×1 092　16开本　13.75印张　336千字
定　　价　29.00元